JN028312

ゼロからわかる
3次元計測
3Dスキャナ，LiDARの原理と実践

坂本 静生 著

まえがき

本書は，物理空間中にある物体の３次元形状を映像データとして取り込む技術である３次元計測技術について，読者の方々に手を動かしながら，その原理を理解してもらうことを企図して執筆しました．

画像認識の分野を皮切りに，ディープラーニング（深層学習）が脚光を浴びてから早10年が過ぎました．この間，ディープラーニングは現代社会に必要不可欠な技術へと成長し，第３次人工知能ブームの立役者になっています．

このようなディープラーニングを活用した研究・開発の要点は，解こうとする課題に応じた可塑性の高いベースとなるモデルの構築と，その課題に対応したサンプルによる学習にあると考えることができます．そして，有力なサンプルの１つである映像データは，現在ではコンパクトで手ごろ，かつ高性能なカメラを利用して潤沢に得られるようになっており，これらをもとにした物体認識などの技術の精度が年々向上し続けています．

一方，ロボットや自律走行車がより広く普及するためには，現在の一般的な映像データのレベルではなお不十分です．周辺環境について３次元形状などを含んだ映像データが必要です．これは，物理空間の情報をもとに，仮想空間で物理空間を再現する技術＝デジタルツインにおいても同様です．いわば，コンピュータで実行可能な領域が拡大するにつれて，物理空間の情報をコンピュータで取り込む技術の重要性もますます高まってきているのです．

第１章では，まず基本的となる式を丁寧に導出することを心がけ，読者の方々が早々に途中でわからなくなることがないように気をつけました．なかでも自律走行車への応用が期待されているFM-CW法についても詳述しています．

続く第２章では，ファクトリーオートメーション（FA）などで広く活用されている正弦波格子位相シフト法について解説しています．一から組み上げていくプロセスを通して，さまざまな場面で応用できる基礎力を養っていただければと考えました．

また，第３章では，最近，入手しやすくなったLiDARを含む３次元計測用の各種デバイスを使って実際に手を動かしていただき，LiDARの原理と応用の第一歩を身につけていただくことを目指しました．LiDARは，現在，熾烈な研究・

開発競争が繰り広げられている技術です．入手しやすいデバイスを利用し，活用のための基礎を身につけていただければと思います

最後となる第4章では，本書から次のステップへと踏み出していくためのヒントをまとめています．

本書で用いたプログラムは，次の GitHub の URL から取得できます．本書に記載，あるいはこの URL に保存されるプログラムを利用するにあたっては，同 URL においてある MIT ライセンスを許諾いただく必要があります．

https://github.com/ShizSak/Basics_and_Practices_of_3D_Measurement/

なお，OS やオープンソースのインストールや設定，Python や C++ などのプログラミング言語の一般的な使用方法については説明していません．これらについては日々状況がアップデートされていることもあり，関連の Web サイトなどをあたっていただくようお願いします．

第3章 3.3節で説明するレーダ型 LiDAR については，オフィス エー・エッチ・オー代表の竹久達也氏に，プログラムを含んだ試作の全面的支援をいただきました．茶目っ気があり，新たなデバイスに興味を絶やさず実際に試してしまうバイタリティをお持ちの氏の遊び心が読者に伝わることを期待しています．

執筆にあたっては，オーム社 編集局にたいへんお世話になりました．日々の業務に追われて，最初に予定されていたスケジュールを大幅に遅延させてしまうとともに，途中で内容を二転三転させてしまったにもかかわらず，いつも微笑みを絶やさず粘り強く励ましていただきました．心より感謝申し上げます．

また，株式会社センスタイムジャパンの小西嘉典氏，日本電気株式会社の浜田康志氏のお二人に，著者のつたない原稿をレビューいただきました．読みやすく，かつ正確な内容への改善は，お二人のご貢献によるものです．

この本が読者にとって，3次元計測技術の習得だけに留まらず，物理空間上のさまざまな情報の取得と活用へ向けての第一歩たらんことを祈念します．執筆を終えた現時点でも，まだ COVID-19 の猛威が続いていますが，早く収束せんことを祈りつつ．

2022年5月吉日

坂本静生

目　次

第3章 LiDARを使って手軽に3次元計測実験

第4章　3次元計測装置の設計と開発

コラム

■本書ご利用の際の注意事項

●本書で解説している内容を実行・利用したことによる直接あるいは間接的な損害に対して，著作者およびオーム社は一切の責任を負いかねます．利用については利用者個人の責任において行ってください．

●本書に掲載されている情報は，2022年5月時点のものです．将来にわたって保証されるものではありません．実際に利用される時点では変更が必要となる場合がございます．特に，各社が提供している電子部品・デバイス等は仕様やサービス提供に係る変更が頻繁にあり，OpenCV等のソフトウェアも頻繁にバージョンアップがなされています．これらによっては本書で解説している内容，ソースコード等が適切でなくなることもありますので，あらかじめご了承ください．

●本書の発行にあたって，読者の皆様に問題なく実践していただけるよう，できる限りの検証をしておりますが，以下の環境以外では構築・動作を確認しておりませんので，あらかじめご了承ください．

〔第2章および3.4節，3.5節〕
Ubuntu 20.04LTS（CPU: Intel(R) Core i7，メモリ：64 GB）

〔3.3節〕
（1）Ubuntu 20.04LTS（CPU: Intel(R) Core i5，メモリ：16 GB）
（2）Raspberry Pi OS (Legacy) (buster): Release date: January 28th 2022
（Raspberry Pi Zero MH）

また，上記環境を整えたいかなる状況においても動作が保証されるものではありません．ネットワークやメモリの使用状況および同一PC上にある他のソフトウェアの動作によって，本書に掲載されているプログラムが動作できなくなることがあります．併せてご了承ください．

●本書に掲載しているソースコードについては，オープンソースソフトウェアのMITライセンス下で再利用も再配布も自由です．

本書の読み方

皆さんは3次元計測に対して，どのようなイメージをおもちでしょうか．

近年，安価で高速な民生用の3Dスキャナが販売されるようになってきました．本書の執筆時点でも，Microsoft Azure KinectやIntel RealSenseシリーズなどに注目が集まっており，またiPad，iPhoneやAndroidスマートフォンの一部機種にも3次元計測用のスキャナが内蔵されるなど，以前とは比べ物にならないほど物体の奥行き情報を手軽に取得できるようになってきています．また，すでに高速あるいは高精度，かつ，広範囲の3次元計測を可能とする産業用3Dスキャナがさまざまな場面で使われています．

図0.1に，筆者のオフィスの一角をiPad Proで3次元計測して取得したデータを，2方向から画像として生成して示します．3次元計測データには，RGB画像として取得した画像データがともなっているので，コンピュータグラフィックス技術を用いて自由な視点，例えば3次元計測した地点以外から見たときの様子も再現することができます．したがって，例えば仮想現実（VR；Virtual Reality）や拡張現実（AR；Augmented Reality）用のデータ生成にも利用できます．

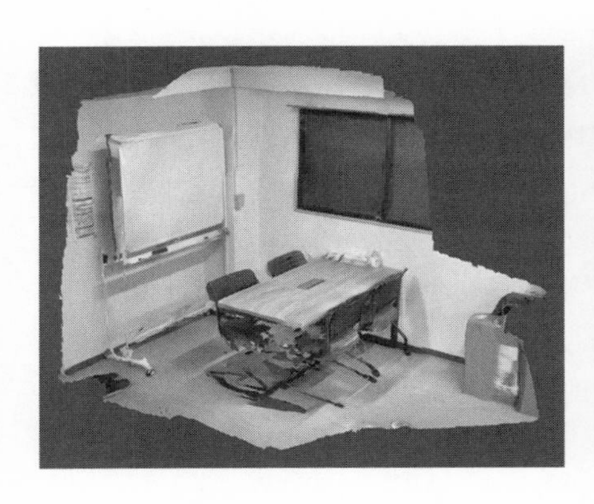

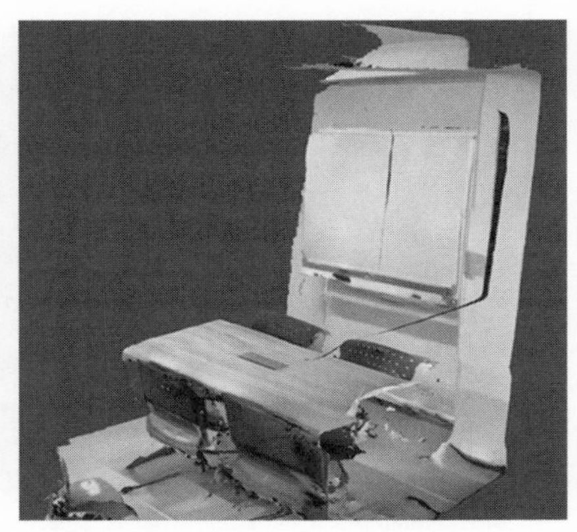

図0.1　筆者のオフィスの一角をiPad Proで3次元計測して取得したデータを，2方向から画像として生成した例

また，対象物体のサイズや長さなど，3D スキャナを使えば，手が届かないところでも自由に計測することができます．この特長を活かして，工場での検査にも応用されています．さらに，カメラのかわりに 3D スキャナを用いることで認識精度を高める，対象物体の姿勢推定精度を高めるなど，認識技術の高度化への応用においても期待されていて，例えば自律走行車の環境認識用装置として活用の検討が進んでいます．

【本書の構成について】

本書では，それぞれの章を比較的独立させてあります．以下も参考にしていただき，関心がありそうなところから読んでいただければと思います．

（1）計測原理全般について興味がある場合

計測原理全般について興味がある場合は，第 1 章から順に読んでいただくとよいと思います．第 1 章では，三角測量と TOF について，一から説明しています．続く第 2 章で，プロジェクタとカメラを組み合わせて実際に三角測量を行う手順について詳述しています．また，第 3 章では，最近入手が比較的容易になってきている市販の 3 次元計測装置を使って，手軽に 3 次元計測を行う方法から時系列で取得した 3 次元データの統合までを説明しています．

（2）とにかく 3 次元計測を実践したい場合

原理はさておき，とにかく 3 次元計測を実践したい場合は，第 3 章から読んでいただくとよいと思います．特に，3.4 節と 3.5 節では，市販の 3 次元計測装置から取得した時系列の 3 次元データの統合，および，カメラの位置の向きを推定する方法を紹介していますので，ロボットへの適用を考えるときに参考となるでしょう．次の第 4 章では，3 次元計測装置の設計・開発から応用するにあたって考慮すべき一般的なアプローチについて紹介するとともに，三角測量と TOF に関してより詳しく説明しています．計測したい対象物体の反射率といった性質やその大きさに合わせて，適切な 3 次元計測装置の設計から応用までの基本スキルを身につけていただけたらと思います．

ここまで読んでいただいた後に，あらためて第 1 章から読んでいただくことで，原理に対する理解も深まるかもしれません．

なお，本書の解説に用いているハードウェアについては，読者の皆様がなるべく入手しやすいものとなるよう心がけました．可能であれば，ぜひ実際に入手していただき，実践していただくと応用力がより身につくと思います．

【必要なソフトウェアとハードウェアについて】

本書で用いているソフトウェアとハードウェアについてまとめておきます．

ただし，ソフトウェアのうちオープンソースソフトウェア（OSS；Open Source Software）については，本書で記載するプログラムから直接呼び出すものをあげるにとどめていますので，依存関係にあるOSSを追加でインストールする必要がある可能性もあります．また，ソースコードからビルドするときには，C++コンパイラをはじめ，開発用ツール類がさらに必要になります．これらについては，各OSS関連のWebサイトなどを参照してください．Qiitaなどにも有用な情報が公開されています．

（1）第2章の解説で使用しているソフトウェアおよびハードウェア

第2章の解説では，ソフトウェアはOSSのみを使用しています．リストを**表0.1**に示します．ただし，本文に記載したプログラム中で直接呼び出すものだけしかあげてありません．必要に応じて依存関係にあるOSSもインストールしてください．

また，このときのハードウェアは次のとおりです．

表0.1　第2章の解説で使用しているOSS

名称とバージョン	参照URL（2022年5月現在）
ubuntu Desktop 20.04LTS	https://jp.ubuntu.com/
Python 3.8	https://www.python.org/
NumPy 1.21.1	https://numpy.org/
OpenCV 4.5	https://opencv.org/
kivy 2.0.0	https://kivy.org/
Matplotlib 3.4.3	https://matplotlib.org/
matplotlib-cpp	https://github.com/lava/matplotlib-cpp
GTK+ UVC Viewer	http://guvcview.sourceforge.net/
boost 1.77.0	https://www.boost.org/
MeshLab 2021.07	https://www.meshlab.net/

- USB インタフェースおよび HDMI インタフェース付きの PC（Display Port や DVI などでも可）
- HDMI インタフェース付きのプロジェクタ（DisplayPort や DVI などでも可）
- UVC に対応する，USB インタフェース付きの USB カメラ

PC については，USB カメラからのデータを取りこぼさないよう，用いるカメラが要求する USB のバージョンをよく確認し，その USB カメラと合致する USB インタフェースをもつものを利用してください．本書の解説中ではゲーム用のノート PC を使っていますが，一般的な PC でも十分です．

(2) 3.1 節の解説で使用しているソフトウェアとハードウェア

3.1 節の解説で使用しているソフトウェアを**表 0.2** に示します．ライセンスや価格などをよく確認して，インストールしてください．

また，このときのハードウェアは Apple iPad Pro（第 4 世代）を用いています．ほかの iPad や，iPhone シリーズでも LiDAR が搭載されている機種を利用してください．

(3) 3.2 節の解説で使用しているソフトウェアとハードウェア

3.2 節の解説で使用している OSS を**表 0.3** に示します．

また，このときのハードウェアは，次のとおりです．

表 0.2　3.1 節の解説で使用している OSS

名称とバージョン	参照 URL（2022 年 5 月現在）
3d Scanner App	https://apps.apple.com/jp/app/3d-scanner-app/id1419913995#?platform=ipad

表 0.3　3.2 節の解説で使用している OSS

名称とバージョン	参照 URL（2022 年 5 月現在）
ubuntu Desktop 20.04LTS	https://jp.ubuntu.com/
Intel RealSense SDK 2.0	https://www.intelrealsense.com/sdk-2/

- USBインタフェース付きのPC
- Intel RealSense D455
- Intel RealSense L515

RealSenseは，USB 3でPCと接続することが推奨されています．PCは一般的なもので十分ではありますが，USBインタフェースの仕様が充足しているか確認してください．

(4) 3.3節の解説で使用しているソフトウェアおよびハードウェア

3.3節の解説で使用しているOSSを**表0.4**と**表0.5**に示します．ただし，プログラム中で直接呼び出すものだけしかあげてありません．必要に応じて依存関係にあるOSSもインストールしてください．

この節では，Ubuntuをインストールした PCと，Raspberry Pi OSをインストールしたRaspberry Pi zero WHの2台を，データ通信が可能なUSBケーブルで接続して利用します．接続にあたっては，USB gadgetモードで設定してください．具体的な設定は，第3章末尾の参考資料にあげた書籍やURLを参考にしてください．

表0.4　3.3節の解説で使用しているOSS（PC用）

名称とバージョン	参照URL（2022年5月現在）
ubuntu Desktop 20.04LTS	https://jp.ubuntu.com/
Python 3.8	https://www.python.org/
NumPy 1.21.4	https://numpy.org/
matplotlib 3.5.0	https://matplotlib.org/
pandas 1.3.4	https://pandas.pydata.org/
Kivy 2.0.0	https://kivy.org/

表0.5　3.3節の解説で使用しているOSS（Raspberry Pi zero WH用）

名称とバージョン	参照URL（2022年5月現在）
Raspberry Pi OS	https://www.raspberrypi.com/software/operating-systems/
Python 3.8	https://www.python.org/
VL53L0X-python	https://github.com/pimoroni/VL53L0X-python
pigpio	https://github.com/joan2937/pigpio

また，このときの主要なハードウェアは次のとおりです．

- USBインタフェース付きのPC
- Raspberry Pi Zero WH
- ST micro VL53L0X（TOFチップ）が搭載されたTOFセンサ

これらとは別に，TOFセンサを回転させるサーボモータや，TOFセンサ・サーボモータとRaspberry Pi Zero WHを接続するケーブル類，全体を机の上などで安定して置けるよう組み合わせるLEGOなどを用いています．細々とした部品は3.3節にリストとして載せていますので，参考にしてください．

また3.3節ではVL53L0Xチップが搭載されたTOFセンサを用いましたが，このような小型の3次元計測デバイスは製品のライフサイクルが短い場合が多いため，もしかしたら入手が困難になっているかもしれません．第4章で紹介するWebショップなどを参照して，適宜選択するようにしてください．

(5) 3.4節，3.5節の解説で使用しているソフトウェアおよびハードウェア

3.4節、3.5節の解説で使用しているOSSを**表0.6**に示します．ただし，プログラムから直接利用するものだけしかあげてありません．必要に応じて依存関係にあるOSSもインストールしてください．

また，このときのハードウェアは次のとおりです．

- USBインタフェース付きのPC
- Microsoft Azure Kinect DK（3次元計測装置）

RealSenseは，USB 3でPCと接続することが推奨されています．PCは一般的なもので十分ではありますが，USBインタフェースの仕様が充足しているか確認してください．本書の解説中ではゲーム用のノートPCを使っています．

表0.6　3.4節，3.5節の解説で使用しているOSS

名称とバージョン	参照URL（2022年5月現在）
ubuntu Desktop 20.04LTS	https://jp.ubuntu.com/
Python 3.8	https://www.python.org/
Open3D 0.13	http://www.open3d.org/
Azure Kinect SDK 1.4.1	https://github.com/microsoft/Azure-Kinect-Sensor-SDK
MeshLab 2021.07	https://www.meshlab.net/

【数式表記について】

本書における数式の表記例について，**表 0.7** と**表 0.8** にまとめておきます．

表 0.7　本書における数式の表記例（その 1）

表記	意　味
$\boldsymbol{X}$	実世界（3 次元空間）上の座標系あるいは座標ベクトル
X, Y, Z	実世界（3 次元空間）上の座標軸あるいは座標値
$\boldsymbol{x}$	カメラのセンサ，あるいはプロジェクタの DMD（Digital Micromirror Device）上の，2 次元座標系あるいは座標ベクトル
$\boldsymbol{X}^{\mathrm{P}}$, $\boldsymbol{X}^{\mathrm{Q}}$, $\boldsymbol{X}^{\mathrm{R}}$	実世界（3 次元空間）上の点 P，Q，R の座標ベクトル
X^{P}, Y^{P}, Z^{P}	実世界（3 次元空間）上の点 P の座標値
$\boldsymbol{x}_0^{\mathrm{P}}$, $\boldsymbol{x}_0^{\mathrm{Q}}$, $\boldsymbol{x}_0^{\mathrm{R}}$	0 番目のカメラのセンサ，あるいはプロジェクタの DMD 上の，点 P，Q，R の座標ベクトル
x_0^{P}, y_0^{P}, z_0^{P}	0 番目のカメラのセンサ，あるいはプロジェクタの DMD 上の，点 P の座標値
f	カメラあるいはプロジェクタの焦点距離
B	2 台のカメラ対，あるいはカメラ-プロジェクタ対間の距離（ベースライン）
$d(\boldsymbol{x}_0^{\mathrm{P}})$	座標ベクトル $\boldsymbol{x}_0^{\mathrm{P}}$ に対する視差
$\boldsymbol{a}$, $\boldsymbol{b}$, $\boldsymbol{c}$	ベクトル
$u^{\boldsymbol{a}}$, $v^{\boldsymbol{a}}$, $w^{\boldsymbol{a}}$	ベクトル $\boldsymbol{a}$ の座標値
$\theta^{\boldsymbol{ab}}$	ベクトル $\boldsymbol{a}$ と $\boldsymbol{b}$ の間の角度
$\lvert\boldsymbol{a}\rvert$	ベクトル $\boldsymbol{a}$ の長さ
$\boldsymbol{n}$	単位ベクトル
k	定数
$I_0(\boldsymbol{x}_0)$, $I_0(x_0, y_0)$	0 番目のカメラのセンサ上における，$\boldsymbol{x}_0$ あるいは（$\boldsymbol{x}_0$, $\boldsymbol{y}_0$）座標位置の輝度値
$\bar{I}_0(\boldsymbol{x}_0)$, $\bar{I}_0(x_0, y_0)$	0 番目のカメラのセンサ上における，$\boldsymbol{x}_0$ あるいは（$\boldsymbol{x}_0$, $\boldsymbol{y}_0$）座標位置近傍の平均輝度値
$J(\boldsymbol{x}_0, t)$, $J(x_0, y_0, t)$	プロジェクタの DMD 上における，$\boldsymbol{x}_0$ あるいは（$\boldsymbol{x}_0$, $\boldsymbol{y}_0$）座標位置から位相 t で投射される光強度
λ	正弦波の波長
φ	正弦波の位相値
A, B	正弦波の振幅とバイアス
Z^{near}, Z^{far}	3D 計測する領域のうち，最も近い距離と最も遠い距離
λ^{short}, λ^{long}	2 種類の波長をもつ正弦波についての，短い波長と長い波長

表 0.8　本書における数式の表記例（その 2）

表記	意　味
t^{P}	測距モジュールと点 P との間を光パルスが往復する時間
D^{P}	測距モジュールと点 P との間の距離
c	光の速さ（約 $3.0 \times 10^{8}\,\mathrm{m/s} = 3.0 \times 10^{10}\,\mathrm{cm/s}$）
f_{c}	FM（Frequency Modulation，周波数変調）法と FM-CW（Frequency Modulated-Continuous Wave，周波数連続変調）法における中心周波数
τ^{FM}，$\tau^{\mathrm{FM\text{-}CW}}$	FM 法と FM-CW 法における光パルス幅
$C(t)$，α	FM 法と FM-CW 法における周波数の時間変化（チャープ率）と，チャープ定数
$f^{\mathrm{P}}_{\mathrm{down}}$，$f^{\mathrm{P}}_{\mathrm{up}}$	FM-CW 法における，周波数下降時（上昇時）における，射出光パターンと点 P からの反射光パターンの周波数差

第1章 3次元計測技術の基礎

まず本章では理論的な基礎を解説します．

3次元計測において最も基本となる三角測量にもとづく手法として，受動素子であるカメラだけからなる構成と，能動的に光パターンを投射するプロジェクタとカメラを組み合わせた構成を順に説明します．

また，TOF（Time Of Flight，飛行時間法）にもとづく手法として近年盛んに研究開発が進められているLiDAR（Light Detection and Ranging，光検出および測距）を念頭に，直接飛行時間法と呼ばれる構成を説明します．

1.1 カメラのみによる計測

Point
❶ 複数の位置から，計測対象を画像として撮影します．
❷ 計測対象の見え方が，それぞれの画像上で異なっていることをもとにして，3次元計測を行います．

まずは，特別なデバイスを利用せず，カメラで撮影した画像のみによる三角測量で3次元計測を実現する方法から述べていきます．

図1.1を使って三角測量の原理を説明します．これは中学校で習った「1辺と両端の2角が決まれば三角形ABCが一意に定まる」という三角形の合同条件の1つを応用したものです．つまり，A地点とB地点を結ぶ直線の距離が既知であれば，あとはA地点とB地点それぞれからC地点へ線を引いて，A地点とB地点を結ぶ直線とその線のなす角度を求めれば，A地点とC地点を結ぶ直線の距離，および，B地点とC地点を結ぶ直線の距離がわかるというわけです．

この三角測量の原理にもとづく方法は次のような場合に選択されます．

- 計測用として撮影する画像に，光パターンが映り込んでほしくない．
- カメラだけを使うことで費用を抑えたい．
- 3次元計測対象となる人や物体など（以下では「もの」）に，そもそも光パターンを投射したくない．

特に，2台以上のカメラを利用するカメラのみによる計測方法を**ステレオ法**（stereo，stereo vision）といいます．ただし，ひと口にステレオ法といっても，これまで長きにわたって非常に多くの実例があるため，多種多様ですが，本書では計測装置を外形的に観察することによって，次のように分類しています．

(1) カメラを2台利用する**二眼ステレオ法**（binocular stereo）
(2) カメラを3台利用する**三眼ステレオ法**（trinocular stereo）
(3) 3台以上のカメラを利用する**マルチベースラインステレオ法**（multi-baseline stereo）

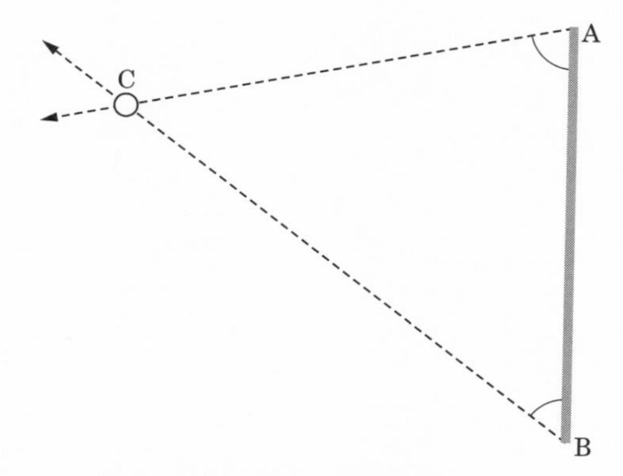

図 1.1　三角測量の原理の説明図

ここで，マルチベースラインステレオ法と三眼ステレオ法の違いは，マルチベースラインステレオ法では複数のカメラが一直線に並んでいること，一方，三眼ステレオ法では，カメラを三角形の頂点位置となるように配置することです．

ステレオ法では，使用する複数のカメラの撮影タイミングを同期させ，3 次元計測のための画像を同時に撮影することで，静止しているものだけではなく移動しているもの，あるいは時々刻々と変形するものを計測できる可能性があります．

なお，静止していて形状が変化しないものが計測対象である場合，カメラを移動させながら複数回撮影した画像を用いて，ステレオ法を応用することも可能です．しかし，ステレオ法を適用する場合はそれぞれの撮影タイミングにおけるカメラの位置と向きが既知であることが前提となります．よって，カメラをあらかじめ定めた移動速度で動かしながら，定めた時間間隔で画像を撮影するといった制約を課する必要があります．

1 二眼ステレオ法

最も単純な二眼ステレオ法から説明します．カメラ内のセンサは，実際は面状の 2 次元センサなのですが，簡単にするため，**図 1.2** では，1 次元センサ的にラインで表現しています．また，カメラも**ピンホールカメラ**（pinhole camera）（レンズのない小さな穴から光を取り込むカメラ）としています．図中の f を**焦点距離**（focal length）といいます．

ピンホールカメラの前面にあるピンホール（針の穴）を通過した光がセンサに届きます．ここで，ピンホールを通過した光のみがセンサに届くことから，ものの各部がセンサのそれぞれ異なる位置（各画素）に写り込み，像を結ぶわけで

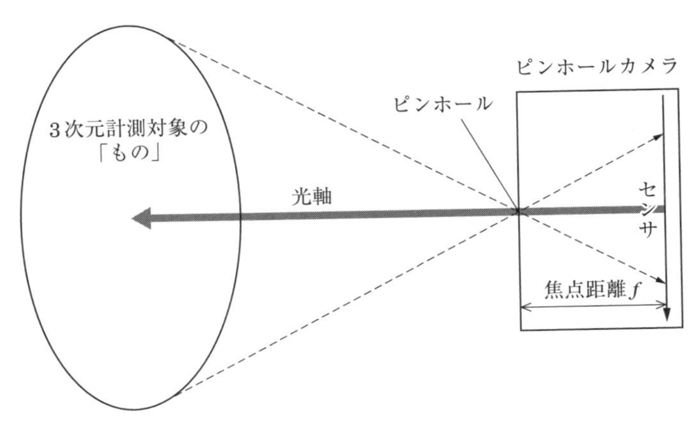

図 1.2　ピンホールカメラの模式図

コラム　2次元画像センサ

2次元画像センサの実物は，例えば一眼レフカメラ（ミラーレスでもよい）のレンズを外すと確認できます（**図 1.3**）．

2次元画像センサ上には光が入射すると電流が流れる素子（**フォトダイオード**（photo diode））が**図 1.4** のように整列しています．強い光が入射するフォトダイオードには大きな電流が，弱い光が入射するフォトダイオードには小さな電流が流れます．それらの素子の電流をデジタル化して，素子の並びに沿ってデータとして並べると画像データになるわけです．

図 1.3　2次元画像センサの例

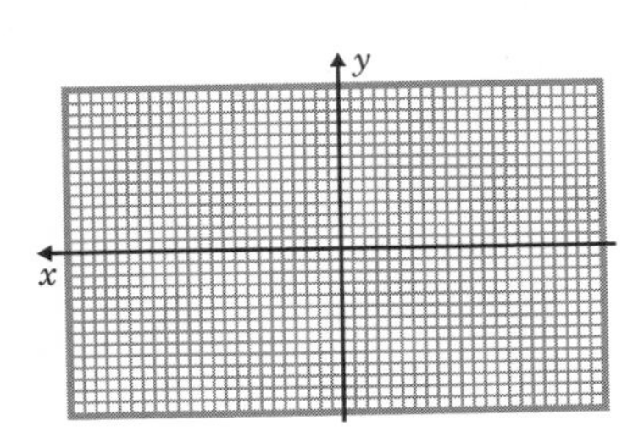

図 1.4　2次元画像センサのイメージ図（センサ上に，レンズを通して上下左右反転したものが結像する）

す．ただし，上と下，左と右が逆になります．

このようなピンホールカメラを2つ用いた二眼ステレオ法の模式図を**図1.5**に示します．同じピンホールカメラを，光軸が平行のまま距離B（**ベースライン**（baseline））だけ離して，並べて固定します．また，ものの存在する実世界の座標系を$\boldsymbol{X}$（X軸とZ軸をもつ）とし，このうちX軸はベースラインと重なるようZ軸はピンホールカメラ#0の光軸と重なるよう設定します．対して，各ピンホールカメラのセンサ面を基準とする座標系を$\boldsymbol{x}$（x軸とz軸をもつ）とし，x軸はベースラインと重なるよう，z軸はピンホールカメラ#0の光軸と重なるよう設定します．

さて，ものの上の点Pをピンホールカメラ#0および#1で撮影するとしましょう．点Pの$\boldsymbol{X}$座標系（実世界）でのX座標値をX^{P}，Z座標値をZ^{P}とします．また，ピンホールカメラ#0の2次元センサ面に写し出される点Pの位置を$\boldsymbol{x}_0^{\mathrm{P}}$，この$x$座標値を$x_0^{\mathrm{P}}$とします．このとき，式(1.1)が成り立ちます※1．

$$Z^{\mathrm{P}} : X^{\mathrm{P}} = f : x_0^{\mathrm{P}} \tag{1.1}$$

同様に，ピンホールカメラ#1について，式(1.2)が成り立ちます．

$$Z^{\mathrm{P}} : (X^{\mathrm{P}} - B) = f : x_1^{\mathrm{P}} \tag{1.2}$$

両式を変形することで，式(1.3)が得られます．

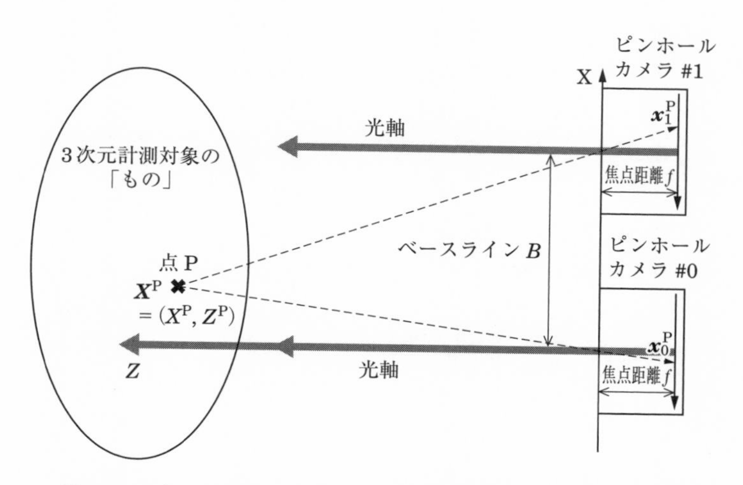

図1.5　2台のピンホールカメラを用いた二眼ステレオ法の模式図

※1　式(1.1)および式(1.2)では，Z^{P}，X^{P}，f，x_0^{P}それぞれが同じ単位（例えばμm）で表されると仮定しています．

$$x_0^{\mathrm{P}} - x_1^{\mathrm{P}} = \frac{fB}{Z^{\mathrm{P}}} \tag{1.3}$$

さらに，式(1.3）の左辺を$d(\boldsymbol{x}_0^{\mathrm{P}})$とおくことで，式(1.4）を得ます.

$$d(\boldsymbol{x}_0^{\mathrm{P}}) = \frac{fB}{Z^{\mathrm{P}}} \tag{1.4}$$

$d(\boldsymbol{x}_0^{\mathrm{P}})$を**視差**（disparity）といい，2台のカメラでものの同一点を観測したときの，それぞれのカメラの2次元センサ面におけるx座標値の差を表します．これは2次元センサ上の距離に相当しており，例えばμmなどの距離の単位で示すことができます．ただし，距離で表すと個々のセンサのサイズに依存する数値となりわかりづらくなりますから，以下では画素単位で表すことにします．また，式(1.4）のとおり，$d(\boldsymbol{x}_0^{\mathrm{P}})$の大きさは観測点の奥行きに反比例します.

一方，$d(\boldsymbol{x}_0^{\mathrm{P}})$は各画素における観測値にもとづく値であるため，画素単位で観測によるばらつき（量子化誤差）が含まれます．なお，視差が2画素であっても10画素であっても，量子化誤差は±1画素となります．いいかえると，ステレオ法により得られる奥行きZ^{P}は，視差$d(\boldsymbol{x}_0^{\mathrm{P}})$の逆数に比例しますので，$Z^{\mathrm{P}}$の大きさによらず$\frac{1}{Z^{\mathrm{P}}}$には一定の大きさの量子化誤差がまぎれ込むことになります．特に，$\frac{1}{Z^{\mathrm{P}}}$が小さい，つまりZ^{P}が大きい（遠い）ところでは計測距離に重畳する量子化誤差が大きくなります．例えば，視差が2画素で量子化誤差が±1画素とすると，Z^{P}は＋100%（視差は1画素）から－50%（視差は3画素）と大きな誤差となる一方，視差が10画素で量子化誤差が±1画素とするとおおよそ±10%程度（視差は9画素から11画素）の誤差となります．これはものが遠くなればなるほど，奥行きの計測精度が悪くなるという人間の感覚とも整合しています.

図1.6は，段ボール箱の手前にゆがんだ形状のランプシェードが置かれたステレオ画像対（2台のカメラの画像）の例です．式(1.4）にしたがうと手前のランプシェードの視差が最も大きく，その後ろの物体ほど視差が小さいはずです.

そこで，この図の上をカメラ#0，下をカメラ#1でそれぞれ撮影したとして，ランプシェード上に点P，その後ろの棒上に点Qをとってみます（**図1.7**)．それぞれのカメラ上の座標位置$\boldsymbol{x}_0^{\mathrm{P}}$と$\boldsymbol{x}_1^{\mathrm{P}}$，$\boldsymbol{x}_0^{\mathrm{Q}}$と$\boldsymbol{x}_1^{\mathrm{Q}}$の視差$d(\boldsymbol{x}_0^{\mathrm{P}})$，$d(\boldsymbol{x}_0^{\mathrm{Q}})$を見比べると，手前にある点Pの視差$d(\boldsymbol{x}_0^{\mathrm{P}})$のほうがより大きいことがわかります.

実際，視差の大きさを輝度に置き換えて画像化してみる（**図1.8**）と，最も手前にあるランプシェードが最も明るく（視差が大きく）なることがわかります.

さて，ステレオ法では，あるカメラの各画素に対応付けられる別のカメラの画素を探索して同定することで，視差を求めます．例えば，**図 1.9** では（a）にある点 R が存在する画素に対する対応画素を（b）から探しています．ここで 2 つのカメラが光軸に平行に置かれているときには，対応画素は（b）の細い矢印の線上に存在します．この線を**エピポーラ線**（epipolar line）といいます．

したがって，それぞれのカメラが光軸に平行に置かれているとき，対応点はエ

図 1.6　ステレオ画像対の例※2

図 1.7　各点における視差
（最も手前のランプシェード上にある点 P の視差は，その後ろの棒上にある点 Q よりも大きい）

※2　https://vision.middlebury.edu/stereo/data/ より引用（2022 年 5 月確認）．
D. Scharstein and C. Pal: Learning conditional random fields for stereo, *IEEE Computer Society Conference on Computer Vision and Pattern Recognition* (CVPR 2007), 2007.
H. Hirschmüller and D. Scharstein: Evaluation of cost functions for stereo matching, *IEEE Computer Society Conference on Computer Vision and Pattern Recognition* (CVPR 2007), 2007.

図 1.8　図 1.6 の視差画像
（視差の大きさを輝度として表示している．黒く抜けた領域は，片側のカメラの死角となっており，視差が得られていない）

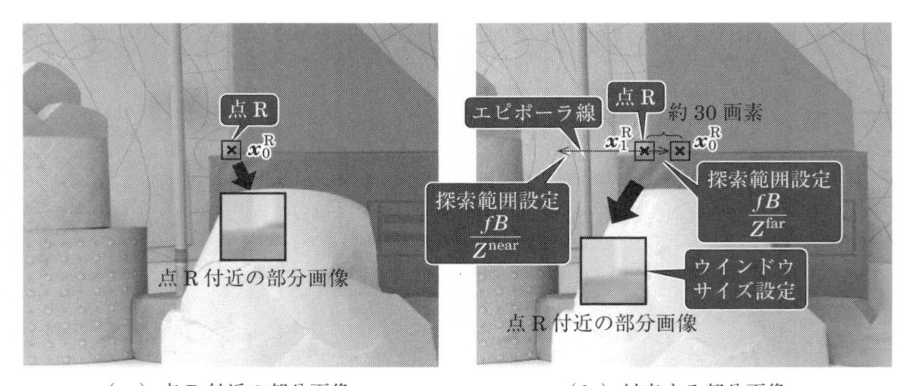

（a）点 R 付近の部分画像　　（b）対応する部分画像

図 1.9　ステレオ画像対における対応画素の探索

ピポーラ線上で探索すればよいのですが，これに必要な時間は，エピポーラ線の長さに比例することは直感的に明らかでしょう．また，間違った対応点を得ないようにするためには，探索範囲は小さければ小さいほどよいことも明らかです．このためには，3 次元計測する領域を適切に制限することが有効です．

具体的には，計測する領域のうち最も近い奥行き位置（Z 座標値）を Z^{near}，最も遠い奥行き位置を Z^{far} とすると，式(1.4) を用いることで，次の視差範囲だけを探索すればよいことになります．

$$\frac{fB}{Z^{\mathrm{far}}} \leq d \leq \frac{fB}{Z^{\mathrm{near}}} \tag{1.5}$$

2 対応画素の探索

次に，この範囲内で対応画素を，何らか類似性を手がかりに探索することになります．これには大まかに2つの方法があります．

(1) それぞれの画像から，特徴的な輝度分布をもつ画素だけをあらかじめ抽出して，対応付ける．

(2) 画素間の類似度を定義し，画像上の各画素で探索範囲を隅々まで（稠密に）探索する

(1) は，例えばものの角などの画素だけを抽出して対応付けを行う方法です．図1.9では，(a) の角状の輝度分布をもつ点Rと，それを中心とする部分画像について (b) で対応するものを示しています．このように，実際の画像では，角のような特徴的な輝度分布をもつ画素はそれほど多くないため，目視で容易に対応付けることも可能です．さらに角を一般化して注目点を検出するものとして，さまざまな手法が存在します．

ただし，この方法では，特徴的な輝度分布をなす画素以外では，奥行き情報を得ることができません．そのほかの画素の奥行き情報については，必要に応じて補間などの方法を用いて推定しなければなりません．

対して，(2) はすべての画素の対応付けを行う方法です．図1.9上の点Rを中心とする部分画像でいえば，(a) と (b) では当然ながら対応する部分画像間でよく似ていますので，差分をとると小さいことが期待できます．一方，対応しない部分画像間では差分が大きくなるはずです．このようにして，部分画像の差分によって類似度を定義します．

この差分は，画素ごとの差の2乗和，あるいは絶対値の和といった量でも表すことができますが，カメラ間に感度やバイアスの差があっても影響を受けない特長をもつ**ZNCC**（Zero mean Normalized Cross Correlation，**零平均正規化相互相関**）でよく表されます．

図1.10は，例として3つの画素値を uvw 座標系で表した3次元空間です．2つのベクトル $\boldsymbol{a}$，$\boldsymbol{b}$ があります．これら2つのベクトル間の角度 $\theta^{\boldsymbol{ab}}$ の余弦である $\cos\theta^{\boldsymbol{ab}}$ は，ベクトルの内積を用いて式(1.6) で表すことができます．

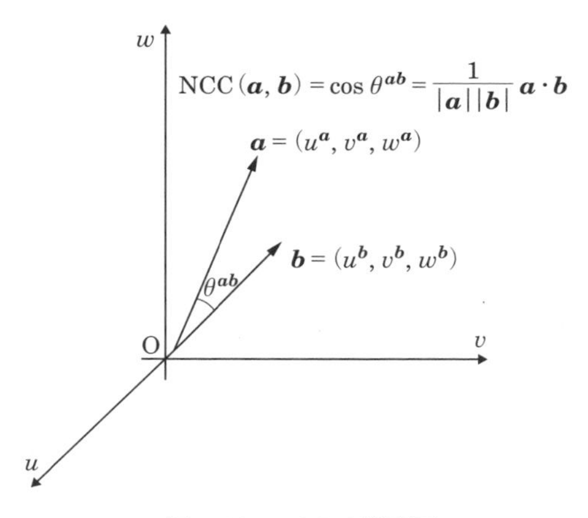

図 1.10　NCC の説明図

$$\mathrm{NCC}\,(\boldsymbol{a},\ \boldsymbol{b}) = \cos\theta^{\boldsymbol{ab}} = \frac{1}{|\boldsymbol{a}|\,|\boldsymbol{b}|}\,\boldsymbol{a}\cdot\boldsymbol{b} \tag{1.6}$$

この NCC ($\boldsymbol{a},\boldsymbol{b}$) を **NCC**（Normalized Cross Correlation，**正規化相互相関**）といいます．ここで，$\dfrac{\boldsymbol{a}}{|\boldsymbol{a}|}$ および $\dfrac{\boldsymbol{b}}{|\boldsymbol{b}|}$ は，それぞれベクトル $\boldsymbol{a}$ および $\boldsymbol{b}$ と同じ方向をもつ，長さが 1 となる単位ベクトルです．すなわち，式(1.6) は長さが正規化されている（長さが 1 にされている）ので，NCC の値は $\boldsymbol{a}$ および $\boldsymbol{b}$ の大きさに依存しません．つまり，2 台のカメラに感度の違いがあったとしても，NCC は一定の値を保ちます．

一方，NCC ではベクトルの成分にバイアス（オフセット）が存在すると値は変化します．すなわち，照明光がレンズに入るなどバイアス $\boldsymbol{C} = (C,\ C,\ C)$ がベクトル $\boldsymbol{a}$ に加わったときには，同時に uvw 座標系にある点すべてに C が混入することになります（**図 1.11**）．この結果，ベクトル $\boldsymbol{a}$ はベクトル $\boldsymbol{a}'$ となって角度 $\theta^{\boldsymbol{ab}}$ が変化するため，NCC の値が変化します．このようなバイアスによって，画像全体が白っぽくなったり，白浮きしたりする現象が生じます．

そこで，バイアス $\boldsymbol{C} = (C,\ C,\ C)$ は単位ベクトル $\boldsymbol{n} = \dfrac{(1,\ 1,\ 1)}{\sqrt{3}}$ と同じ方向を向いていることを利用します．つまり，ベクトル $\boldsymbol{a}'$ を単位ベクトル $\boldsymbol{n}$ に射影したベクトルを求めて，この射影ベクトルからベクトル $\boldsymbol{a}'$ へ向かうベクトルを求めれば，バイアス $\boldsymbol{C}$ とは無関係なベクトル $\boldsymbol{a}''$ が得られます．

ベクトル $\boldsymbol{a}'$ と単位ベクトル $\boldsymbol{n}$ の内積は射影ベクトルの大きさに一致しますので，射影ベクトルを定数 k を用いて $k\boldsymbol{n}$ とおきましょう．すると，バイアス $\boldsymbol{C}$

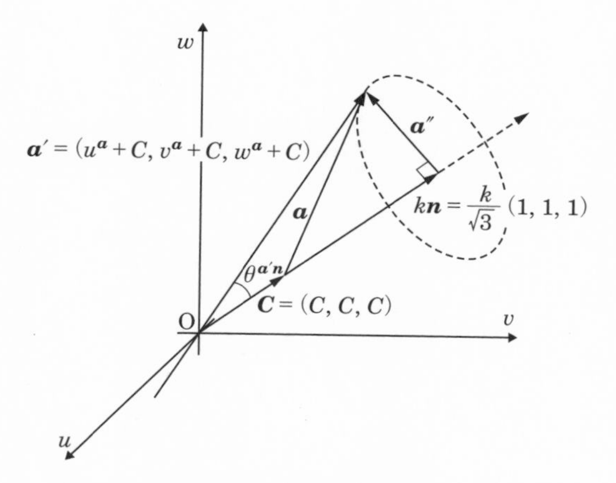

図 1.11　バイアス $\boldsymbol{C}$ に影響されないベクトル $\boldsymbol{a}''$

に影響されないベクトル $\boldsymbol{a}''$ を式(1.7) で定義することができます.

$$\boldsymbol{a}'' = \boldsymbol{a}' - k\boldsymbol{n} \tag{1.7}$$

k はベクトル $\boldsymbol{a}'$ と単位ベクトル $\boldsymbol{n}$ の内積を表す式(1.8) で計算できます.

$$k = \boldsymbol{a}' \cdot \boldsymbol{n} \tag{1.8}$$

これを計算すると, 式(1.9) になります.

$$k = \frac{1}{\sqrt{3}}[u^a + v^a + w^a + 3C] \tag{1.9}$$

さらに式(1.7) に代入すると, 式(1.10) を得ることができます.

$$\begin{aligned}\boldsymbol{a}'' &= (u^a + C,\ v^a + C,\ w^a + C) - \frac{1}{\sqrt{3}}[u^a + v^a + w^a + 3C]\frac{1}{\sqrt{3}}(1,\ 1,\ 1)\\ &= (u^a + C, v^a + C, w^a + C) - \left(\frac{u^a + v^a + w^a}{3} + C, \frac{u^a + v^a + w^a}{3} + C, \frac{u^a + v^a + w^a}{3} + C\right)\\ &= \left(u^a - \frac{u^a + v^a + w^a}{3},\ v^a - \frac{u^a + v^a + w^a}{3},\ w^a - \frac{u^a + v^a + w^a}{3}\right)\end{aligned} \tag{1.10}$$

この2行目の第2項における各成分は, ベクトル $\boldsymbol{a}'$ のすべての成分による平均値に一致しています. すなわち, 式(1.10) は, ベクトル $\boldsymbol{a}'$ からそのベクトルの成分の平均値を差し引いており, これが ZNCC の由来 (零平均をとった NCC) です.

また, ベクトル $\boldsymbol{b}'$ についても別のバイアス値が加わることがあるため, 同様にベクトル $\boldsymbol{b}''$ を求めます. すなわち, ZNCC は, ベクトル $\boldsymbol{a}''$ とベクトル $\boldsymbol{b}''$ に

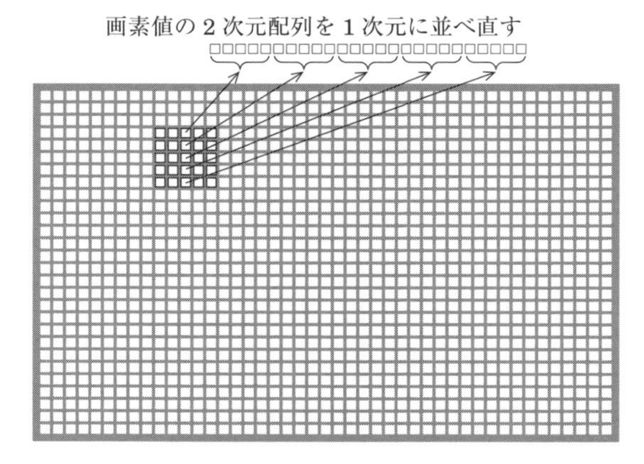

図 1.12　画像画素値の２次元配列を１次元に並べ直す
（5×5 画素の部分画像の場合）

ついて NCC を計算するものであり，式(1.11) で表されます．

$$\mathrm{ZNCC}(\boldsymbol{a},\ \boldsymbol{b})=\cos\theta^{\boldsymbol{a}''\boldsymbol{b}''}=\frac{1}{|\boldsymbol{a}''||\boldsymbol{b}''|}\boldsymbol{a}''\cdot\boldsymbol{b}'' \tag{1.11}$$

ここまで１次元の並びをもつベクトルで説明してきましたが，２次元に拡張しましょう．といっても，**図 1.12** に示すように，１次元に並べ直して式(1.11) を適用するだけです．図 1.9 (a) 上で，点 R に注目します．この点 R の位置を，$\boldsymbol{x}_0^{\mathrm{R}}=(x_0^{\mathrm{R}},\ y_0^{\mathrm{R}})$ とします．そして，$\boldsymbol{x}_0^{\mathrm{R}}$ を中心として，x 座標方向に±1 画素，y 座標方向に±1 画素の範囲である，3×3 画素の部分画像と類似する，$\boldsymbol{x}_1^{\mathrm{R}}$ を中心とする 3×3 画素の部分画像を ZNCC により探します．

ここで，座標位置 $\boldsymbol{x}_0^{\mathrm{R}}$ における (a) の輝度値を $I_0(\boldsymbol{x}_0)=I_0(x_0^{\mathrm{R}},\ y_0^{\mathrm{R}})$，座標位置 $\boldsymbol{x}_1$ における (b) の輝度値を $I_1(\boldsymbol{x}_1)=I_1(x_1^{\mathrm{R}},\ y_1^{\mathrm{R}})$ とすると，ZNCC は式(1.12) および式 (1.13) で示す２つのベクトルから計算することができます．

$$\begin{aligned}&(I_0(x_0^{\mathrm{R}}-1,\ y_0^{\mathrm{R}}-1),\ I_0(x_0^{\mathrm{R}},\ y_0^{\mathrm{R}}-1),\ I_0(x_0^{\mathrm{R}}+1,\ y_0^{\mathrm{R}}-1),\\&I_0(x_0^{\mathrm{R}}-1,\ y_0^{\mathrm{R}}),\ I_0(x_0^{\mathrm{R}},\ y_0^{\mathrm{R}}),\ I_0(x_0^{\mathrm{R}}+1,\ y_0^{\mathrm{R}}),\ I_0(x_0^{\mathrm{R}}-1,\ y_0^{\mathrm{R}}+1),\\&I_0(x_0^{\mathrm{R}},\ y_0^{\mathrm{R}}+1),\ I_0(x_0^{\mathrm{R}}+1,\ y_0^{\mathrm{R}}+1))\end{aligned} \tag{1.12}$$

$$\begin{aligned}&(I_1(x_1^{\mathrm{R}}-1,\ y_1^{\mathrm{R}}-1),\ I_1(x_1^{\mathrm{R}},\ y_1^{\mathrm{R}}-1),\ I_1(x_1^{\mathrm{R}}+1,\ y_1^{\mathrm{R}}-1),\\&I_1(x_1^{\mathrm{R}}-1,\ y_1^{\mathrm{R}}),\ I_1(x_1^{\mathrm{R}},\ y_1^{\mathrm{R}}),\ I_1(x_1^{\mathrm{R}}+1,\ y_1^{\mathrm{R}}),\ I_1(x_1^{\mathrm{R}}-1,\ y_1^{\mathrm{R}}+1),\\&I_1(x_1^{\mathrm{R}},\ y_1^{\mathrm{R}}+1),\ I_1(x_1^{\mathrm{R}}+1,\ y_1^{\mathrm{R}}+1))\end{aligned} \tag{1.13}$$

ZNCC を計算する前に，ベクトル成分の平均値を求めましょう．これは，

式 (1.12) で表されるベクトルの各成分の平均値を $\bar{I}_0(x_0^R, y_0^R)$ とすると，式 (1.14) により計算できます．

$$\bar{I}_0(x_0,\ y_0)=\frac{1}{9}\sum_{j=-1}^{1}\sum_{i=-1}^{1}I_0(x_0+i,\ y_0+j) \tag{1.14}$$

この式の右辺には，総和記号 Σ が2個ありとっつきにくいと思われるかもしれませんが，プログラムのソースコードに直すと二重ループで足し算を続けるだけです．また，総和記号の前にある $\frac{1}{9}$ は，成分の数である9で除することに対応しています．

ここで，部分画像を一般化し，縦 $2m+1$ 画素，横 $2n+1$ 画素の大きさをもつ長方形（ただし $m,\ n\geq 0$）とすると，$\mathrm{ZNCC}(x_0,\ x_1)$ は式 (1.15) で定義されます．

$$\mathrm{ZNCC}(\boldsymbol{x}_0,\ \boldsymbol{x}_1)$$
$$=\frac{\sum_{j=-n}^{n}\sum_{i=-m}^{m}(I_0(x_0+i,\ y_0+j)-\bar{I}_0(x_0,\ y_0))\cdot(I_1(x_1+i,\ y_1+j)-\bar{I}_1(x_1,\ y_1))}{\sqrt{\sum_{j=-n}^{n}\sum_{i=-m}^{m}(I_0(x_0+i,\ y_0+j)-\bar{I}_0(x_0,\ y_0))^2}\cdot\sqrt{\sum_{j=-n}^{n}\sum_{i=-m}^{m}(I_1(x_1+i,\ y_1+j)-\bar{I}_0(x_1,\ y_1))^2}} \tag{1.15}$$

$\bar{I}_0(x_0,\ y_0)$ は，座標 $\boldsymbol{x}_0=(x_0,\ y_0)$ を中心とした縦 $2m+1$ 画素，横 $2n+1$ 画素の部分画像の平均輝度値です．$\bar{I}_1(x_1,\ y_1)$ も同様です．

$$\begin{cases}\bar{I}_0(x_0,\ y_0)=\dfrac{1}{(2m+1)(2n+1)}\displaystyle\sum_{j=-n}^{n}\sum_{i=-m}^{m}I_0(x_0+i,\ y_0+j)\\ \bar{I}_1(x_1,\ y_1)=\dfrac{1}{(2m+1)(2n+1)}\displaystyle\sum_{j=-n}^{n}\sum_{i=-m}^{m}I_0(x_0+i,\ y_0+j)\end{cases} \tag{1.16}$$

$x_1+d=x_0,\ y_1=y_0$ であることに注意するとともに，視差の探索範囲が式 (1.5) であることを考えると，視差 $\hat{d}(\boldsymbol{x}_0)$ は式 (1.17) で求められます．

$$\hat{d}(\boldsymbol{x}_0)=\mathop{\arg\max}_{d\in\frac{fB}{Z^{\mathrm{far}}}\leq d\leq\frac{fB}{Z^{\mathrm{near}}}}\mathrm{ZNCC}(\boldsymbol{x}_0,\ \boldsymbol{x}_1) \tag{1.17}$$

ここで右辺の $\mathop{\arg\max}_{d\in\frac{fB}{Z^{\mathrm{far}}}\leq d\leq\frac{fB}{Z^{\mathrm{near}}}}(\cdot)$ は，$\frac{fB}{Z^{\mathrm{far}}}\leq d\leq\frac{fB}{Z^{\mathrm{near}}}$ の範囲で $\mathrm{ZNCC}(\boldsymbol{x}_0,\ \boldsymbol{x}_1)$ を計算し，最大になるときの d を与える関数です．

以上によって，点Rの $\mathrm{ZNCC}(\boldsymbol{x}_0^R,\ \boldsymbol{x}_1^R)$ 値を，視差が1から100までの範囲で計算したときのプロットを**図 1.13** に示します（$m=2,\ n=2$ としています）．最も大きな視差を与える $\hat{d}(\boldsymbol{x}_0^R)$ は約30画素であり，これは目視で確認した場合の視差と合致します．

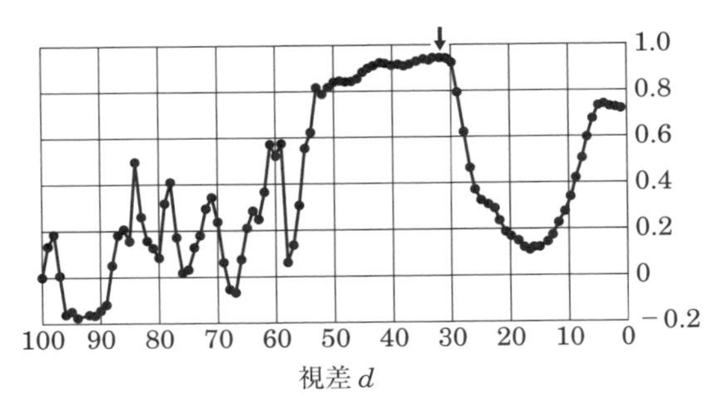

図 1.13　点 R に対する ZNCC ($\boldsymbol{x}_0^{\mathrm{R}}$, $\boldsymbol{x}_1^{\mathrm{R}}$) のプロット（視差：1〜100）

ZNCC を用いて画像間の類似度を求める方法によれば，カメラ間に感度やバイアスの差があってもそれらの影響を受けずに，すべての画素の奥行き情報を得ることができることがわかりました．ただし，一般的に ZNCC が同じような値となる点が複数現れることがあります．このような場合であっても，対応点を間違えないように注意する必要があります．そのため，グラフカットや信念伝搬法といった手法を用いて隣り合った画素の視差がなめらかになるような条件を付与（**正則化**（regularization））するのが一般的です．これらの原理は複雑であるため，本書では解説を割愛します．

3 三眼ステレオ法，マルチベースラインステレオ法

三眼ステレオ法はカメラを 3 台用いるステレオ法であり，**マルチベースラインステレオ法**はカメラを 3 台以上用いるステレオ法です．これらによって，上記の正則化の手法を用いない，あるいは併用することで，二眼ステレオ法の短所を改善することができます．

図 1.14 は，$n+1$ 台のピンホールカメラを用いたマルチベースラインステレオ法の模式図です．同一構成のピンホールカメラを，それぞれ光軸が平行となるようにして等しい距離 b をおいて並べて固定しています．このとき，両端となる 0 番目と n 番目のカメラ間距離を B とすると $B = nb$ であり，0 番目と i 番目のカメラ間距離は ib となります．したがって，点 P が 0 番目のカメラに投射されたときの座標 $\boldsymbol{x}_0^{\mathrm{P}}$ と，i 番目のカメラに投射されたときの座標 $\boldsymbol{x}_i^{\mathrm{P}}$ の間の視差 $d_i(\boldsymbol{x}_0^{\mathrm{P}})$ は，式 (1.4) と同様にして，式 (1.18) で表すことができます．

$$d_i(\boldsymbol{x}_0^{\mathrm{P}}) = \frac{fib}{Z^{\mathrm{P}}} \tag{1.18}$$

この式から明らかなように，マルチベースラインステレオ法における視差

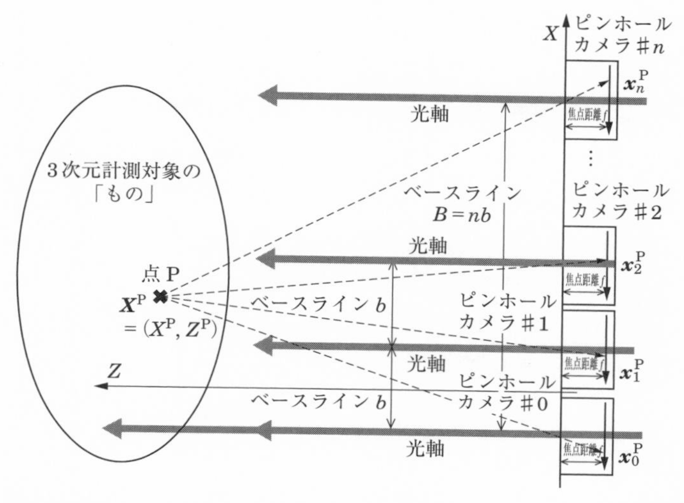

図 1.14　$n+1$ 台のピンホールカメラを用いるマルチベースラインステレオ法の模式図

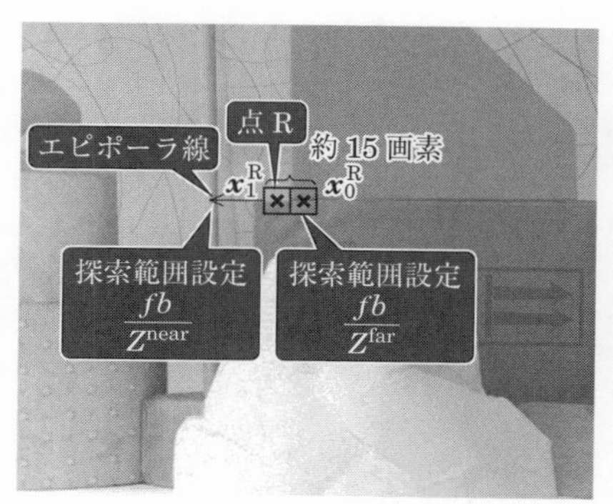

（a）図 1.7 の中央位置から撮影した画像

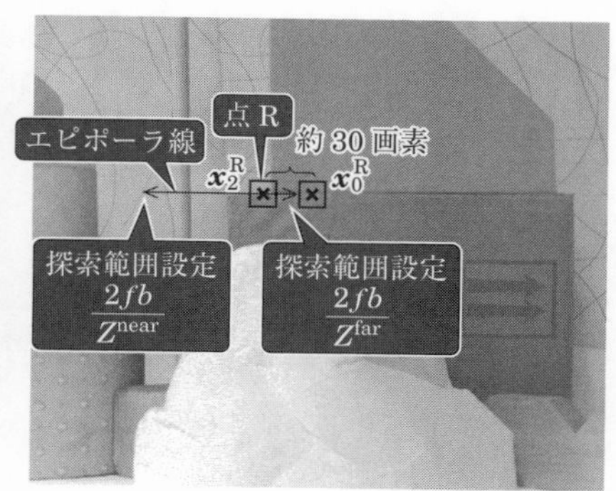

（b）対応画素の探索の様子

図 1.15　マルチベースラインステレオ画像の例

$d_i(\boldsymbol{x}_0^P)$ は ib に比例します．また，0 番目と n 番目のカメラ間での視差を $d_n(\boldsymbol{x}_0^P)$ とすると

$$d_n(\boldsymbol{x}_0^P) = \frac{nd_i(\boldsymbol{x}_0^P)}{i} \tag{1.19}$$

となります．

図 1.15 は，3 台で構成されるマルチベースラインステレオ法によるマルチベースラインステレオ画像の例です．図 1.6 に示したステレオ画像対に，新たにそれらの中央にカメラを 1 台追加して撮影した画像が，図 1.15 (a) です．図 1.15 (b)

は，図 1.9 (b) とほぼ同じですが，カメラが 3 台構成になったことを受け，点 R の座標値を $\boldsymbol{x}_2^{\mathrm{R}}$ に，ベースラインを B から $2b$ に，合わせて探索範囲を $\frac{2fb}{Z^{\mathrm{near}}}$ から $\frac{2fb}{Z^{\mathrm{far}}}$ にそれぞれ変更しています．(a) の点 R の座標値は $\boldsymbol{x}_1^{\mathrm{R}}$，ベースラインは b，探索範囲は $\frac{fb}{Z^{\mathrm{near}}}$ から $\frac{fb}{Z^{\mathrm{far}}}$ となります．視差 $d_1(\boldsymbol{x}_0^{\mathrm{R}})$ は，$d_2(\boldsymbol{x}_0^{\mathrm{R}})$ のちょうど半分になります．

図 1.15 (a) から計算される $\mathrm{ZNCC}_1(\boldsymbol{x}_0^{\mathrm{R}}, \boldsymbol{x}_1^{\mathrm{R}})$，および，図 1.15 (b) から計算される $\mathrm{ZNCC}_2(\boldsymbol{x}_0^{\mathrm{R}}, \boldsymbol{x}_2^{\mathrm{R}})$ を**図 1.16** に示します．この図から，$d_1(\boldsymbol{x}_0^{\mathrm{R}})$ のピーク位置は，$d_2(\boldsymbol{x}_0^{\mathrm{R}})$ のピーク位置のほぼ半分であることが確認できます．

ここで，ZNCC 総和値として，$d_1(\boldsymbol{x}_0^{\mathrm{R}}) = \frac{d_2(\boldsymbol{x}_0^{\mathrm{R}})}{2}$ の条件の下で式 (1.20) を定義します．

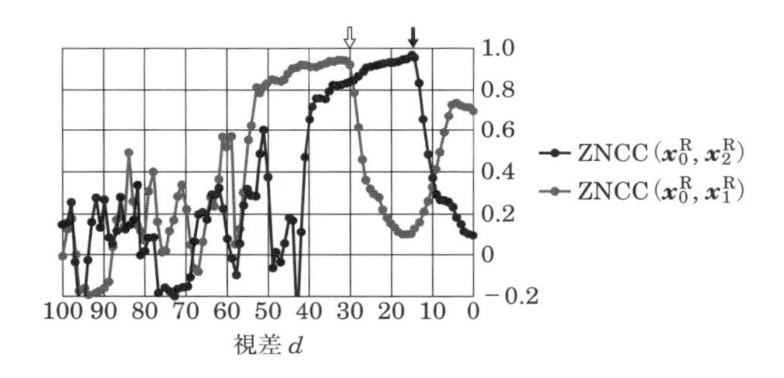

図 1.16　$\mathrm{ZNCC}_1(\boldsymbol{x}_0^{\mathrm{R}}, \boldsymbol{x}_1^{\mathrm{R}})$ および $\mathrm{ZNCC}_2(\boldsymbol{x}_0^{\mathrm{R}}, \boldsymbol{x}_2^{\mathrm{R}})$ のプロット
（視差 $d_1(\boldsymbol{x}_0^{\mathrm{P}})$ および $d_2(\boldsymbol{x}_0^{\mathrm{P}})$：1〜100 で計算）

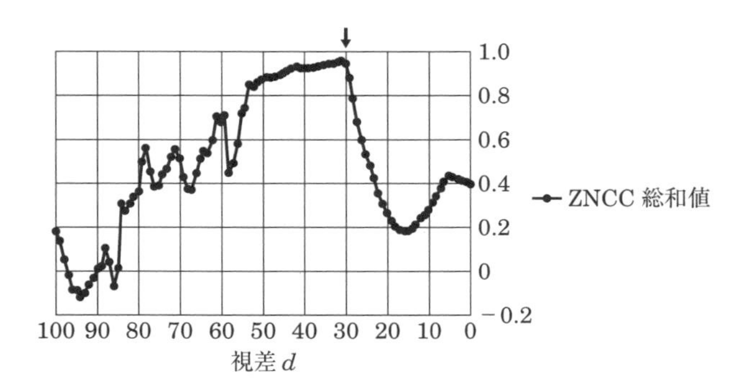

図 1.17　$\mathrm{ZNCC}_1(\boldsymbol{x}_0^{\mathrm{R}}, \boldsymbol{x}_1^{\mathrm{R}}) + \frac{\mathrm{ZNCC}_2(\boldsymbol{x}_0^{\mathrm{R}}, \boldsymbol{x}_2^{\mathrm{R}})}{2}$ のプロット
$\left(\right.$視差 $d_2(\boldsymbol{x}_0^{\mathrm{P}})$：1〜100 で計算，ただし $d_1(\boldsymbol{x}_0^{\mathrm{P}}) = \frac{\mathrm{ZNCC}_2(\boldsymbol{x}_0^{\mathrm{R}}, \boldsymbol{x}_2^{\mathrm{R}})}{2}\left.\right)$

$$\mathrm{ZNCC}=\frac{1}{2}\left[\mathrm{ZNCC}_1(\boldsymbol{x}_0^{\mathrm{R}},\ \boldsymbol{x}_1^{\mathrm{R}})+\mathrm{ZNCC}_2(\boldsymbol{x}_0^{\mathrm{R}},\ \boldsymbol{x}_2^{\mathrm{R}})\right] \tag{1.20}$$

図 1.17 にこの ZNCC の総和値のプロットを示します．ピークから左の形状が上下に暴れづらくなっていることから，カメラの台数を追加することによって，より安定にピーク位置の検出が可能であることが示唆されます．原理的には，カメラの台数を増やせば増やすほど，よりよく推定できることが知られています．

コラム　ステレオ法における残された改善方法

単純なステレオ法では，3 台以上のカメラを使用して ZNCC で類似度を計算したとしても，原理上，ほぼ真っ白のものはうまく 3 次元計測することができません．この問題を解決する方法の 1 つとして，ランダムな光パターンを追加的に投射するステレオ法が知られています．

図 1.18 は，Intel 社の RealSense D435 という製品です．この製品では，ステレオ法用近赤外カメラ，プロジェクタ（図中の丸を付けた部分），ステレオ法用近赤外カメラ，テクスチャ用カラーカメラ（図中の左から右の順）が実装されています．このうち，プロジェクタから**図 1.19** に示す光パターンが投射され，ステレオ法における左右の画像間における類似度の計算が安定的に実行できるように工夫されています．

図 1.18　RealSense D435 の外観写真（丸を付けたものが図 1.19 の光パターンを投射するプロジェクタ）※3

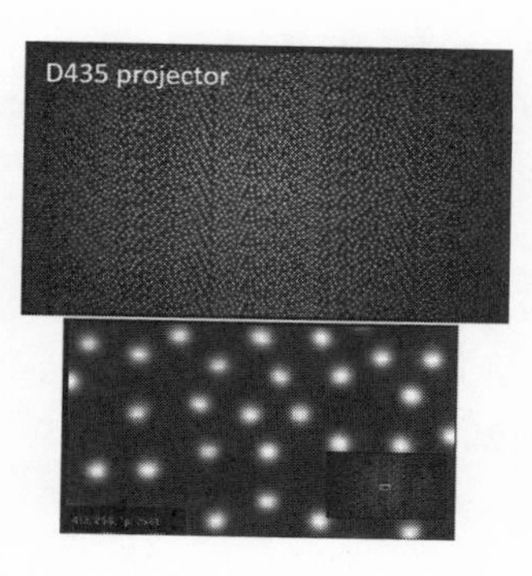

図 1.19　RealSense D435 のプロジェクタから投射される光パターン※4

※3　https://www.intelrealsense.com/depth-camera-d435/ より引用（2022 年 5 月確認）．
※4　https://dev.intelrealsense.com/docs/projectors にある図 2 より引用（2022 年 5 月確認）．

1.2 光パターン投射で高精度計測

❶ カメラにプロジェクタを組み合わせて，高精度に３次元計測を行います．
❷ 正弦波状の光強度をもたせた光パターンにより，高精度・高密度，かつ少ない撮影枚数による３次元計測が可能です．

前節で述べたとおり，ステレオ法を用いると，比較的簡単なしくみで簡便に3次元計測が可能ですが，光を当てずにカメラで撮影する**パッシブ型**（passive type）であることから，計測の目的によっては十分な精度，密度を得ることができないことがあります．この際には，光パターンを計測対象物体に投射する**アクティブ型**（active type）の三角測量にもとづく方法を用います．

❶ プロジェクタとカメラの組合せによる三角測量

前節で述べたパッシブ型の三角測量では，画像処理によって対応画素の探索を行いますが，この工程において多くの課題がありました．一方，プロジェクタとカメラを組み合わせれば，プロジェクタから投射する光パターンによって直接，対応画素を探索することが可能になります．これは，例えば，二眼ステレオ法の2台のカメラのうち，1台をプロジェクタに交換することで実現することができます．

また，プロジェクタにはさまざまな方式のものがありますが，以下では**DLP**（Digital Light Processing）方式のものについて説明します．

図1.20に，簡略化したDLPプロジェクタの模式図を示します．図のようにプロジェクタ内に設置された照明が放つ光は，そのまま外に投射されるのではなく，いったん**DMD**（Digital Mirror Device，**デジタルミラー素子**）に当たってから外に投射されます．DMDは**MEMS**（Micro-Electro-Mechanical Systems，**微小な電気機械システム**）と呼ばれるものの1つであり，**図1.21**に示すようにマイクロミラーが整列した構成になっています．これらマイクロミラーの1つひとつの向きを制御することで反射光の向きを変えることができるしくみになっています．なお，各マイクロミラーはオン（光を反射する）とオフ（反射しない）

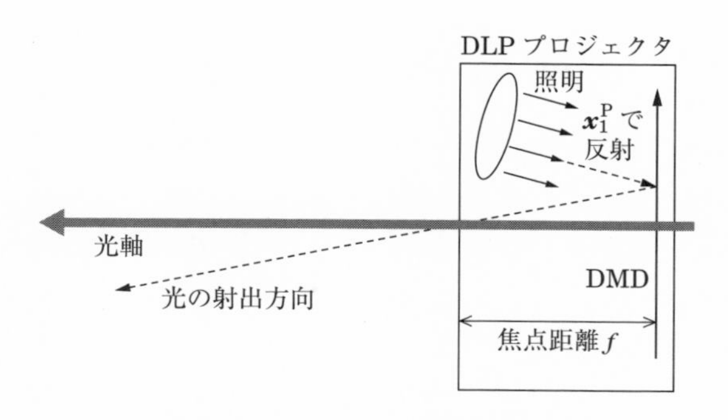

図 1.20　DLP 方式のプロジェクタの模式図

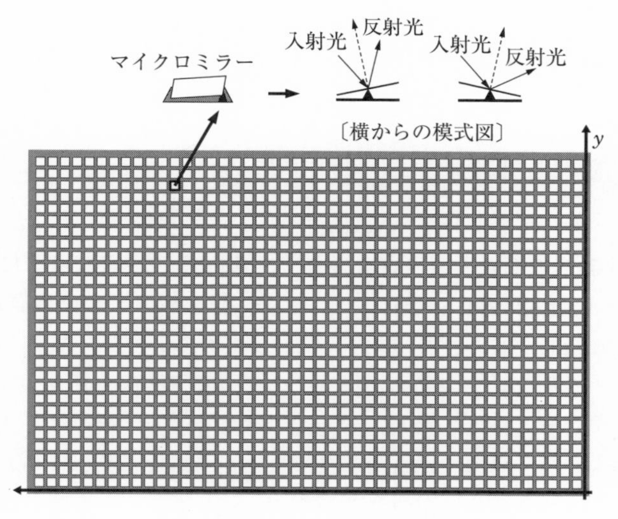

図 1.21　DMD の模式図

の2つの状態しかとれないことから，**PWM**（Pulse Width Modulation，**パルス幅変調**）と呼ばれる技術を用いて，中間的な輝度はオンとオフを短時間で繰り返しながら，つまり，オン／オフの時間比を調節することで表現します.

図 1.22 に，プロジェクタから投射する光パターンによるアクティブ型三角測量の構成図を示します．撮影された画像の各画素の輝度値等により，DLP プロジェクタから送出された光パターンの角度が推定できれば，三角測量で3次元計測ができるというしくみです.

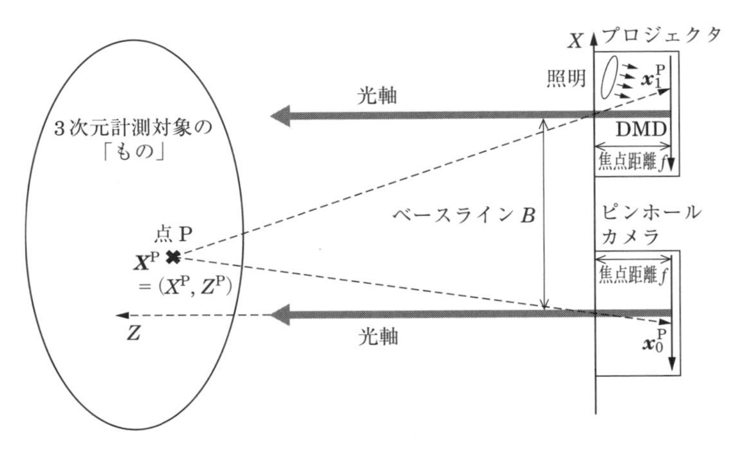

図 1.22　光パターン投射によるアクティブ型三角測量の模式図

2 正弦波格子位相シフト法

一方，光パターンとしてどういったものを，いくつ用いるとよいのかについて，これまで，さまざまな研究開発がなされてきました．**正弦波格子位相シフト法**（phase-shifted sinusoidal grating method）は，この中でも計測精度・計測密度の面で優れ，なおかつ，投射パターン数が少なくて済む有力な手法の1つです．ここで，投射パターン数が少ないということは，撮影画像枚数が少ないということと同じ意味であり，少ないほど，短時間で撮影を終了させやすいということになります．なお，トータルでの3次元計測にかかる時間を短縮するためには，画像撮影後に行う3次元座標を計算する処理の高速化も重要となります．

正弦波状の光パターンの例を**図 1.23** に示します．ここでは位相値を$\frac{2\pi}{3}$ずつ，すなわち$\frac{1}{3}$周期ずつずらした3つの光パターンを示しています．正弦波格子位相シフト法では，プロジェクタからこのような光パターンそれぞれを順番に投射しながら，カメラで画像を撮影していきます．そして，3枚の光パターン画像それぞれを投射する位相tを，上から順に$t=0$，$t=\frac{2\pi}{3}$，$t=\frac{4\pi}{3}$とします．また，正弦波の波長をλとします．さらに，各位相tにおける，DMD 上の座標位置x_1から射出される輝度値を$J(\boldsymbol{x}_1, t)$とおき，式(1.21)で表します．

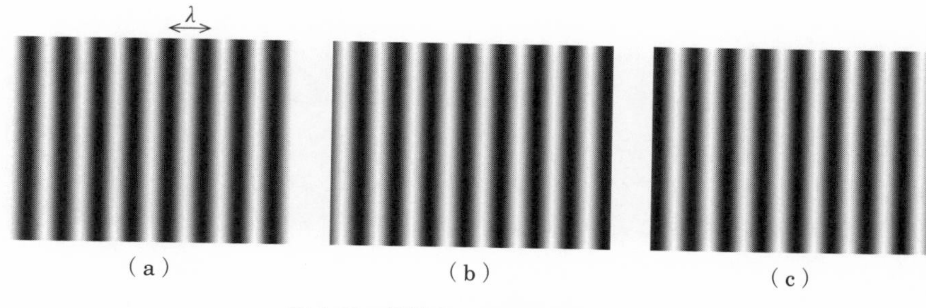

図 1.23　投射する正弦波光パターン

（左から$\frac{1}{3}$周期〔位相値としては$\frac{2\pi}{3}$ rad〕ずつずれている）

$$
\begin{cases}
J(\boldsymbol{x}_1,\ 0)=\dfrac{1}{2}\left[\cos\left(\dfrac{2\pi x_1}{\lambda}\right)+1\right] \\
J\left(\boldsymbol{x}_1,\ \dfrac{2\pi}{3}\right)=\dfrac{1}{2}\left[\cos\left(\dfrac{2\pi x_1}{\lambda}+\dfrac{2\pi}{3}\right)+1\right] \\
J\left(\boldsymbol{x}_1,\ \dfrac{4\pi}{3}\right)=\dfrac{1}{2}\left[\cos\left(\dfrac{2\pi x_1}{\lambda}+\dfrac{4\pi}{3}\right)+1\right]
\end{cases}
\tag{1.21}
$$

ここで，式(1.22) で定義される**位相値**（phase value）φを便宜的に導入します．

$$
\varphi=\frac{2\pi x_1}{\lambda} \tag{1.22}
$$

この位相値φを用いて式(1.21) を書きかえると，式(1.23) となります．

$$
\begin{cases}
J(\boldsymbol{x}_1,\ 0)=\dfrac{1}{2}[\cos\varphi+1] \\
J\left(\boldsymbol{x}_1,\ \dfrac{2\pi}{3}\right)=\dfrac{1}{2}\left[\cos\left(\varphi+\dfrac{2\pi}{3}\right)+1\right] \\
J\left(\boldsymbol{x}_1,\ \dfrac{4\pi}{3}\right)=\dfrac{1}{2}\left[\cos\left(\varphi+\dfrac{4\pi}{3}\right)+1\right]
\end{cases}
\tag{1.23}
$$

さらに，三角関数の加法定理から，$\cos\left(\varphi+\dfrac{2\pi}{3}\right)$ と $\cos\left(\varphi+\dfrac{4\pi}{3}\right)$ は，式(1.24) のとおり，変形することができます．

$$
\begin{cases}
\cos\left(\varphi+\dfrac{2\pi}{3}\right)=\cos\varphi\cos\dfrac{2\pi}{3}-\sin\varphi\sin\dfrac{2\pi}{3}=-\dfrac{\cos\varphi}{2}-\dfrac{\sqrt{3}\cos\varphi}{2} \\
\cos\left(\varphi+\dfrac{4\pi}{3}\right)=\cos\varphi\cos\dfrac{4\pi}{3}-\sin\varphi\sin\dfrac{4\pi}{3}=-\dfrac{\cos\varphi}{2}+\dfrac{\sqrt{3}\cos\varphi}{2}
\end{cases}
\tag{1.24}
$$

ここで，$\cos\frac{2\pi}{3}=\cos\frac{4\pi}{3}=-\frac{1}{2}$，$\sin\frac{2\pi}{3}=-\sin\frac{4\pi}{3}=\frac{\sqrt{3}}{2}$ を用いています．

さて，もの上の点Pに対して，DMD上の座標位置 $\boldsymbol{x}_1^{\mathrm{P}}$ から光が投射されます（**図1.24**，**図1.25**）．すると，プロジェクタと点P間の距離，点P周辺の面の向き，反射率，点Pとカメラ間の距離などによって光は減衰したうえで，カメラセンサ上の座標位置 $\boldsymbol{x}_0^{\mathrm{P}}$ に入射します．また，プロジェクタ以外からの環境光も点Pで反射され，同様に $\boldsymbol{x}_0^{\mathrm{P}}$ に入射します．

いま，カメラで光パターン投射に合わせて撮影した3枚の画像において，座標 $\boldsymbol{x}_0^{\mathrm{P}}$ の輝度値が $I(\boldsymbol{x}_0^{\mathrm{P}}, t)$ であったとしましょう．なお，3枚の光パターンをプロジェクタから順に投射し，カメラで撮影している間，ものは静止していて環境光も安定しているとします．このとき，座標 $\boldsymbol{x}_0^{\mathrm{P}}$ の各輝度値は，式(1.25)にしたがいます．

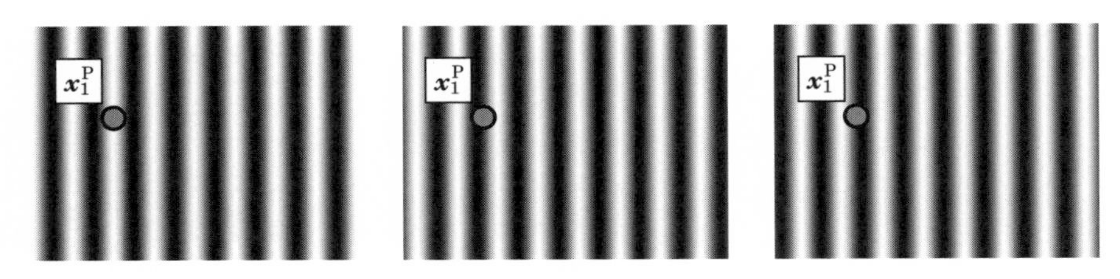

図1.24　正弦波光パターンにおけるDMD上の点 $\boldsymbol{x}_1^{\mathrm{P}}$ の光強度

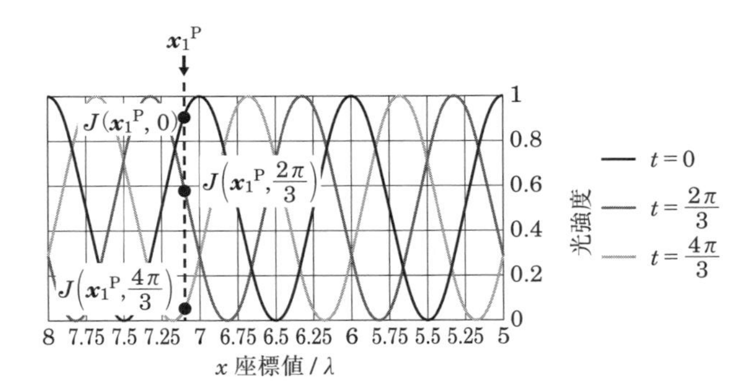

図1.25　点 $\boldsymbol{x}_1^{\mathrm{P}}$ の座標値と光強度の関係
（波長 λ で x 座標値を正規化している）

$$
\begin{cases}
I(\boldsymbol{x}_0^{\mathrm{P}},\ 0)=A\cos\varphi+B \\
I\left(\boldsymbol{x}_0^{\mathrm{P}},\ \dfrac{2\pi}{3}\right)=A\left[-\dfrac{\cos\varphi}{2}-\dfrac{\sqrt{3}\cos\varphi}{2}\right]+B \\
I\left(\boldsymbol{x}_0^{\mathrm{P}},\ \dfrac{4\pi}{3}\right)=A\left[-\dfrac{\cos\varphi}{2}+\dfrac{\sqrt{3}\cos\varphi}{2}\right]+B
\end{cases}
\tag{1.25}
$$

ここで，A は正弦波の振幅（$A \geq 0$）であり，光の減衰にともない小さくなっていきます．また，B は環境光の大きさを表すバイアス（$B \geq 0$）であり，位相値 φ とともに，画像上の座標位置 $\boldsymbol{x}_0^{\mathrm{P}}$ における未知数です．

式(1.25) のとおり，A，B，φ の3つの未知数を含む3つの独立な式がありますから，これらの未知数を求めることができます．特に，φ がよく推定できれば，DMD 上の座標位置 $\boldsymbol{x}_1^{\mathrm{P}}$ が判明しますので3次元計測が可能となります．

また，式(1.25) の3つの式をすべて足し合わせることで，式(1.26) のとおり，B を求めることができます．

$$
I(\boldsymbol{x}_0^{\mathrm{P}},\ 0)+I\left(\boldsymbol{x}_0^{\mathrm{P}},\ \frac{2\pi}{3}\right)+I\left(\boldsymbol{x}_0^{\mathrm{P}},\ \frac{4\pi}{3}\right)=3B
$$

$$
\therefore\quad B=\frac{1}{3}\left[I(\boldsymbol{x}_0^{\mathrm{P}},\ 0)+I\left(\boldsymbol{x}_0^{\mathrm{P}},\ \frac{2\pi}{3}\right)+I\left(\boldsymbol{x}_0^{\mathrm{P}},\ \frac{4\pi}{3}\right)\right] \tag{1.26}
$$

式(1.25) の第1式に式(1.26) を代入して，式(1.27) が得られます．

$$
I(\boldsymbol{x}_0^{\mathrm{P}},\ 0)=A\cos\varphi+\frac{1}{3}\left[I(\boldsymbol{x}_0^{\mathrm{P}},\ 0)+I\left(\boldsymbol{x}_0^{\mathrm{P}},\ \frac{2\pi}{3}\right)+I\left(\boldsymbol{x}_0^{\mathrm{P}},\ \frac{4\pi}{3}\right)\right]
$$

$$
\therefore\quad A\cos\varphi=\frac{1}{3}\left[2I(\boldsymbol{x}_0^{\mathrm{P}},\ 0)-I\left(\boldsymbol{x}_0^{\mathrm{P}},\ \frac{2\pi}{3}\right)-I\left(\boldsymbol{x}_0^{\mathrm{P}},\ \frac{4\pi}{3}\right)\right] \tag{1.27}
$$

式(1.25) の第2式から第3式を引くことで，式(1.28) が得られます．

$$
I\left(\boldsymbol{x}_0^{\mathrm{P}},\ \frac{2\pi}{3}\right)-I\left(\boldsymbol{x}_0^{\mathrm{P}},\ \frac{4\pi}{3}\right)=-\sqrt{3}A\sin\varphi
$$

$$
\therefore\quad A\sin\varphi=-\frac{\sqrt{3}}{3}\left[I\left(\boldsymbol{x}_0^{\mathrm{P}},\ \frac{2\pi}{3}\right)-I\left(\boldsymbol{x}_0^{\mathrm{P}},\ \frac{4\pi}{3}\right)\right] \tag{1.28}
$$

そして，式(1.27) と式(1.28) の両辺を2乗して足し合わせるとともに，$\cos^2\varphi+\sin^2\varphi=1$ であることを利用すると，式(1.29) のとおり A を求めることができます．このとき，振幅 A は正か0であることを用いています．

$$A^2\left(\cos^2\varphi+\sin^2\varphi\right)=\frac{1}{9}\left[2I\left(\boldsymbol{x}_0^{\mathrm{P}},\ 0\right)-I\left(\boldsymbol{x}_0^{\mathrm{P}},\ \frac{2\pi}{3}\right)-I\left(\boldsymbol{x}_0^{\mathrm{P}},\ \frac{4\pi}{3}\right)\right]^2+\frac{1}{3}\left[I\left(\boldsymbol{x}_0^{\mathrm{P}},\ \frac{2\pi}{3}\right)-I\left(\boldsymbol{x}_0^{\mathrm{P}},\ \frac{4\pi}{3}\right)\right]^2$$

$$A^2=\frac{1}{9}\left\{\left[2I\left(\boldsymbol{x}_0^{\mathrm{P}},0\right)-I\left(\boldsymbol{x}_0^{\mathrm{P}},\frac{2\pi}{3}\right)-I\left(\boldsymbol{x}_0^{\mathrm{P}},\frac{4\pi}{3}\right)\right]^2+3\left[I\left(\boldsymbol{x}_0^{\mathrm{P}},\frac{2\pi}{3}\right)-I\left(\boldsymbol{x}_0^{\mathrm{P}},\frac{4\pi}{3}\right)\right]^2\right\}$$

$$\therefore\ A=\frac{1}{3}\sqrt{\left[2I\left(\boldsymbol{x}_0^{\mathrm{P}},\ 0\right)-I\left(\boldsymbol{x}_0^{\mathrm{P}},\ \frac{2\pi}{3}\right)-I\left(\boldsymbol{x}_0^{\mathrm{P}},\ \frac{4\pi}{3}\right)\right]^2+3\left[I\left(\boldsymbol{x}_0^{\mathrm{P}},\ \frac{2\pi}{3}\right)-I\left(\boldsymbol{x}_0^{\mathrm{P}},\ \frac{4\pi}{3}\right)\right]^2} \tag{1.29}$$

さらに，$\cos\varphi\neq0$ として，式(1.28) の両辺を式(1.27) の両辺でそれぞれ割ることにより，式(1.30) のとおり φ を求めることができます．なお，$\cos\varphi=0$ のときは，$\varphi=0$ となります．

$$\frac{\sin\varphi}{\cos\varphi}=\tan\varphi=\frac{\sqrt{3}\left[I\left(\boldsymbol{x}_0^{\mathrm{P}},\ \frac{4\pi}{3}\right)-I\left(\boldsymbol{x}_0^{\mathrm{P}},\ \frac{2\pi}{3}\right)\right]}{2I\left(\boldsymbol{x}_0^{\mathrm{P}},\ 0\right)-I\left(\boldsymbol{x}_0^{\mathrm{P}},\ \frac{2\pi}{3}\right)-I\left(\boldsymbol{x}_0^{\mathrm{P}},\ \frac{4\pi}{3}\right)}$$

$$\therefore\quad\varphi=\tan^{-1}\frac{\sqrt{3}\left[I\left(\boldsymbol{x}_0^{\mathrm{P}},\ \frac{4\pi}{3}\right)-I\left(\boldsymbol{x}_0^{\mathrm{P}},\ \frac{2\pi}{3}\right)\right]}{2I\left(\boldsymbol{x}_0^{\mathrm{P}},\ 0\right)-I\left(\boldsymbol{x}_0^{\mathrm{P}},\ \frac{2\pi}{3}\right)-I\left(\boldsymbol{x}_0^{\mathrm{P}},\ \frac{4\pi}{3}\right)} \tag{1.30}$$

コラム　ステップ数を増やした正弦波格子位相シフト法

本書では，$\frac{2\pi}{3}$ rad ずつ計 3 回光パターンを投射する正弦波格子位相シフト法を説明しましたが，正弦波格子位相シフト法にはこれ以外にもいくつかのバリエーションがあります．

例えば，1 周期を $\frac{\pi}{2}$ rad ずつずらしながら，計 4 回光パターンを投射する**正弦波格子位相シフト法**もよく使われています．このとき，4 回の光パターン撮影で座標 $\boldsymbol{x}_0^{\mathrm{P}}$ の各輝度値は式(1.31) にしたがいます．

$$\begin{cases}I\left(\boldsymbol{x}_0^{\mathrm{P}},\ 0\right)=A\cos\varphi+B\\ I\left(\boldsymbol{x}_0^{\mathrm{P}},\ \frac{\pi}{2}\right)=A\cos\varphi\left(\varphi+\frac{\pi}{2}\right)+B\\ I\left(\boldsymbol{x}_0^{\mathrm{P}},\ \pi\right)=A\cos\varphi\left(\varphi+\pi\right)+B\\ I\left(\boldsymbol{x}_0^{\mathrm{P}},\ \frac{3\pi}{2}\right)=A\cos\varphi\left(\varphi+\frac{3\pi}{2}\right)+B\end{cases} \tag{1.31}$$

式(1.31)には未知数3つに対して独立した式が4つありますので，4つの式すべてを満たす A, B, φ は一般に存在しません．そこで，最小2乗法を用いて，左辺の観測値である輝度値と，右辺の差が最小となるような A, B, φ を求めます．

このために，4つの差の2乗和 $S(A, B, \varphi)$ を式(1.32)で定義します．

$$
\begin{aligned}
S(A, B, \varphi) = &\left[I(\boldsymbol{x}_0^{\mathrm{P}}, 0) - (A\cos\varphi + B)\right]^2 \\
&+ \left[I\left(\boldsymbol{x}_0^{\mathrm{P}}, \frac{\pi}{2}\right) - \left(A\cos\left(\varphi + \frac{\pi}{2}\right) + B\right)\right]^2 + \left[I(\boldsymbol{x}_0^{\mathrm{P}}, \pi) - (A\cos(\varphi + \pi) + B)\right]^2 \\
&+ \left[I\left(\boldsymbol{x}_0^{\mathrm{P}}, \frac{3\pi}{2}\right) - \left(A\cos\left(\varphi + \frac{3\pi}{2}\right) + B\right)\right]^2
\end{aligned}
\tag{1.32}
$$

そして，$S(A, B, \varphi)$ を最小化する未知数 A, B, φ を，$S(A, B, \varphi)$ をそれぞれで偏微分した値が0となるように，すなわち

$$
\frac{\partial S(A, B, \varphi)}{\partial A} = 0, \quad \frac{\partial S(A, B, \varphi)}{\partial B} = 0, \quad \frac{\partial S(A, B, \varphi)}{\partial \varphi} = 0
$$

の3つの式を満たす値となるように求めます．

まず，式(1.32)を変形します．

$$
\begin{aligned}
S(A, B, \varphi) = &\left[I(\boldsymbol{x}_0^{\mathrm{P}}, 0) - (A\cos\varphi + B)\right]^2 \\
&+ \left[I\left(\boldsymbol{x}_0^{\mathrm{P}}, \frac{\pi}{2}\right) - (-A\sin\varphi + B)\right]^2 + \left[I(\boldsymbol{x}_0^{\mathrm{P}}, \pi) - (-A\cos\varphi + B)\right]^2 \\
&+ \left[I\left(\boldsymbol{x}_0^{\mathrm{P}}, \frac{3\pi}{2}\right) - (A\sin\varphi + B)\right]^2
\end{aligned}
\tag{1.33}
$$

ここで三角関数の加法定理を用いて，式(1.34)をあらかじめ求めています．

$$
\left\{
\begin{aligned}
&\cos\left(\varphi + \frac{\pi}{2}\right) = \cos\varphi\cos\frac{\pi}{2} - \sin\varphi\sin\frac{\pi}{2} = -\sin\varphi \\
&\cos(\varphi + \pi) = \cos\varphi\cos\pi - \sin\varphi\sin\pi = -\cos\varphi \\
&\cos\left(\varphi + \frac{3\pi}{2}\right) = \cos\varphi\cos\frac{3\pi}{2} - \sin\varphi\sin\frac{3\pi}{2} = \sin\varphi
\end{aligned}
\right.
\tag{1.34}
$$

$\dfrac{\partial S(A, B, \varphi)}{\partial B} = 0$ より，式(1.35)が得られます．

$$\frac{\partial S(A,\ B,\ \varphi)}{\partial B} = -2[I(\boldsymbol{x}_0^{\mathrm{P}},\ 0) - (A\cos\varphi + B)]$$

$$-2\left[I\left(\boldsymbol{x}_0^{\mathrm{P}},\ \frac{\pi}{2}\right) - (-A\sin\varphi + B)\right] - 2[I(\boldsymbol{x}_0^{\mathrm{P}},\ \pi) - (-A\cos\varphi + B)]$$

$$-2\left[I\left(\boldsymbol{x}_0^{\mathrm{P}},\ \frac{3\pi}{2}\right) - (A\sin\varphi + B)\right] = 0$$

$$\therefore\quad B = \frac{I(\boldsymbol{x}_0^{\mathrm{P}},\ \pi) + I\left(\boldsymbol{x}_0^{\mathrm{P}},\ \frac{\pi}{2}\right) + I(\boldsymbol{x}_0^{\mathrm{P}},\ \pi) + I\left(\boldsymbol{x}_0^{\mathrm{P}},\ \frac{3\pi}{2}\right)}{4} \tag{1.35}$$

$\dfrac{\partial S(A,\ B,\ \varphi)}{\partial \varphi} = 0$より

$$I\left(\boldsymbol{x}_0^{\mathrm{P}},\ \frac{\pi}{2}\right) - I\left(\boldsymbol{x}_0^{\mathrm{P}},\ \frac{3\pi}{2}\right) \neq 0$$

のとき式(1.36)，式(1.37) が得られます．

$$I\left(\boldsymbol{x}_0^{\mathrm{P}},\ \frac{\pi}{2}\right) - I\left(\boldsymbol{x}_0^{\mathrm{P}},\ \frac{3\pi}{2}\right) = 0$$

のときは$\varphi = 0$となります．

$$\frac{\partial S(A,\ B,\ \varphi)}{\partial \varphi} = 2A[I(\boldsymbol{x}_0^{\mathrm{P}},\ 0) - (A\cos\varphi + B)]\sin\varphi + 2A\left[I\left(\boldsymbol{x}_0^{\mathrm{P}},\ \frac{\pi}{2}\right)\right.$$

$$\left. - (-A\sin\varphi + B)\right]\cos\varphi - 2A[I(\boldsymbol{x}_0^{\mathrm{P}},\ \pi) - (-A\cos\varphi + B)]\sin\varphi$$

$$-2A\left[I\left(\boldsymbol{x}_0^{\mathrm{P}},\ \frac{3\pi}{2}\right) - (A\sin\varphi + B)\right]\cos\varphi = 0$$

$$\therefore\quad [I(\boldsymbol{x}_0^{\mathrm{P}},\ 0) - I(\boldsymbol{x}_0^{\mathrm{P}},\ \pi)]\sin\varphi + \left[I\left(\boldsymbol{x}_0^{\mathrm{P}},\ \frac{\pi}{2}\right) - I\left(\boldsymbol{x}_0^{\mathrm{P}},\ \frac{3\pi}{2}\right)\right]\cos\varphi = 0 \tag{1.36}$$

$$\varphi = \tan^{-1}\left[\frac{I\left(\boldsymbol{x}_0^{\mathrm{P}},\ \frac{\pi}{2}\right) - I\left(\boldsymbol{x}_0^{\mathrm{P}},\ \frac{3\pi}{2}\right)}{I(\boldsymbol{x}_0^{\mathrm{P}},\ 0) - I(\boldsymbol{x}_0^{\mathrm{P}},\ \pi)}\right] \tag{1.37}$$

$\dfrac{\partial S(A,\ B,\ \varphi)}{\partial A} = 0$より，式(1.38) が得られます．ここで，$\cos^2\varphi + \sin^2\varphi = 1$であることを用いています．

$$\frac{\partial S(A,\ B,\ \varphi)}{\partial A}=2\left[I(\boldsymbol{x}_0^{\mathrm{P}},\ 0)-(A\cos\varphi+B)\right]\cos\varphi+2\left[I\left(\boldsymbol{x}_0^{\mathrm{P}},\ \frac{\pi}{2}\right)\right.$$
$$\left.-(-A\sin\varphi+B)\right]\sin\varphi+2\left[I(\boldsymbol{x}_0^{\mathrm{P}},\ \pi)-(-A\cos\varphi+B)\right]\cos\varphi$$
$$-2\left[I\left(\boldsymbol{x}_0^{\mathrm{P}},\ \frac{3\pi}{2}\right)-(A\sin\varphi+B)\right]\sin\varphi=0$$
$$\therefore\quad A=\frac{1}{2}\left\{\left[I(\boldsymbol{x}_0^{\mathrm{P}},\ 0)-I(\boldsymbol{x}_0^{\mathrm{P}},\ \pi)\right]\cos\varphi-\left[I\left(\boldsymbol{x}_0^{\mathrm{P}},\ \frac{\pi}{2}\right)-I\left(\boldsymbol{x}_0^{\mathrm{P}},\ \frac{3\pi}{2}\right)\right]\sin\varphi\right\}\tag{1.38}$$

式(1.38) の右辺から，φを消去します．式(1.37) の両辺を２乗すると，式(1.39) が得られます．

$$A^2=\frac{1}{4}\left\{\left[I(\boldsymbol{x}_0^{\mathrm{P}},\ 0)-I(\boldsymbol{x}_0^{\mathrm{P}},\ \pi)\right]\cos\varphi-\left[I\left(\boldsymbol{x}_0^{\mathrm{P}},\ \frac{\pi}{2}\right)-I\left(\boldsymbol{x}_0^{\mathrm{P}},\ \frac{3\pi}{2}\right)\right]\sin\varphi\right\}^2$$
$$=\frac{1}{4}\left\{\left[I(\boldsymbol{x}_0^{\mathrm{P}},\ 0)-I(\boldsymbol{x}_0^{\mathrm{P}},\ \pi)\right]^2\cos^2\varphi+\left[I\left(\boldsymbol{x}_0^{\mathrm{P}},\ \frac{\pi}{2}\right)-I\left(\boldsymbol{x}_0^{\mathrm{P}},\ \frac{3\pi}{2}\right)\right]^2\sin^2\varphi\right.$$
$$\left.-2\left[I(\boldsymbol{x}_0^{\mathrm{P}},\ 0)-I(\boldsymbol{x}_0^{\mathrm{P}},\ \pi)\right]\left[I\left(\boldsymbol{x}_0^{\mathrm{P}},\ \frac{\pi}{2}\right)-I\left(\boldsymbol{x}_0^{\mathrm{P}},\ \frac{3\pi}{2}\right)\right]\cos\varphi\sin\varphi\right\}\tag{1.39}$$

式(1.39) の{･}内の第３項を２つに分け，それぞれ式(1.36) を利用してφを消去していきます．$\cos^2\varphi+\sin^2\varphi=1$ であることを用います．

$$A^2=\frac{1}{4}\left\{\left[I(\boldsymbol{x}_0^{\mathrm{P}},\ 0)-I(\boldsymbol{x}_0^{\mathrm{P}},\ \pi)\right]^2\cos^2\varphi+\left[I\left(\boldsymbol{x}_0^{\mathrm{P}},\ \frac{\pi}{2}\right)-I\left(\boldsymbol{x}_0^{\mathrm{P}},\ \frac{3\pi}{2}\right)\right]^2\sin^2\varphi\right.$$
$$-\left[I(\boldsymbol{x}_0^{\mathrm{P}},\ 0)-I(\boldsymbol{x}_0^{\mathrm{P}},\ \pi)\right]\left[I\left(\boldsymbol{x}_0^{\mathrm{P}},\ \frac{\pi}{2}\right)-I\left(\boldsymbol{x}_0^{\mathrm{P}},\ \frac{3\pi}{2}\right)\right]\cos\varphi\sin\varphi$$
$$\left.-\left[I(\boldsymbol{x}_0^{\mathrm{P}},\ 0)-I(\boldsymbol{x}_0^{\mathrm{P}},\ \pi)\right]\left[I\left(\boldsymbol{x}_0^{\mathrm{P}},\ \frac{\pi}{2}\right)-I\left(\boldsymbol{x}_0^{\mathrm{P}},\ \frac{3\pi}{2}\right)\right]\cos\varphi\sin\varphi\right\}$$
$$=\frac{1}{4}\left\{\left[I(\boldsymbol{x}_0^{\mathrm{P}},\ 0)-I(\boldsymbol{x}_0^{\mathrm{P}},\ \pi)\right]^2\cos^2\varphi+\left[I\left(\boldsymbol{x}_0^{\mathrm{P}},\ \frac{\pi}{2}\right)-I\left(\boldsymbol{x}_0^{\mathrm{P}},\ \frac{3\pi}{2}\right)\right]^2\sin^2\varphi\right.$$
$$\left.+\left[I(\boldsymbol{x}_0^{\mathrm{P}},\ 0)-I(\boldsymbol{x}_0^{\mathrm{P}},\ \pi)\right]^2\sin^2\varphi+\left[I\left(\boldsymbol{x}_0^{\mathrm{P}},\ \frac{\pi}{2}\right)-I\left(\boldsymbol{x}_0^{\mathrm{P}},\ \frac{3\pi}{2}\right)\right]\cos^2\varphi\right\}$$
$$=\frac{1}{4}\left\{\left[I(\boldsymbol{x}_0^{\mathrm{P}},\ 0)-I(\boldsymbol{x}_0^{\mathrm{P}},\ \pi)\right]^2+\left[I\left(\boldsymbol{x}_0^{\mathrm{P}},\ \frac{\pi}{2}\right)-I\left(\boldsymbol{x}_0^{\mathrm{P}},\ \frac{3\pi}{2}\right)\right]^2\right\}\tag{1.40}$$

$A\geq 0$ であることを考慮すると，式(1.41) を得ることができます．

$$A=\frac{\sqrt{[I(\boldsymbol{x}_0^{\mathrm{P}},\ 0)-I(\boldsymbol{x}_0^{\mathrm{P}},\ \pi)]^2+\left[I\left(\boldsymbol{x}_0^{\mathrm{P}},\ \frac{\pi}{2}\right)-I\left(\boldsymbol{x}_0^{\mathrm{P}},\ \frac{3\pi}{2}\right)\right]^2}}{2} \tag{1.41}$$

以上を応用すれば，さらに1周期を細かな角度で分けて（ステップ数を増やして）正弦波格子位相シフト法を行うことができます．ステップ数を増やすと画像の撮影時間が長くなりますが，画像枚数が増えて統計的誤差を低減できるとともに，プロジェクタやカメラのノンリニアな特性（2.1節参照）の影響を緩和することができます．

さて，式(1.30) で求めたA，B，φそれぞれの意味を確認してみます．まず，位相値φを求めた式(1.30) の右辺の分母

$$2I(\boldsymbol{x}_0^{\mathrm{P}},\ 0)-I\left(\boldsymbol{x}_0^{\mathrm{P}},\ \frac{2\pi}{3}\right)\ -I\left(\boldsymbol{x}_0^{\mathrm{P}},\ \frac{2\pi}{3}\right)$$

に着目します．

$$I(\boldsymbol{x}_0^{\mathrm{P}},\ 0),\quad I\left(\boldsymbol{x}_0^{\mathrm{P}},\ \frac{2\pi}{3}\right),\quad I\left(\boldsymbol{x}_0^{\mathrm{P}},\ \frac{2\pi}{3}\right)$$

はそれぞれ，式(1.25) で示した形式であることから，バイアスBがいかなる値をとろうとも，この分母の値は不変であることがわかります．同じように，式(1.30) の右辺の分子も，バイアスBによらないことがわかります．つまり，位相値φは，バイアスBに依存しません．したがって，環境光などが時間的に安定しているならば，たとえ明るい環境であっても精度が変わらないことがわかります．これは，正弦波格子位相シフト法の特長の1つです．

一方，3次元計測の精度を高めるためには，できるだけ画像のコントラスト（正弦波光パターンの明るい部分と暗い部分の差）を高めることが重要です．なぜなら，カメラから得られる画像の輝度は一般に8ビット（0～255の256段階）で量子化（ディジタル化）されますが，輝度値に雑音成分が混じることを考えても，できるだけ多くのビットを利用するほうが信号対雑音比が高いからです．このコントラストの高さは，正弦波の振幅Aの大きさに対応しますが，式(1.29) のとおり，振幅A自体は使用する計測機器と方法によって決まってしまうため，計測段階では変えることができません．しかし，バイアスBは，振幅Aを引いた$B-A$としてみると，正弦波の最も暗いところでの輝度値に相当することがわかります．したがって，コントラストをできるだけ高くするには，$B-A$をでき

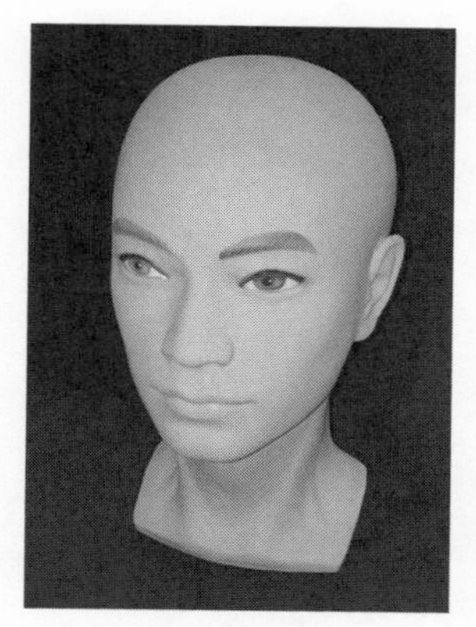

（a）3次元計測対象とするマネキン

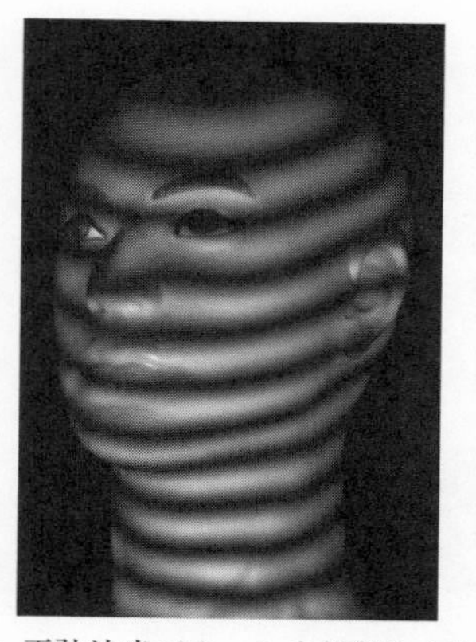

（b）正弦波光パターンを投射した画像

図 1.26　環境光がなるべく小さい状況での3次元計測の例

るだけ小さくする，すなわち環境光などができるだけ少ない状況をつくることが重要だとわかります．

実際の例で考えてみましょう．**図 1.26**（a）は3次元計測対象とするマネキンの画像です．このマネキンを，照明を落とした部屋に置き，その背景に黒い板や布を設置することで，環境光をなるべく小さい状況にします．さらに，背景や壁などで反射して間接的にマネキンに届く光（回り込み光）もなるべく減じることで，$B-A$ができるだけ小さくなるようにします．図 1.26（b）は，実際に正弦波光パターンを投射しながら撮影している様子です．このようにして撮影後，式(1.30）をもとにして画素ごとの位相値φを計算していきますが，式(1.30）により求めることができる位相値φは，$\tan^{-1}(\cdot)$の値域である$-\pi<\varphi<\pi$の範囲内に限られます．そのため，プロジェクタから位相値φで投射したのか，位相値$\varphi+2\pi$で投射したのか，あるいは位相値$\varphi+2n\pi$で投射したのか（nは整数）の区別はできません．この2πの整数倍分だけ不確定性が生まれた$\tan^{-1}(\cdot)$の値域である$-\pi$からπの範囲に折り畳まれた位相値を，**相対位相値**（relative phase value）と呼びます．

また，位相値φの計算式である式(1.30）には，波長λが入っていないことに注意が必要です．つまり，正弦波光パターンがどのような波長λをとろうと，求める位相値φには（誤差の大きさも含めて）影響がないということです．一方で，式(1.22）を変形することで，式(1.42）が得られます．

$$x_1 = \frac{\lambda\varphi}{2\pi} \tag{1.42}$$

これにより，位相値 φ の誤差が一定であるとき，3 次元計測に必要な x_1 の誤差は波長 λ に比例した大きさになることがわかります．ほかにも考慮すべき問題（次の③参照）がありますが，式(1.42) からは，波長 λ を短くすることで 3 次元計測の誤差を小さく抑えることができるといえます．

（a）振幅 A の画像化

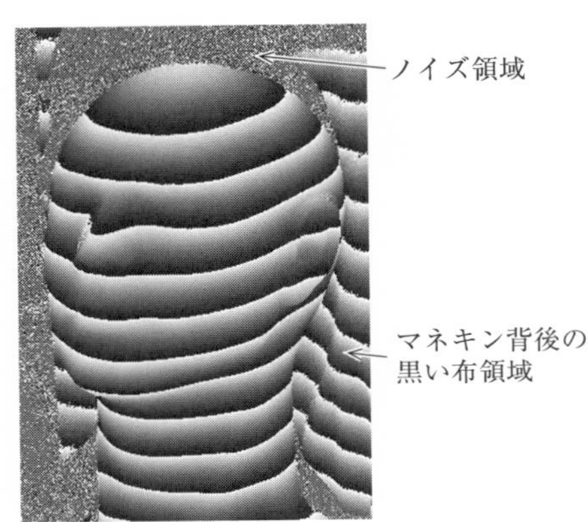

（b）相対位相値 φ の画像化

図 1.27　正弦波光パターンから計算した振幅 A と相対位相値 φ の画像化
（相対位相値 φ は $-\pi \sim \pi$ の値を輝度値 0〜255 に割り当てている）

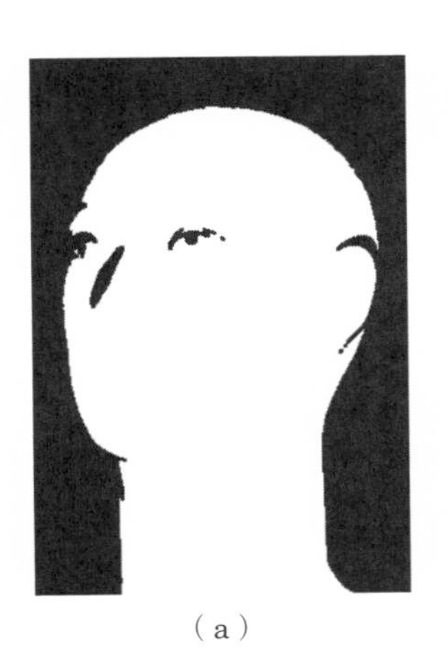

（a）

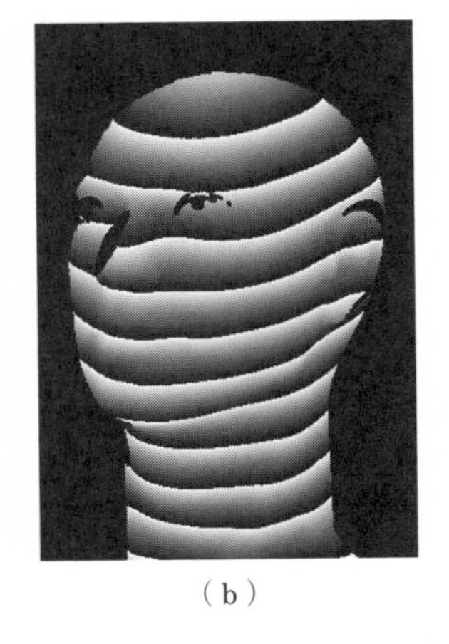

（b）

図 1.28　振幅 A が 10 を超える領域画像（a）と，振幅 A が 10 を超える領域内の相対位相値 φ 画像（b）
（相対位相値 φ は $-\pi \sim \pi$ の値を輝度値 0〜255 に割り当てて画像化している）

マネキンへ投射した正弦波光パターンから計算した振幅Aと相対位相値φを画像化して**図 1.27**に示します．なお，相対位相値φを画像化するにあたって，$-\pi$からπを輝度値0から255に割り当てています．同図（a）ではわかりづらいですが，同図（b）でランダムノイズのように見えている領域はマネキンの背後には何もなく，正弦波光パターンが照射されていないところです．また，同じ同図（b）では，一見，マネキンのまわりで相対位相値がうまく計算されているようにみえる領域がありますが，マネキンの後ろに置いた黒い布の領域です．画像上，目視では確認できない強度しかない正弦波光パターンであっても，3次元形状計測が可能なことを示してはいますが，特に黒（相対位相値が$-\pi$）と白（相対位相値がπ）のしま模様の境界が，マネキン上よりも荒れていることから，その程度の強度では3次元計測の精度が劣化することがわかるでしょう．つまり，光パターンが弱いところ（振幅Aが小さいところ）では，3次元計測の精度は落ちるということです．

振幅Aが10を超える領域を白で，10以下の領域を黒で示したのが**図 1.28**（a）です．同図（b）は，同図（a）の白領域における相対位相値を示しています．このように，振幅Aに対する閾値処理で，高い精度で計測できる領域を抽出することができます．

3 位相値から3次元座標値への変換

3次元計測を正しく行うためには，相対位相値をDMD上の座標位置$\boldsymbol{x}_1$に対応

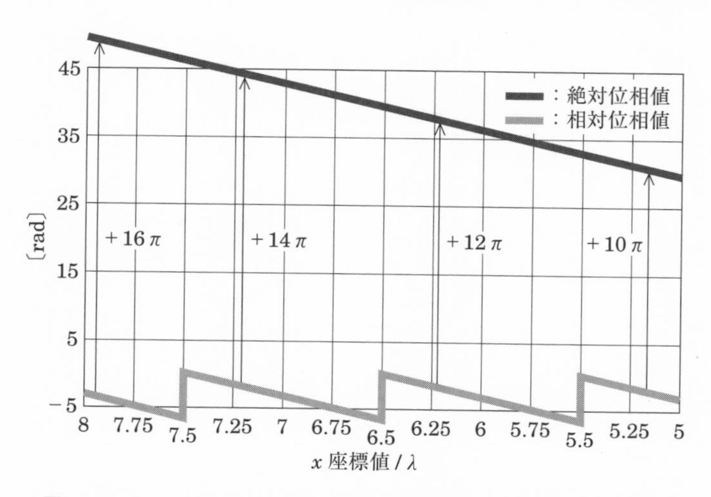

図1.29　図1.25における絶対位相値と算出した相対位相値の関係

するもとの位相値（**絶対位相値**（absolute phase value））に変換する必要があります．**図 1.29** に，絶対位相値と相対位相値の関係を示します．このように画像から算出した相対位相値は$-\pi$からπの範囲に折り畳まれているため，絶対位相値にするには，それぞれ適切な2πの整数倍を足し込む必要があります．逆にいえば，この2πの整数倍の不定性を何らかの方法で解決しない限り，正しく3次元計測を行うことができません．

これには，次の3つの解決方法があります．

（1）3次元計測する領域を制限し，相対位相値を絶対位相値へ一意に変換できるようにする．

（2）相対位相値をなめらかにすることで，画素ごとに2πの整数倍の値を定める問題から，計測対象のどこかで1つの値を定めればよい問題に変換する．そして，この1つの値を，別の方法によって定める．

（3）複数種類の光パターンを組み合わせて，絶対位相値を得る（35ページのコラム参照）．

（1）は，領域を制限することにはなりますが，最も簡単で実用的な方法です．1.1節で説明したように，計測する領域を適切に制限するアプローチは一般にかなり有効です．

領域を制限して，計測する領域のうち最も近い奥行き位置（Z座標値）をZ^{near}，最も遠い奥行き位置をZ^{far}とすると，式(1.4）と同様に式(1.43）の視差範囲だけを探索すればよくなります．

$$\frac{fB}{Z^{\mathrm{far}}} \le d \le \frac{fB}{Z^{\mathrm{near}}} \tag{1.43}$$

ここで，式(1.17）と同様に，正弦波の波長λが視差の範囲よりも十分大きいことを条件とすれば，この範囲内に同一の相対位相値が現れることがなくなります．つまり，λが式(1.44）を満たすようにします．

$$\lambda > \frac{fB}{Z^{\mathrm{near}}} - \frac{fB}{Z^{\mathrm{far}}} = \frac{fB\,(Z^{\mathrm{far}} - Z^{\mathrm{near}})}{Z^{\mathrm{near}}\,Z^{\mathrm{far}}} \tag{1.44}$$

前述のとおり，相対位相値の算出精度は波長λによりませんが，式(1.44）によって波長λを大きくするとその分，3次元計測の精度が劣化することがわかります．しかし，計測する奥行きの範囲が十分狭ければ，3次元計測の精度が受容可能な程度になるかもしれませんが，3次元計測の精度を担保しながら奥行き範囲も広くしたいときには，波長λが式(1.44）を満たさない設計とせざるをえな

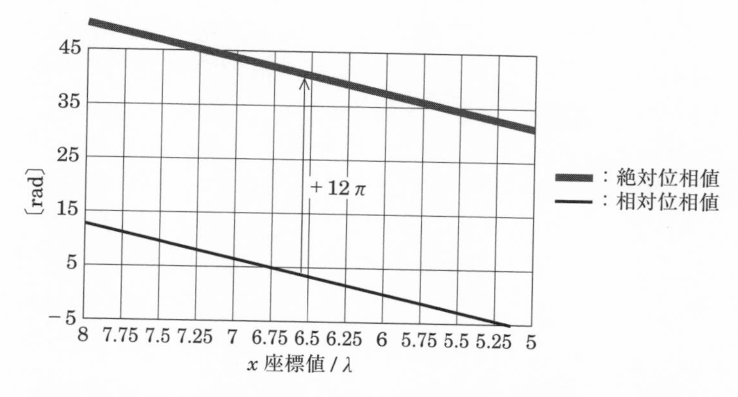

図 1.30　絶対位相値と位相接続した相対位相値

いことがあります．実際，図 1.27 の例でも，計測する奥行き範囲に対して波長 λ が $\frac{1}{3}$ 程度となるように正弦波光パターンを設計しています．

対して，計測対象となるものに大きな段差がなく，なめらかな面で構成されていると仮定できれば，位相接続を利用することで (2) の方法をとることができます．ここで，**位相接続**（phase unwrapping）とは，隣り合った相対位相値の差が 2π 未満になるように，2π の整数倍を足し引きし，全体ができるだけなめらかになるようにする処理のことです．図 1.29 に示した相対位相値に対して位相接続した例を**図 1.30** に示します．**図 1.31** に，OpenCV（2.1 節参照）の拡張モジュール群 contrib に含まれている位相接続を利用した結果を示します．位相接続は比較的古くから研究開発されており，これを実現するさまざまなアルゴリズムがありますが，詳細は本書の解説レベルから外れますので割愛します．

さて，位相接続によって全体になめらかにつながった位相値は得られますが，図 1.30 のとおり，全体としてのオフセット（ずれ）である 2π の整数倍（図 1.30 では 12π）の不定性がまだ残っています．これに対して，オフセットを決め打ちにして求めてしまう（この場合，3 次元形状が実際のものと異なってしまう可能性が高い）という乱暴な方法から，投射する正弦波光パターンの一部に目印を付けておく方法など，さまざまな対策が提案されています．**図 1.32** に右顔も 3 次元計測して，左顔と合成した結果を示します．左顔 3 次元計測用のプロジェクター カメラの対と同じものを右顔用にも設置して，合計 2 対で顔の全面を計測しています．ここでは，左右の顔の 3 次元計測用としてそれぞれ 1 つ，合計 2 つのカメラがあることを利用して，1.1 節で説明したステレオ法と類似の手法を併用することで2πの整数倍の不定性を解決していますが，詳細は割愛します．

また，**図1.33**，**図1.34**に，別の3次元計測対象とその計測結果を示しています．こちらの例のほうが，マネキンの例と比べて，正弦波格子位相シフト法が達成できる3次元計測の精度を感覚的に理解しやすいかもしれません．この例で，筆者は4回のステップ数として，振幅Aを70程度確保すれば，奥行きの計測精度0.2 mm（200 μm）程度が達成できていることを確認しています．

なお，(3) の方法については次ページのコラムを参照してください．

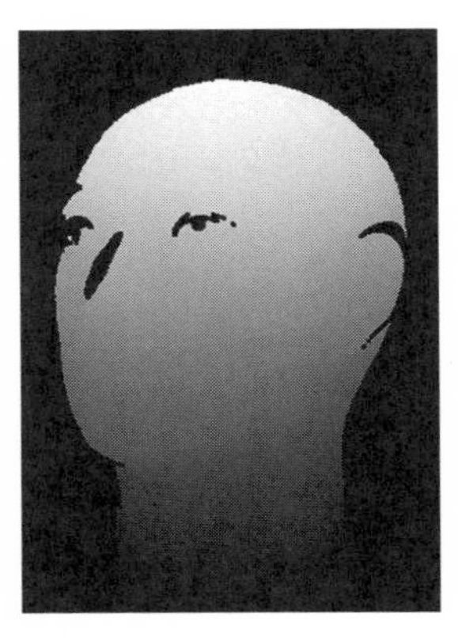

図 1.31　OpenCV の contrib に含まれている位相接続を利用した結果
（接続後の位相値の最小値を 0，最大値を 255 に割り付けて画像化している）

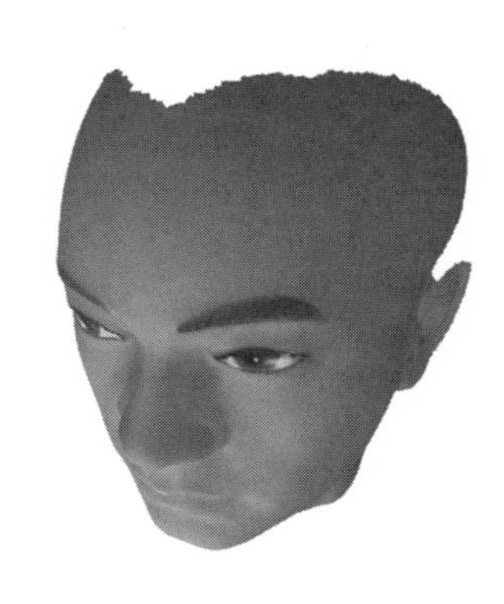

図 1.32　左顔に加えて右顔も 3 次元計測して左右合成した 3 次元計測結果
（顔表面上でテクスチャマッピングを施している）

図 1.33　3 次元計測対象の石膏像

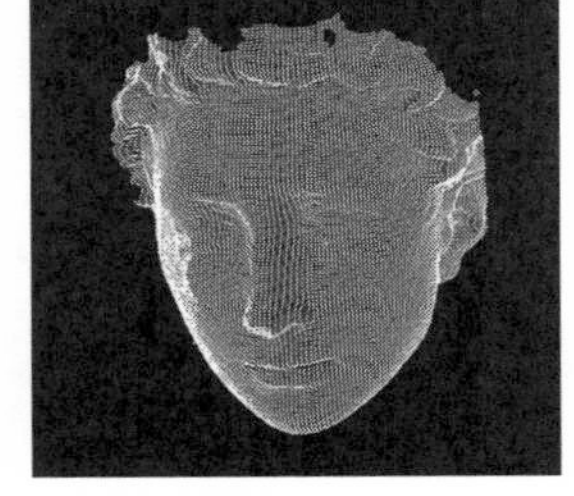

図 1.34　石膏像の 3 次元計測結果

コラム　複数種類の光パターンを組み合わせて絶対位相値を得る

正弦波格子位相シフト法は，少ない投射パターン数で，高精度かつ画素単位で高密度な3次元計測を実現できることから，さまざまな場面で活用されています．一方で，2π の整数倍の不定性を取り除く必要があり，さまざまな解決方法が提案されています．ここでは32ページの（3）で示した，複数種類の光パターンを組み合わせる方法について考えてみます．

これには，最も単純には，2種類の波長をもつ正弦波光パターンを組み合わせればよいでしょう．まず，波長が短い正弦波光パターンを用いて高精度な3次元計測を実行します．次に，波長が長い正弦波光パターンを用いて，波長が短い正弦波光パターンで求めた相対位相値を絶対位相値に変換します．

ただし，短い波長と長い波長の両方の光パターンを投射する必要がありますので，投射光パターン数は倍，つまり3次元計測に必要な画像枚数は倍になり，撮影時間も倍になります．

また，計算される位相値が計測領域内で一意に決まるよう設計する必要があります．すなわち，長い波長 λ^{long} は，式(1.44）と同じ条件の式(1.45）を満たす必要があります．

$$\lambda^{\mathrm{long}} > \frac{fB}{Z^{\mathrm{near}}} - \frac{fB}{Z^{\mathrm{far}}} = \frac{fB\left(Z^{\mathrm{far}} - Z^{\mathrm{near}}\right)}{Z^{\mathrm{near}} Z^{\mathrm{far}}} \tag{1.45}$$

例えば，図1.24（22ページ）に示した正弦波光パターンを短い波長 λ^{short} とし，長い波長 λ^{long} はその3倍とします．このとき，長い波長 λ^{long} の正弦波光パターンは**図1.35**となります．

また，**図1.36**に λ^{short} と λ^{long} の x 座標位置と波長の関係を示します．図中の丸で示す3つの位置は x 座標を λ^{short} で除した小数点以下がいずれも0.25となるところです（横軸の7から6までの1周期が $-\pi$ から π に対応する)．すなわち，相対位相値に変換するとこれらの3点すべてが $\frac{\pi}{2}$ に相当します．

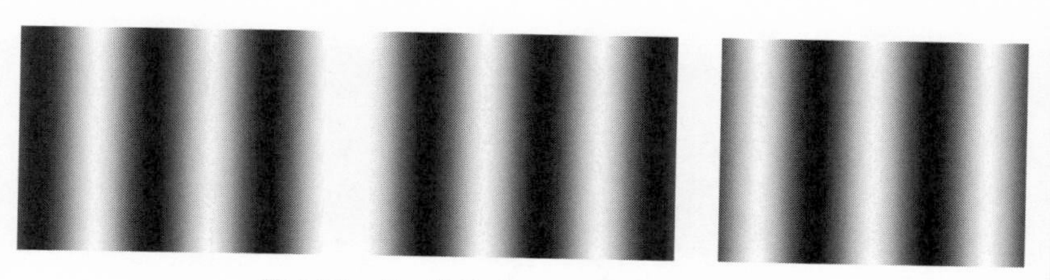

図1.35　長い波長 λ^{long} の正弦波光パターン
（左から $\frac{1}{3}$ 周期〔位相値としては $\frac{2\pi}{3}$ rad〕ずつずれている）

一方で，λ^{long} をもつ正弦波光パターンでは，それぞれで異なる相対位相値が対応しています．**表 1.1** に，これら 3 点における λ^{short} と λ^{long} それぞれにおける x 座標値，波長，相対位相値，絶対位相値の関係を示します．

このような λ^{short} と λ^{long} の関係によって 2π の整数倍の不定性を取り除くことが可能です．

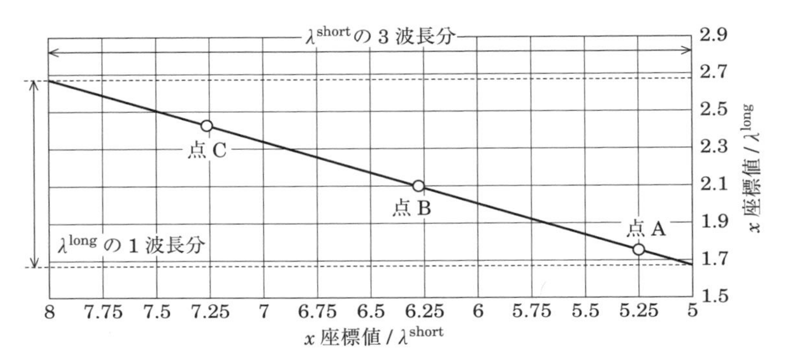

図 1.36　λ^{short} と λ^{long} の x 座標値と波長の関係
（点 A，B，C において，短い波長 λ^{short} の正弦波光パターンからは，同一の相対位相値である $\frac{\pi}{2}$ が得られる．これによって λ^{long} により相対位相値が計算できれば，λ^{short} で求めた相対位相値から絶対位相値を決定できる）

表 1.1　λ^{short} と λ^{long} それぞれにおける x 座標値，波長，相対位相値，絶対位相値の関係

		点 A	点 B	点 C
短い波長 λ^{short}	x 座標値/λ^{short}	5.25	6.25	7.25
	相対位相値	$\frac{\pi}{2}$	$\frac{\pi}{2}$	$\frac{\pi}{2}$
	絶対位相値	$\frac{21\pi}{2}$	$\frac{25\pi}{2}$	$\frac{29\pi}{2}$
長い波長 λ^{long}	x 座標値/λ^{long}	$\frac{7}{4}$	$\frac{25}{12}$	$\frac{29}{12}$
	相対位相値	$-\frac{\pi}{2}$	$\frac{\pi}{6}$	$\frac{5\pi}{6}$
	絶対位相値	$\frac{7\pi}{2}$	$\frac{25\pi}{6}$	$\frac{21\pi}{6}$

Memo

1.3 反射光の到達時間で計測（TOF）

Point

1. 光を投射し，反射してもどってくるまでの時間でものとカメラの間の距離を求めます．
2. ①によって距離を計測して，投射／反射光の向きを制御する光ステアリング技術を組み合わせることで，3次元計測を行います．

地球の地表付近の大気中における光の速さは約30万km/sであり，非常に高速ですが，有限です．この光の速さを利用して3次元計測を行う方法が，**TOF**（Time Of Flight method，**飛行時間法**）です．近年，注目されている**LiDAR**（Light Detection And Ranging，**光の検出と測距**．ToFとも記載されます）は，この技術を応用したものです．

図1.37にTOFにもとづく3次元計測装置の模式図を示します．単一方向の距離を計測する**測距モジュール**（distance measuring module）と広い範囲をスキャンするための**光ステアリング技術**（optical beam steering technology）（図中はミラー）が組み合わされており，測距モジュールから計測のために射出され

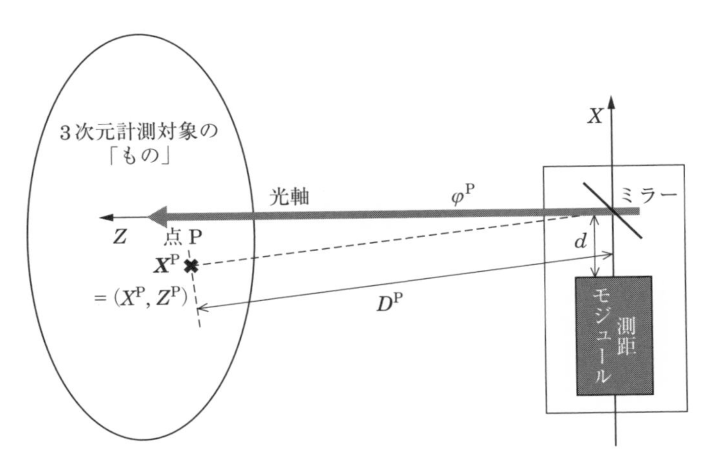

図1.37　TOFにもとづく3次元計測装置の模式図（同軸光学系）

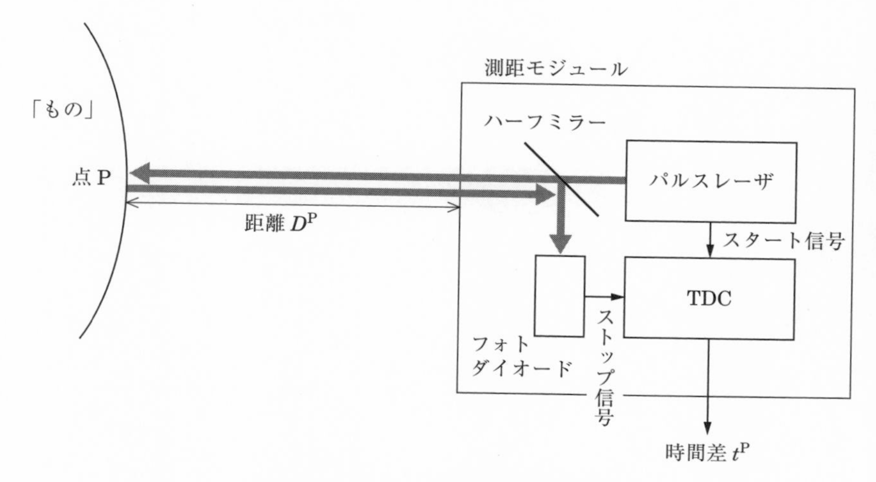

図 1.38　測距モジュール内部の模式図

た光パルス（光信号）が反射してもどってくるのを光ステアリング（光の向きの調整）のためのミラーで拾って，測距モジュールで受信します．この構成を**同軸光学系**（coaxial optical system）といいます．

図 1.38 に，測距モジュール内部の模式図を示します．ただし，光ステアリングのためのミラーを省いて光パルス経路を単純化しています．

パルスレーザで光パルスを射出したときにスタート信号を出します．射出された光パルスはハーフミラーを通過して点 P で反射して，またハーフミラーを経由してフォトダイオードに入射します．フォトダイオードは光パルスを検知するとストップ信号を出します．そして，時間をデジタル数値に変換する**時間-デジタル変換器**（**TDC**；Time-to-Digital Converter）がスタート信号とストップ信号の時間差を計測して，時間差 t^P を出力します．

すると，スタート信号とストップ信号の時間差 t^P は，光パルスが距離 D^P を往復して飛行するのにかかる時間（飛行時間）になります（**図 1.39**）ので，光の速さを c とすると，式(1.46) が成り立ちます．

$$2D^P = ct^P$$

$$\therefore \quad D^P = \frac{ct^P}{2} \tag{1.46}$$

ここで，測距モジュール内部の光パルス経路の長さは常に一定ですので，あらかじめ除去しておくことができます．計測された時間差が 1.0 ns，つまり 1.0×10^{-9} s であるとすると，光の速さは約 30 万 km/s（$= 3.0 \times 10^{10}$ cm/s）である

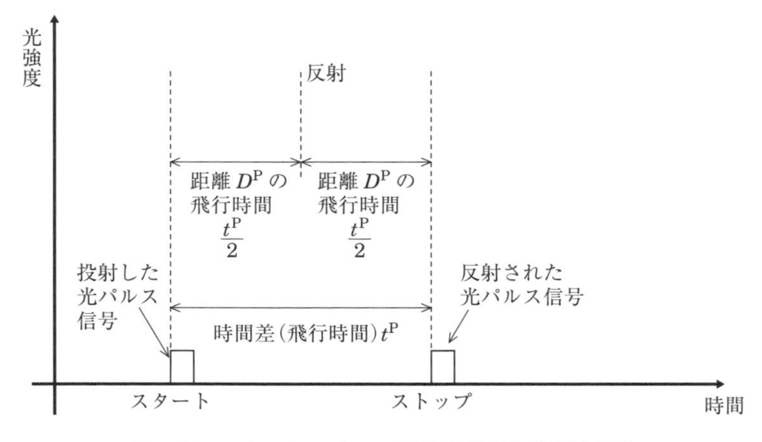

図 1.39　スタート-ストップ信号の時間差（飛行時間）

ことから測距モジュールと点P間の距離が15 cmであると計算できます．なお，時間解像度として0.1 ns以下を達成できた場合，距離の計測精度（誤差）は1.5 cm以下となります．この方法は，光の飛行時間を計測して直接距離を求めることから，**直接飛行時間法**（direct TOF）ともいわれます※5．

また，光ステアリング用のミラーは，従来はモータでミラーを駆動して向きを変更させる方法が主流でしたが，高価でかさばることや高い故障率のため，近年ではMEMSによるものに置き換わりつつあります．**図 1.40** に，2次元的に向きが変更できる光ステアリング用のミラーの模式図を示します．中央のミラーに2つの回転軸が付いており，前後左右に向きを変えることができるようになっています．このようなミラーの付いたデバイスを用いることで，1.1節，1.2節で説明したのと同様の方法で，計測対象のものの奥行きを画像のように取得することができます．

すなわち，図1.37の点Pに対して，計測された時間差が t^{P} であるとき，距離 D^{P} は式(1.46) より $\dfrac{ct^{\mathrm{P}}}{2}$ となります．ここから点Pの3次元座標位置を計算します．なお，測距モジュールとミラーとの間の距離 d は常に一定であることから，これもあらかじめ計測する時間差から削除しておきます．簡単のために，このときのミラーは Y 軸（図1.37中に描いていませんが，紙面から垂直の方向で

※5　直接飛行時間法に対して，**間接飛行時間法**（indirect TOF）と呼ばれる方法があります．これは，光を射出するときに振幅変調をかけておき，反射してもどってきた光との位相のずれ量を計測するもので，**位相差検出法**（phase difference detection method）と呼ばれることもあります．

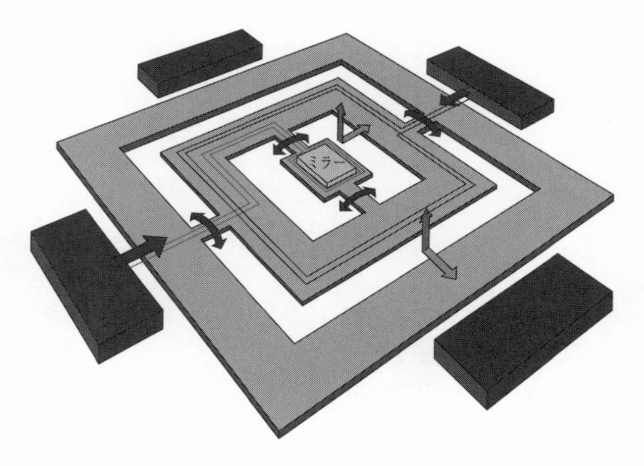

図 1.40　2次元的に向きが変更できる光ステアリング用のミラーの模式図
（外側の軸で左右に，内側の軸で前後に向きを変えることができる）

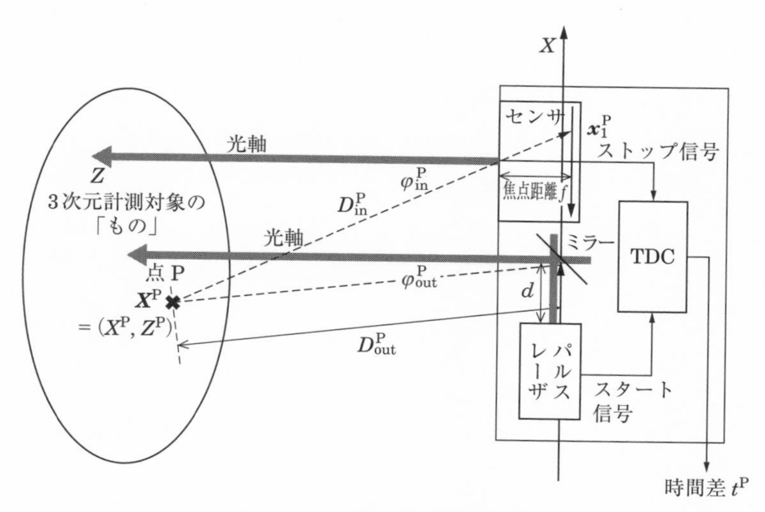

図 1.41　非同軸光学系の模式図

す）を中心として回転しており，その角度が φ^P であるとすると，点 P の X 座標値と Z 座標値はそれぞれ，式(1.47) で表すことができます（Y^P は 0）.

$$\begin{cases} X^P = D^P \sin \varphi^P \\ Z^P = D^P \cos \varphi^P \end{cases} \tag{1.47}$$

また，**図 1.41** に，光パルスを射出する光学系と，反射光を検知する光学系が分かれた**非同軸光学系**（non-coaxial optical system）の模式図を示します．それぞれの光学系の軸がずれていることから，光パルスの経路がやや複雑にみえますが，スタート信号とストップ信号の時間差を計測することで距離を求めるという基本は同軸光学系から変わっていません．

コラム　反射光の到達時間で計測（FM-CW 法）

TOF では，計測対象に当たってもどってくる光パルスを検知することによって時間差（飛行時間）を求めます．したがって，計測対象との距離が長くなればなるほど，また，計測対象にある 1 点あたりの反射率が低くなればなるほど，もどってくる光パルスが小さくなり，計測が困難になります．一方，光パルスが人の眼に与える影響を考えると，レーザ強度を必要以上に上げることはできません．

このような背景から，主に車載用として開発が進んでいるのが **FM-CW 法**（Frequency Modulation - Continuous Wave method）です．**図 1.42** に，この説明の前に基本となる **FM 法**（Frequency Modulation method）で用いる光パターンを示します．比較的長めにパルス幅 τ^{FM} をとり，この中で周波数変調（frequency modulation）されているのが特徴です．ここで，$-\frac{\tau^{\mathrm{FM}}}{2} \leq t \leq \frac{\tau^{\mathrm{FM}}}{2}$ で点 P へ向けて射出された光パターンは式(1.48) で表されます．

$$E^{\mathrm{P}} = A\cos(2\pi f_c t + \alpha t^2) \qquad (1.48)$$

A がこの光パターンの振幅です．式(1.48) の $\cos(\cdot)$ の括弧内を位相値 $\varphi(t)$ として，周波数変調を行います．

$$\varphi(t) = 2\pi f_c t + \alpha t^2 \qquad (1.49)$$

ここで，f_c は中心周波数です．時間 t における**瞬時周波数**（Instantaneous frequency）$f(t)$ は，式(1.49) の位相値 $\varphi(t)$ の時間変化を 2π で除して求め

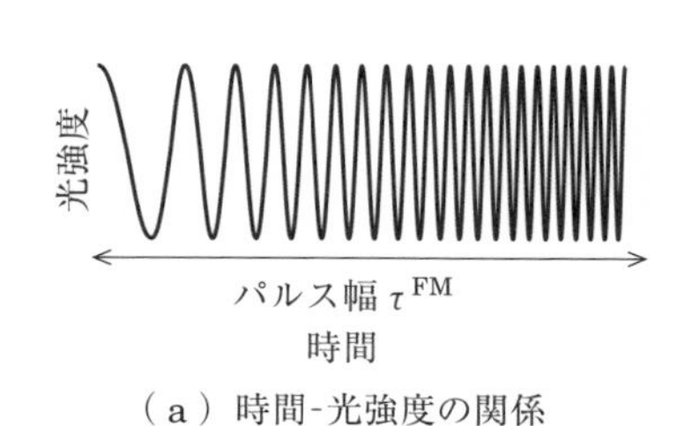

（a）時間-光強度の関係

周波数幅 $\Delta f = \frac{\alpha\tau^{\mathrm{FM}}}{\pi}$

周波数

中心周波数 f_c

時間

パルス幅 τ^{FM}

（b）時間-周波数の関係

図 1.42　FM 法で発出される光パターンの例
（時間が経つにつれ，周波数が線形に変化していることがわかる）

ることができます．

$$f(t)=\frac{1}{2\pi}(2\pi f_c+2\alpha t^2)=f_c+\frac{\alpha t^2}{\pi} \tag{1.50}$$

また，周波数の時間変化率である**チャープ率**（chirp rate）$C(t)$ は，位相値 $\varphi(t)$ の2次微分を 2π で除して求めることができます．

$$C(t)=\frac{1}{2\pi}(2\alpha)=\frac{\alpha}{\pi} \tag{1.51}$$

ここで，α を**チャープ定数**（chirp constant）といいます．周波数の変化幅 Δf は，式(1.50) により式(1.52) のとおり，求めることができます．

$$\Delta f=f\left(\frac{\tau^{\mathrm{FM}}}{2}\right)-f\left(-\frac{\tau^{\mathrm{FM}}}{2}\right)=\frac{\alpha\tau^{\mathrm{FM}}}{\pi} \tag{1.52}$$

これでFM法の光パターンを求めることができました．FM-CW法では，FM法の光パターンを基本としつつ，周波数を周期的に上昇・下降させて連続的に変調させます．すなわち，パルス幅 $\tau^{\mathrm{FM\text{-}CW}}$ は τ^{FM} の2倍であることからFM-CW法の周波数の変化幅 Δf は，式(1.53) となります．

$$\Delta f=\frac{\alpha\tau^{\mathrm{FM\text{-}CW}}}{2\pi} \tag{1.53}$$

図1.43 に，FM-CW法の光パターン例を示します．

また，**図1.44** (a) に射出される光パターンと，ものの点Pで反射されてきた光パターンを示します．射出される光パターンと反射されてきた光パターンの間で，距離 D^{P} に応じた時間差 $t^{\mathrm{P}}=\dfrac{2D^{\mathrm{P}}}{c}$ が生じていることがわかります．周波数が下降から上昇に切り替わる前後を除き，下降しているときの周波数差 $f^{\mathrm{P}}_{\mathrm{down}}$ は，式(1.51) で示したチャープ率を用いて式(1.54) となります．

$$f^{\mathrm{P}}_{\mathrm{down}}=\frac{\alpha t^{\mathrm{P}}}{\pi} \tag{1.54}$$

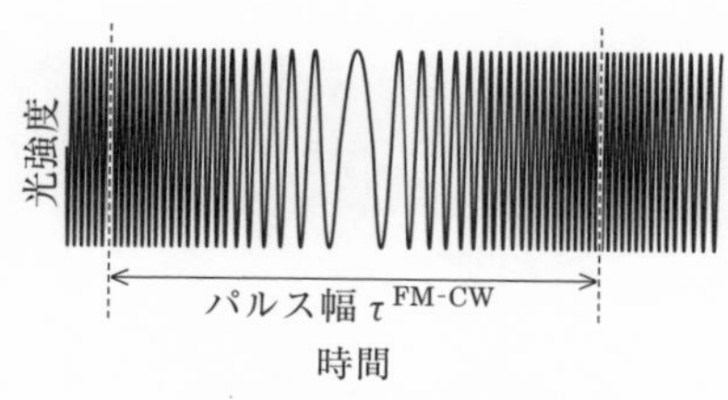

（a）時間-光強度の関係

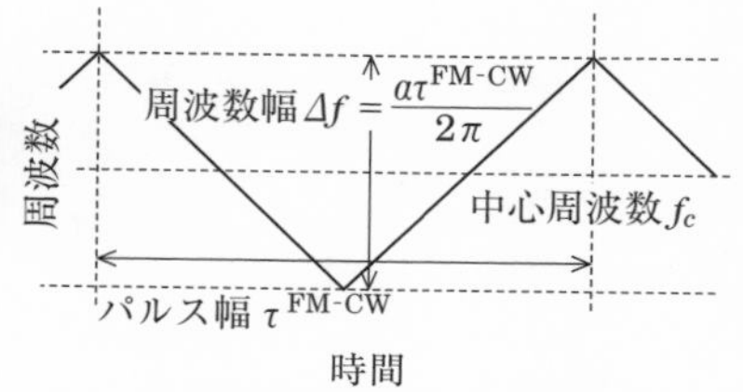

（b）時間-周波数の関係

図1.43　FM-CW法で射出される光パターン例
（周波数の上昇・下降を周期的に繰り返し，変調している）

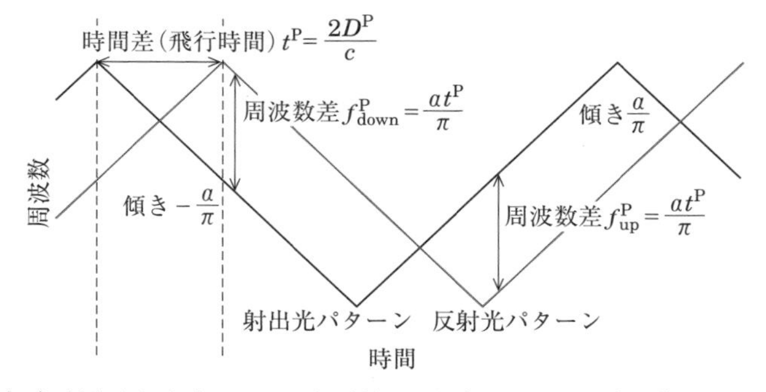

（a）射出された光パターンと反射された光パターンの時間差

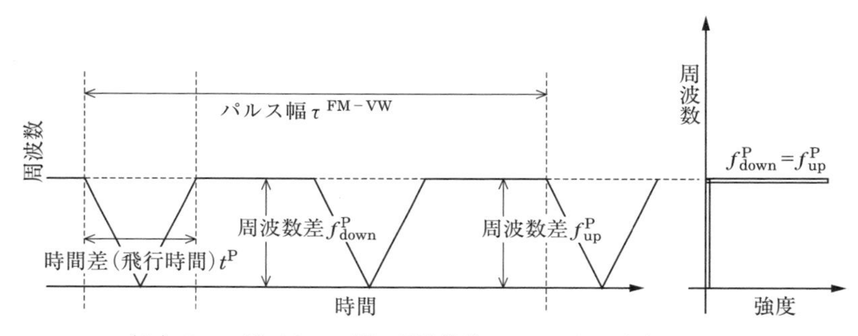

（b）2つの光パターン間の周波数差のスペクトル強度

図 1.44　FM-CW 法による距離計測説明図
（(a) は (b) をみると，幅の狭いパルスになっているとわかる）

また，上昇しているときの周波数差 f^{P}_{up} も同様になります．

図 1.44 (b) は，周波数差を示しています．右のグラフは，周波数とその強度を示しており，$f^{P}_{down}=f^{P}_{up}$ である周波数で，強いパルスになっている（**パルス圧縮**（pulse compression）されている）ことがわかります．これを応用すると，$f^{P}_{down}=f^{P}_{up}$ のときには，射出される光パターン強度自体は低くともパルス強度を高めることが可能となり，長距離あるいは反射率の低い計測対象の計測も可能になります．

なお，本コラムでは計測対象が静止していることを仮定していますが，FM-CW 法は計測対象の動きも同時計測できることが大きな特長です．これについては，章末の参考文献にあげた書籍等を参考にしてください．

コラム　身近になってきたLiDAR

ハイエンドのスマートフォンに搭載されたり，PCに接続可能なデバイスが発売されたりなど，LiDARがかなり身近に利用できるようになっています．

PCに接続可能なLiDARであるIntel RealSense L515の分解図を**図1.45**に示します．図中のOptical boardの部分に，レーザやMEMSミラー，フォトダイオードなどが実装されているものと推測されます．

また，STマイクロエレクトロニクスは同社のMEMSミラーが，このL515に採用されたとプレスリリースしています．**図1.46**は同社のプレスリリースから引用したものです．

なお，2022年3月にRealSense L515はEOL（End Of Life，生産終了）を迎えてしまいましたので入手は困難となっています．

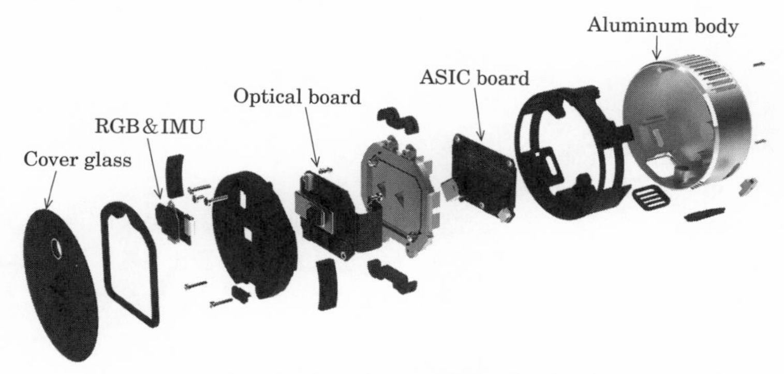

図1.45　Intel RealSense L515の分解図※6

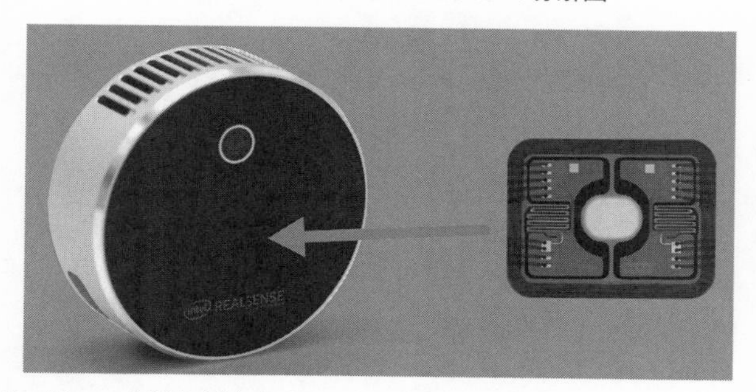

図1.46　RealSense L515（左）とSTマイクロエレクトロニクスのMEMSミラー（右）※7

※6　https://www.intelrealsense.com/lidar-camera-l515/ に掲載されたデータシートより引用（2022年5月確認）．

※7　https://newsroom.st.com/ja/media-center/press-item.html/t4264.html より図を引用（2022年5月確認）．

参考文献

・リチャード・シェリスキ 著，玉木 徹ほか訳：コンピュータビジョン：アルゴリズムと応用，共立出版（2013）

画像処理・画像認識全般について，比較的新しい研究も含めて網羅的に解説してあります．参考文献も豊富ですので，さらに理解を深めるうえで有用でしょう．

また，上記書の原書〔英語版〕については，改訂準備中の原稿が以下のURLから入手可能です．

https://szeliski.org/Book/

・大内和夫 編著，平木直哉ほか共著：レーダの基礎－探査レーダから合成開口レーダまでー，コロナ社（2017）

技術の進展により，周波数が短い近赤外線領域で，小型・廉価なLiDARが実現できるようになってきています．これには，上記書のようなレーダに関する本が参考になります．

・月刊画像ラボ編集部 編集：三次元ビジョン入門（月刊画像ラボ別冊），日本工業出版（2017）

特にLiDARについては熾烈な開発競争が巻き起こっていますので，できるだけ新しい情報を入手することをおすすめします．これには，上記書のような3次元画像センシングに関する各種装置や応用についてまとめられた書籍が有用です．

ほかにも随時，技術誌で特集が組まれています．

第2章

アクティブ型三角測量による3次元計測

本章では，三角測量の原理にもとづくアクティブ型の3次元計測の実例をもとに，3次元計測の原理をより深く理解していきます．まず，比較的容易に入手可能なカメラやプロジェクタ，PCを組み合わせたアクティブ型の3次元計測機器の例を構築します．これによってC++やPythonで作成したプログラムなどを用いて3次元計測に必要な基本設定から簡単な校正（キャリブレーション），実際に3次元計測を行うまでを説明します．

さらに，高精度な3次元計測装置を開発する際の課題についても触れます．

なお，市販されているカメラやプロジェクタは，そのままでは3次元計測に向いた設定ではありません．校正も必要です．これらの3次元計測にいたるまでの1つひとつの工程は地味ではありますが，3次元計測装置を構築し，しくみを理解するうえでの重要な手順でもありますので，丁寧に読み進めてください．

2.1
カメラとプロジェクタのプロパティ設定

Point
❶ 3次元計測を行う準備として，カメラとプロジェクタの幾何学的な校正（キャリブレーション）のほかに，プロパティの設定が必要です．
❷ プロパティの設定では，主に，正弦波光パターンが忠実にプロジェクタから投射されること，かつ，それが，カメラできちんと撮影できることを確認します．

❶ カメラのプロパティ

第1章では，説明を簡単にするため，カメラはピンホールカメラとしていました．また，カメラへ入射する光量がそのまま画素値に反映されるもの（光量と画素値の関係は**リニア**（linear））としていました．一方，実際の3次元計測で使用されるカメラはもちろんピンホールカメラではありませんし，光量と画素値の関係はリニアではありません．

さらに，ピンホールカメラなら，撮影対象とカメラ間の距離に関係なく，ピント（フォーカス）が合いますが，実際のカメラではある一定の距離の前後だけしかピントが合いません．それ以外ではピンボケしてしまいます．また，現在のカメラではオートフォーカス機能や自動露出機能が付いているのが一般的ですので，さまざまな処理が自動で（勝手に）行われてしまい，光量と画素値がリニアに対応しません．

つまり，これらによる変動が3次元計測の精度を低下させる要因となりますので，3次元計測を始める前にカメラのプロパティの設定を見直す必要があるのです．

❷ OpenCV による設定

OpenCV は，画像処理の分野でよく用いられているオープンソースソフトウェア（OSS；Open Source Software）の1つです（170ページ参照）．Linuxでは，OpenCVから**V4L2**（Video for Linux 2）汎用ドライバというものを経由することでカメラの制御が可能で，プロパティ設定も見直すことができます．

ただし，OpenCVから制御可能なカメラのプロパティに関する公開情報がきわめて少ないうえ．次の2つの難点があり，どうしても個々のカメラごとに試行錯誤することになります．

(1) カメラごとに，設定できるプロパティが異なる．
(2) 設定できるプロパティであっても，数値とその意味がカメラごとに異なることがある．

しかし，OpenCVはインターネットから無料かつ手軽に入手でき，ある程度の汎用性があり，大半のカメラなら適用できます．さらに，多種多様な画像処理機能が実装されていますので，試作段階での有用性は高いといえるでしょう．本書でもOpenCVを適用したプロパティ設定について説明します※1．

表2.1に，OpenCVで設定可能なカメラのプロパティの一例を示します．

表2.1 OpenCV※2から設定可能なカメラのプロパティの一例

プロパティ	OpenCVにおける名称
鮮鋭度（シャープネス）	CAP_PROP_SHARPNESS
オートフォーカス	CAP_PROP_AUTOFOCUS
フォーカス	CAP_PROP_FOCUS
自動露出	CAP_PROP_AUTO_EXPOSURE
露出量	CAP_PROP_EXPOSURE
利得（ゲイン）	CAP_PROP_GAIN
絞り	CAP_PROP_IRIS
ガンマ	CAP_PROP_GAMMA
自動ホワイトバランス	CAP_PROP_AUTO_WB
ホワイトバランス色温度	CAP_PROP_WB_TEMPERATURE
画像バッファサイズ	CAP_PROP_BUFFERSIZE

※1 精密な3次元計測装置を作成する際には，高価にはなりますが，仕様が明示されており，必要なプロパティの制御が確かに可能なカメラを選択することが重要です．これらのプロパティ設定では，OpenCVではなく，そのカメラに付属したドライバやライブラリを利用することになります．

※2 次のURLから，ビデオキャプチャにおけるプロパティのうち，3次元計測の際に影響をおよぼすものを筆者が選択し，類似のプロパティが順に並ぶようまとめ直して引用しています．
https://docs.opencv.org/4.5.2/d4/d15/group__videoio__flags__base.html#gaeb8dd9c89c10a5c63c139bf7c4f5704d（2022年5月確認）

(1) 鮮鋭度

鮮鋭度（sharpness，**シャープネス**）とは画像のピンボケの度合いを表す指標です．そして，カメラのプロパティの設定における鮮鋭度とは，撮影した画像を入力とし，画像処理によってピンボケを補正する，あるいはピンボケでなくとも見た目の画質を向上させる度合いを示すものです．しかし，正確な3次元計測を目的とする場合には，これを0にするか，できなければ最小にする必要があります．

(2) オートフォーカスとフォーカス

オートフォーカス（autofocus）も鮮鋭度と同じ理由でオフにする必要があります．これをオフにしたうえで，3次元計測する領域でピントが合うよう**フォーカス**（focus）を調整します．

(3) 自動露出と露出量

自動露出（auto exposure）は，撮影時の適正な**露出量**（exposure）を自動的に調整してくれる便利な機能ですが，オンのままでは撮影するたびに露出量が異なってしまい，3次元座標計算のもとになる位相値がずれる原因になります．これをオフに設定したうえで，適正な露出量で撮影できるように，関係するプロパティを手動で設定することになります．

一般的なデジタルカメラでは，**シャッタースピード**（shutter speed）と絞り，**センサ感度**（sensor sensitivity）※3 の3つを設定することで露出量を決定します．自動露出はこの3つの互いに関連するプロパティを自動的に調整します．デジタル一眼レフカメラだと，全自動のほかに，シャッタースピード優先モードや絞り優先モードがあり，設定したシャッタースピードをもとにしてほかのプロパティを自動調整して適切な明るさの画像を撮影する機能がありますが，3次元計測用途ではこういった機能を利用せずに，すべてのプロパティを，バランスを考えながら設定していきます．

以下では，調整の手順をOpenCVにもとづいて，順番に説明していきます．ただし，実はOpenCVで設定可能なプロパティに絞りはありますが，シャッタースピードとセンサ感度は見当たりません．かわりに，類似するプロパティである利得と露出量があります．先ほど述べたように，これら3つのプロパティは互いに関連し合いますから，それぞれの得失を考えながら設定する必要があります．

※3 一般消費者向けのデジタルカメラでは，フィルムカメラと同様に感度はISO感度で表示されます．一方，産業用カメラでは欧州マシンビジョン協会（European Machine Vision Association）が規定した標準規格，EMVA1288でより詳細な表記がなされることがあります．内容については，この標準規格を参照してください．

(4) 絞りにもとづく調整

絞り（iris/aperture）は，レンズの一部として組み込まれている穴の大きさの指標であり，絞りを絞る度合いが，穴の大きさの度合いに対応します．つまり，センサに入射する光は必ずこの穴を通過するのが通常のレンズのしくみなので，絞れば絞るほど通過光量が減少して撮影画像は暗くなります．同時に，カメラの光学系がピンホールカメラに近づくので，ピントが合う奥行き範囲が広くなります（焦点深度が深くなる，あるいは被写界深度が深くなる，とも表現します）．逆に絞りを開くと，ピントが合う奥行き範囲が狭くなります．通常の写真撮影の場合，集合写真を撮るときなどなるべく全員，あるいは全体にピントが合った写真にしたいときは絞って撮影しますし，逆に草花を撮るときのように撮影対象以外の背景などをなるべくぼかした写真にしたいときは絞りを開いて撮影することになります．

3次元計測では，計測範囲内でどこでもピントが合うようにするべきなので，計測範囲の最も手前と最も奥のそれぞれでピントが合うように絞りを調整します．一方，絞りを大きく絞ると確かにより広い範囲でピントが合うのですが，計測範囲外で合っていても意味がないうえ，通過光量が減少して利得やシャッタースピードの設定に悪影響が出るため，必要以上に絞らないように注意してください．

(5) 利得にもとづく調整

利得（gain，**ゲイン**）は，撮影時の明るさの指標です．OpenCVのプロパティにおいては，これは光をセンサで電気信号に変換した後の増幅器（アンプ）の利得（入力に対する出力の比）を指すと解釈できますので，カメラからOpenCVまでを含めたトータルでのセンサ感度を表していると考えてもよいでしょう．しかし，一般的に増幅器の利得を大きくすると雑音成分まで一緒に大きくなります．したがって，3次元計測精度の観点からは，利得は小さく設定することが望まれます．

センサへと入射する光量は，絞りのほかに，**シャッタースピード**（シャッターを開いている時間）でも制御可能です．シャッタースピードを遅くする，つまり露出時間を長くすると入射光量を増やせますから，利得は小さく設定できます．しかし，露出時間が長いとそれだけ撮影に時間がかかってしまいます．実際，人や動物が対象であるときなど，なるべく撮影時間を短くしなければならない場合もあるでしょう．

したがって，利得とシャッタースピードのプロパティの設定は撮影対象や目的それぞれの特性を考慮しながら，求められる精度や撮影時間などの関係で決めるのがよいでしょう．一方，レンズの絞りをめいっぱい開いた状態を**開放絞り**（open aperture）といい，そのときの**絞り値**（**F値**）（F value）を**開放絞り値**（**開放F値**）（open F value）といいますが，これはレンズごとに決まっています．したがって，レンズが交換可能なカメラであれば，より開放絞り値の小さいレンズ（明るいレンズ）へ変更することも選択肢になるでしょう．逆にいうと，開放絞り値が大きすぎて適正な絞り設定ができず，うまく3次元計測できないとき，レンズを交換できないカメラなどでは，カメラそのものを別の機種に取り換えるしかない場合もあります．

(6) OpenCVにおける露出量

OpenCVのプロパティにある**露出量**（exposure）の意味はあいまいです．USBカメラの通信方法に関する規格である**UVC**（USB Video Class）準拠のUSBカメラは，**V4L2**（Video For Linux 2）という，表示された映像を動画ファイルとして取り込み，保存するためのAPI（Application Programming Interface，アプリケーションプログラミングインタフェース）を通して制御されています．調査したところ，OpenCVにおける露出量とは一般にシャッタースピードと解釈して問題なさそうです※4.

表2.2に，露出に関連するプロパティの設定にあたって考慮すべきポイントをまとめます．

表2.2　露出に関係するOpenCVのプロパティ設定にあたって考慮すべきポイント

プロパティ	設定	メリット	デメリット
露出量（≈シャッタースピード）	早く	撮影時間の短縮	対象物暗くなる
	遅く	対象物明るくなる	撮影時間の延長
利得（ゲイン）	小	ノイズの減少	対象物暗くなる
	大	対象物明るくなる	ノイズの増大
絞り	絞る	焦点深度の増加	対象物暗くなる
	開く	対象物明るくなる	焦点深度の減少

※4　筆者がOpenCV内の対応するコードを確認したところ，露出量として設定した数値は内部的に，100 μs単位でのシャッタースピードとして設定するV4L2のAPIを呼び出していました．

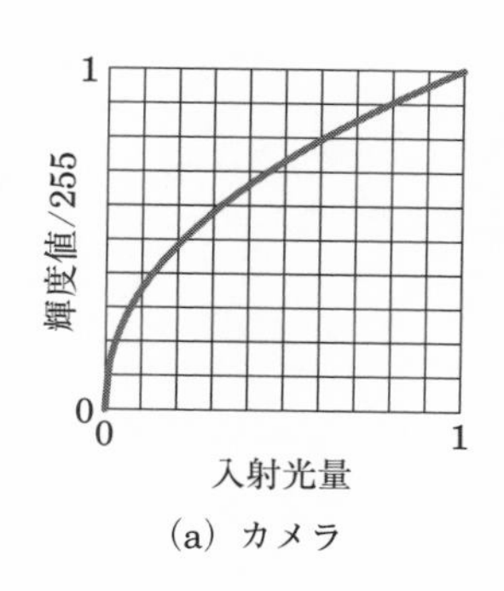

(a) カメラ

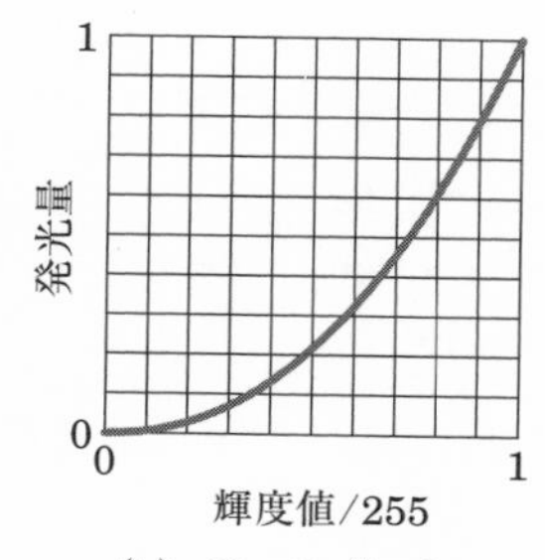

(b) ディスプレイ

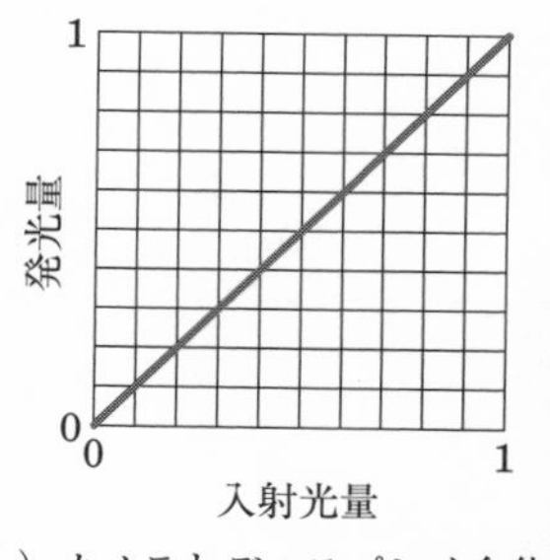

(c) カメラとディスプレイ全体

図 2.1　ガンマ特性説明図

(7) ガンマ

次は，**ガンマ**（gamma）です．コンピュータなどから出力される映像の表示装置（ディスプレイ，モニタ）には液晶，有機EL，ブラウン管などを利用したものがありますが，これらのいずれも各画素の明るさを制御する電圧と光量の関係がリニアではありません．さらに，個々の製品によって特性が異なります．したがって，画像撮影から表示まで全体としてリニアとなるように，製品ごとに補正する必要があります．この補正項がガンマです．**図 2.1** にカメラ，ディスプレイ，および，カメラとディスプレイ全体のガンマ特性のイメージを示します．カメラやディスプレイ単体ではノンリニアなグラフですが，ガンマを乗じることで全体としてリニアなグラフになっています．

ここで，カメラのある画素に入射する光量 L に対して，その画素から出力される画素値をその最大値（典型的には 255）で除した値 I より，ガンマ値 γ は以下のように定義されます．

$$I = L^{\gamma} \tag{2.1}$$

典型的なディスプレイのガンマ値は 2.2 です．これに呼応して，通常カメラのガンマ値は，ディスプレイのガンマ値 2.2 の逆数である 0.45 をとります．**図 2.2** にカメラの典型的な**ガンマ特性**（gamma characteristics）を示します．ガンマ特性により，カメラに実際に入射する光量に対して，光量が小さい領域では画素値の増加量が急になり，光量が大きな領域ではゆるやかになります．

ガンマの 3 次元計測に対する影響をみてみましょう．**図 2.3** より，正弦波がカメラ出力の値域をフルに，つまり 0.0 から 1.0 までの値をとる場合（(a)），カメラから出力される画素値のパターンは正弦波から大きくひずむことがわかります．対して，正弦波が 0.4 から 1.0 までの値をとる場合（(b)）には，パターンの

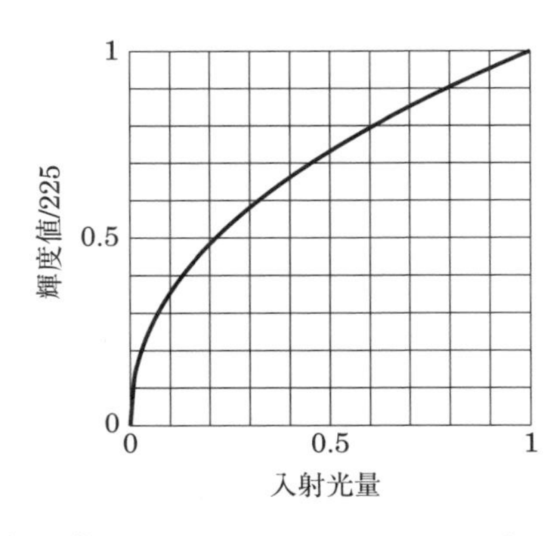

図 2.2　ガンマ値を 0.45 としたときのカメラのガンマ特性（例）

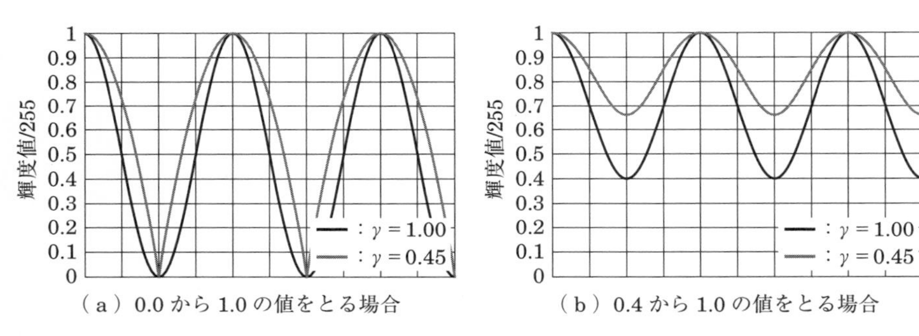

（a）0.0 から 1.0 の値をとる場合　（b）0.4 から 1.0 の値をとる場合

図 2.3　正弦波光パターンに対するガンマ特性の影響

ひずみはそれほどでもありませんが，コントラスト（明るい部分と暗い部分の差の大きさ）が大きく損ねられていることがわかります．いずれにせよ，正弦波パターンからひずむことで計算される位相値にずれが生じるのです．116 ページから示すサンプルプログラム（リスト 2.19）のように，撮影のたびにソフトウェアでガンマ値を補正することも可能ですが，3 次元計測においてはできればカメラのガンマ値を 1.00 に設定しておくのが好ましいといえます．

なお，OpenCV でガンマ値を設定するにあたっては，式(2.1）における数値と OpenCV 経由で設定する値が一致するかどうかは，カメラの機種に依存すると考えるのが無難です．

(8) ホワイトバランスと自動ホワイトバランス

ホワイトバランス（white balance）とは，カメラで撮影したものを，人間が実際に見たときのものの色と対応するように調整する指標のことです．人間はある環境下において，白いものが白く見えるように本能的に色合いを補正していますが，これと同じ補正を撮影した画像で行うためのものです．つまり，OpenCVの**自動ホワイトバランス**（auto white balance）とは，撮影画像上の白がきちんと白として撮影されるように自動調整する機能です．3次元計測にあたってはこのプロパティもオフとし，画像の色バランスが勝手に変化しないようにするべきです．一方，自動ホワイトバランスをオフにしてしまえば，ホワイトバランスの**色温度**（color temperature）のプロパティの設定が3次元計測に与える影響はないといっていいのですが，ホワイトバランスがくずれた画像をわざわざ撮影することもありません．したがって，ホワイトバランスの色温度のプロパティは撮影画像に違和感がない程度に調整するのがよいでしょう．なお，色温度にも一般的な定義がありますが，OpenCV経由で設定するホワイトバランスの色温度の値がそれと一致するかどうかは，カメラの機種に依存すると考えるのが無難です．

(9) 画像バッファサイズ

画像バッファサイズ（image buffer size）はカメラ自体ではなく，V4L2にかかわるプロパティです．OpenCVからV4L2経由で画像を取得するときには，このプロパティで定義される枚数分だけ古い画像から順に返されます．一方，3次元計測にあたっては，プロジェクタで投射する正弦波パターンに合わせて画像を撮影する必要がありますから，このプロパティもできれば0にします．0にできない場合でも，できるだけ小さい値に設定して，その設定値分だけの画像を読み捨てるようにします．筆者が試したところ，画像バッファサイズの設定可能な最小値が1でしたので，1枚を読み捨てるようにしました※5．

このほか，カメラ本体のみではなく，ドライバやライブラリについても3次元計測を始める前に仕様をよく確認するほうがよいでしょう．

3 プロジェクタのプロパティ

カメラのプロパティはOpenCVを基準として説明してきましたが，プロジェクタの設定は標準化が図られていません．したがって，それぞれの機種ごとに各種設定を行う必要があります．

ここで，特に3次元計測において設定すべきプロパティは，カメラと同様にプロジェクタが勝手に自動調整しないことを基準に選択することができます．いくつかのプロジェクタを調査した結果として，3次元計測に影響があるプロパティの例を**表2.3**に示します．

※5 後述（112ページ）のとおり，カメラの機種によっては画像バッファサイズと関係なく，撮影画像が安定するまでに時間がかかることがあります．

表 2.3　3次元計測に影響があるプロジェクタのプロパティ

プロパティの一般的な名称	補足説明
鮮鋭度	シャープネス
フォーカス	−
オートフォーカス	−
ガンマ	−
台形ひずみ補正	キーストーン
オートキーストーン	自動台形ひずみ補正

(1)　鮮鋭度

プロジェクタにおける**鮮鋭度**（sharpness，**シャープネス**）は，プロジェクタに入力された画像に対して，画像処理によってピンボケを補正する量を指します．一方，正弦波格子位相シフト法で与えられる画像はなめらかな輝度変化をもつ正弦波パターンであるので，ピンボケ補正が大きく加わる場所はそもそもありません．

しかし，ピンボケ補正の結果として正弦波パターンからずれる画素値を投射してしまうことは好ましくありませんので，鮮鋭度のプロパティは0，あるいはできる限り小さくするのがよいでしょう．

(2)　オートフォーカス，フォーカス

オートフォーカス（auto focus）の機能をもつプロジェクタは，自身の設置状況に合わせて自動的にピントを調整します．起動時や設置場所を変更したときなどプロジェクタを動かしたときに使われる機能で，通常，3次元計測中に稼働することはありませんが，念のため，オフにしておくことが望ましいでしょう．

一方，オートフォーカスの機能をもたないプロジェクタ，あるいは，その機能をオフにしたプロジェクタでは**フォーカス**（focus）機能を使ってピントを調整する必要がありますが，一般にプロジェクタのレンズにはカメラのレンズと違って，絞りのための穴がないので，計測対象全域にわたってピントを合わせるのが困難になることがあります．かわりに，3次元計測領域の中央でピントが合うようフォーカス機能で調整して，3次元計測領域の前端と後端でのピンボケが許容範囲に収まっていることを確認するほうが現実的でしょう．

なお，正弦波光パターンの画像ではゆるやかに画素値が変化していきますから，プロジェクタの性質を考えるとピントが多少甘くても影響は小さいといえます．

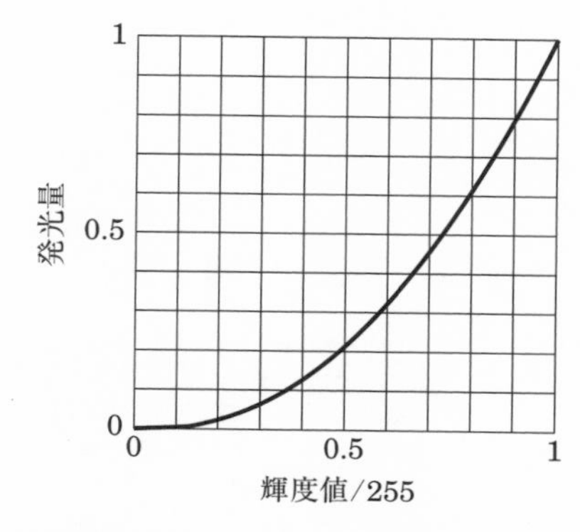

図 2.4　ガンマ値を 2.2 としたときのプロジェクタのガンマ特性（例）

(3)　ガンマ

前述のとおり，プロジェクタ（ディスプレイ）の**ガンマ**（gamma）はカメラのガンマに対して逆の値をとり，通常，その値は 2.2 です．**図 2.4** に，プロジェクタの典型的なガンマ特性を示します．ガンマ特性により，プロジェクタに実際に入力される画素値に対して，画素値が小さい領域では光量の増加はゆるやかになり，画素値が大きな領域では光量の増加は急になります．

プロジェクタのガンマ値もカメラのそれと同様，3 次元計測にあたってはなるべく 1.0 に設定しますが，プロジェクタの場合，カメラと直結されるわけではなく，PC を経由することに注意が必要です．実際のところ，プロジェクタ単体のガンマ値をどう設定すればよいかについては，後ほど一例をあげることにします．

(4)　台形ひずみ補正，オートキーストーン

台形ひずみ補正（keystone correction，**キーストーン**）は，プロジェクタ固有のプロパティです．プロジェクタからスクリーンに投射するとき，プロジェクタとスクリーンの位置関係の制約などによって投射面をどうしても長方形にできないことがよくあります．台形ひずみ補正とは，このようなときにスクリーン上での投射面が長方形となるように投射する画像自体を補正する機能です．また，**オートキーストーン**（auto keystone）は，台形ひずみ補正を自動的に実行する機能です．これも，一般的には 3 次元計測にあたって投射する光パターンの形状が勝手に変化してしまわないようオフにします．

一方，台形ひずみ補正のプロパティについては，以下のように画像処理の悪い影響が少なく，場合によって積極的に活用できる可能性もあります．

図 2.5 のように，補正しなければ（a）である投射範囲を **DMD**（Digital Mirror Device，**デジタルミラー素子**）上のマイクロミラーの範囲を補正することで，（b）のように長方形にするのが台形ひずみ補正です．つまり，投射に用いるマイクロミラーの範囲を絞っているだけなので，台形ひずみ補正してもしなくても，計測対象の表面上，単位面積あたりに対応するマイクロミラー数に変わりはありません．

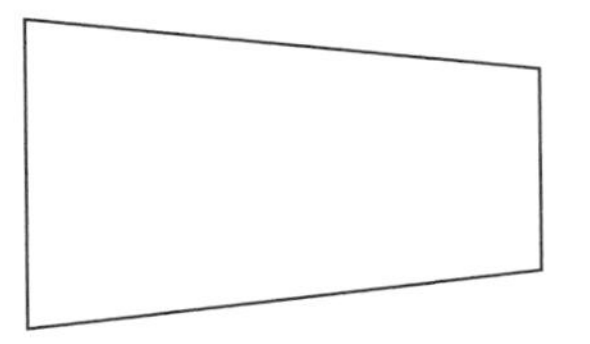

（a）台形ひずみ補正なし

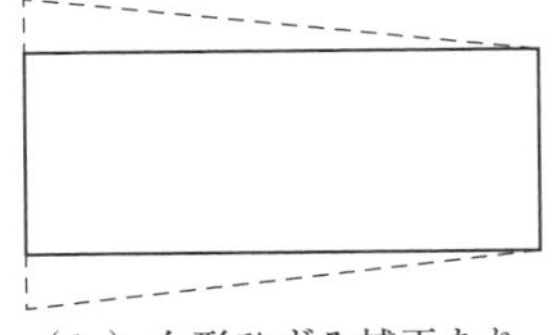

（b）台形ひずみ補正あり

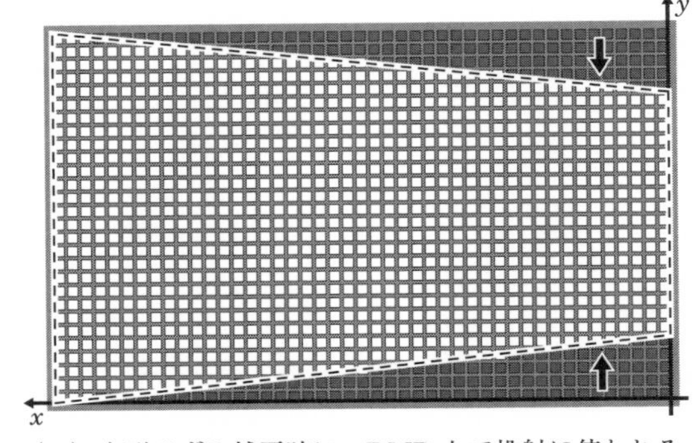

（c）台形ひずみ補正時に，DMD 上で投射に使われるマイクロミラーの模式図

図 2.5　台形ひずみ補正の概念図（スクリーン投射イメージ）

また，台形ひずみ補正によってマイクロミラーの有効範囲に収まるように画像処理が行われ，正弦波光パターンが微妙に変化する可能性がありますが，正弦波光パターンはなめらかにしか輝度変化しませんので，この画像処理の影響は小さいと考えられます．

一方，3 次元計測においては，カメラが受動的に入射した光を撮影するのに対して，プロジェクタは能動的に自ら光を発してその反射光を付属のカメラで撮影する機器であるので，台形ひずみ補正を利用して，周囲に鏡面反射に近い特性の物体がある場合に計測範囲外への投射光をカットする応用が考えられます．

ただし，本書では，細かな調整や確認などを割愛するために，以降では台形ひずみ補正も行わないこととします．

Memo

2.2 カメラとプロジェクタの設置

❶ プロパティを設定したカメラとプロジェクタの位置関係を決めて設置します.
❷ プロパティの設定と設置は，互いに依存するところがあるので，試行錯誤が必要になります.

❶ 3次元計測用機材

以下の説明で筆者が用いたPC，カメラ，プロジェクタを**図2.6**に示します. PCには，デフォルトでWindows OSがインストールされていましたが，Ubuntu 20.04LTSに入れかえてあります. また，USBカメラはUVC準拠のもの，プロジェクタは内蔵バッテリで駆動可能，かつ可搬性の高いものを用意し，カメラはUSBでプロジェクタは一般的なHDMI端子を用いてPCと接続しています.

PCとカメラ，プロジェクタの接続関係を，**図2.7**に示します.

❷ プロジェクタプロパティの基本設定

まず，プロジェクタから設定していきましょう. 以下では，筆者の用いた製品の設定画面に沿って説明します. 異なる製品では設定画面および項目の名称が違

図2.6　実際に筆者が用いた3次元計測用機材

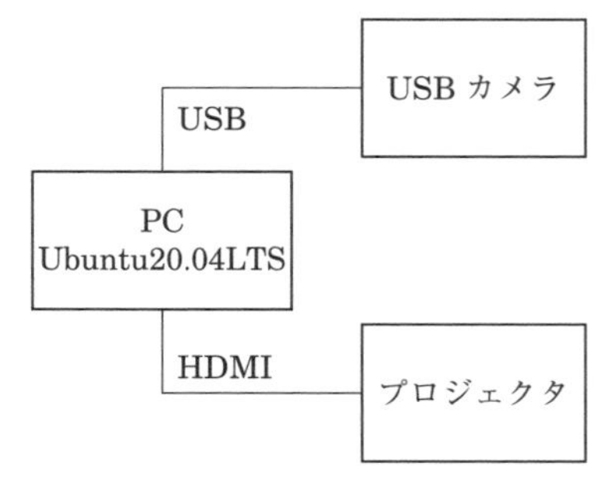

図2.7　PCとカメラ，プロジェクタの接続関係

図 2.8　筆者の用いたプロジェクタ本体と添付のリモコン
（矢印は，フォーカス調整用リングを示している）

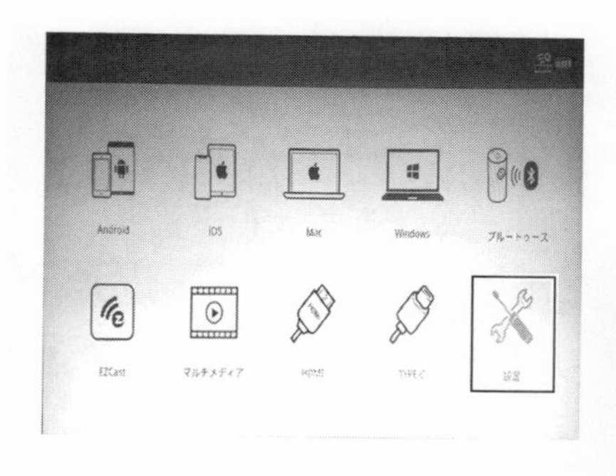

図 2.9　プロジェクタの初期設定画面（例）
（次に「設定」を選択する）

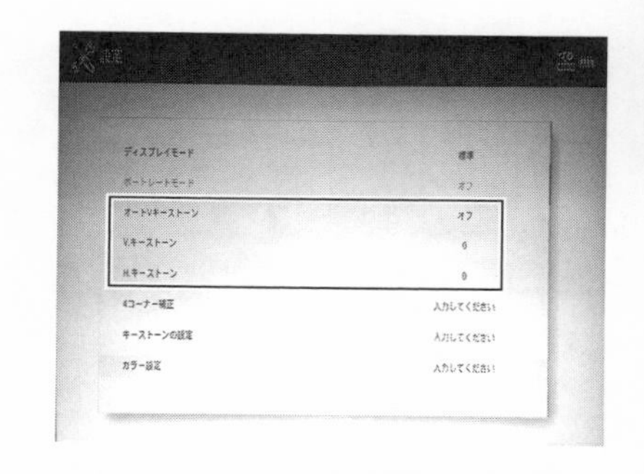

図 2.10　台形ひずみ補正の設定画面例
（「オートＶキーストーン」をオフにするとともに，「V. キーストーン」と「H. キーストーン」を０に設定する）

う，あるいは（プロパティのかわりに）物理的な調整が必要となることがあります．前節で述べたプロパティ設定のポイントを押さえて，各製品のマニュアル等を確認して設定してください．**図 2.8** に筆者の用いたプロジェクタ本体と添付のリモコンを示します．

この段階で，プロジェクタはまだ PC と接続しないでください．スクリーン，あるいは平坦な壁などにプロジェクタを向けて電源を入れると，**図 2.9** のような画面が投射されます．ピントがずれていてはっきりと文字が読み取れない場合は，フォーカスリングなどの機能を使ってピントを調整してください．次に「設定」を選択します．

すると，**図 2.10** に示す画面に遷移します．ここで，「オートＶキーストーン」をオフに設定します．これによって，自動の台形ひずみ補正が働かなくなります．「オートＶキーストーン」をオフにしたタイミングで使っていた台形ひずみ補正値がオフ後も維持されますので，合わせて，その下の「V. キーストーン」，さらに「H. キーストーン」も０であることを確認してください．

次に，カラー設定を行います（**図 2.11**）．**図 2.12** の「鋭さ」とは鮮鋭度のことです．このように，各製品によってプロパティ名は異なりますので，各製品の

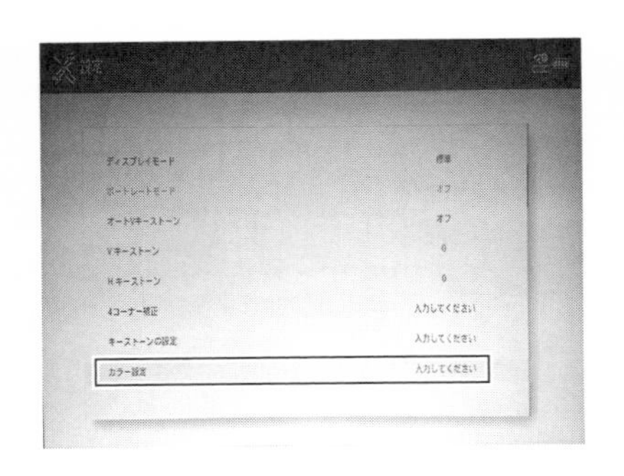

図 2.11　カラー設定の設定画面例（四角い枠で示した「カラー設定」を選択する）

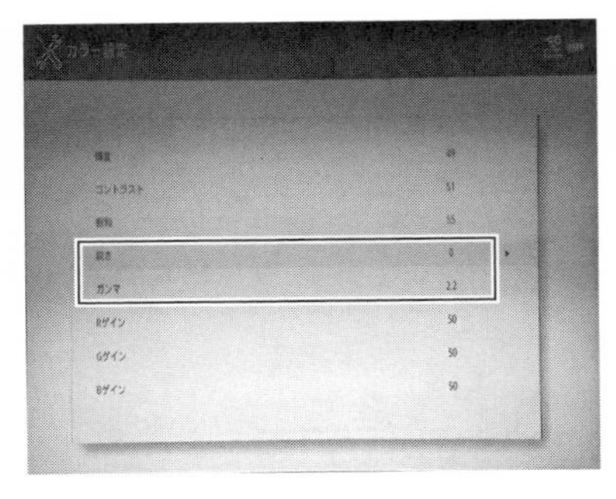

図 2.12　鮮鋭度の設定画面例（鋭さは鮮鋭度のことなので，0 に設定．ガンマは 2.2 のままにしておく）

マニュアル等を確認して，類推する必要があります．鮮鋭度は，3 次元計測においては，投射したい光パターンがそのまま投射されるのが好ましいので 0 に設定します．また,「ガンマ」については，とりあえず「2.2」のままにしておきます．

3 プロパティ調整用ターゲットの準備

カメラとプロジェクタのプロパティを適切に調整するために，ターゲット（見本）とするものを準備します．

カメラについては，OpenCV には校正（キャリブレーション）用のパターン画像を生成する Python プログラム “gen_pattern.py” があらかじめ用意されていますので，これを利用してターゲットにする 9 行 8 列のチェッカー模様のパターンを生成することができます．

Ubuntu 上でターミナルを開き，この Python プログラムを使って**リスト 2.1** によって最初に SVG 形式，次にプリントアウトしやすい PDF 形式の画像を順番に生成していきます．

ただし，リスト 2.1 では 1 つひとつの正方形が 1 辺 20 mm となるよう設定していますが，残念ながらプリントアウトした結果がそのとおり 1 辺 20 mm になるとは限りません．1 辺 20 mm になるように試行錯誤するより，プリントアウトされた正方形のサイズを定規で測り，それを実測値として利用するほうがよいでしょう※6．生成した画像の例を**図 2.13** に示します．

※6　定規で 1 辺の長さを測るより，9 つ並んだ正方形の，9 つ分の辺の長さを測って 9 で割ったほうが計測の誤差はより少なくなります．

■ リスト 2.1　校正用のパターン画像の生成

```
1   % python3 /usr/local/opencv/doc/gen_pattern.py -o checkerboard9x8.svg
    -r 9 -c 8 -T checkerboard -s 20
2   % rsvg-convert -f pdf -o chessboard9x8.pdf chessboard9x8.svg
```

次に，プリントアウトした紙を，適当な平面板に貼り付けます．ここで，高精度な3次元計測を行うためには，ターゲットを貼り付ける平面板の平面度を目標精度と同等以下に抑え込むことが重要です．筆者は軽くて加工が容易な段ボールを利用し，セロハンテープでターゲットを貼り付けました（**図 2.14**）．ここで，段ボールの面積は，A3 判（297 mm × 420 mm）相当です．

また，**図 2.15** に，A3 判の白紙をセロハンテープで段ボールに貼り付けた白紙ボードを示します．白紙ボードは自立できるよう，同じく段ボールで作成した脚（パネルスタンド）をセロハンテープで取り付けています．もちろん，素材は，段ボール以外の木やプラスチック，発泡スチロールなどでも問題ありません．

図 2.13　校正用に生成した画像の例

図 2.14　ターゲットを段ボールに貼り付けたところ

（a）正面の概観

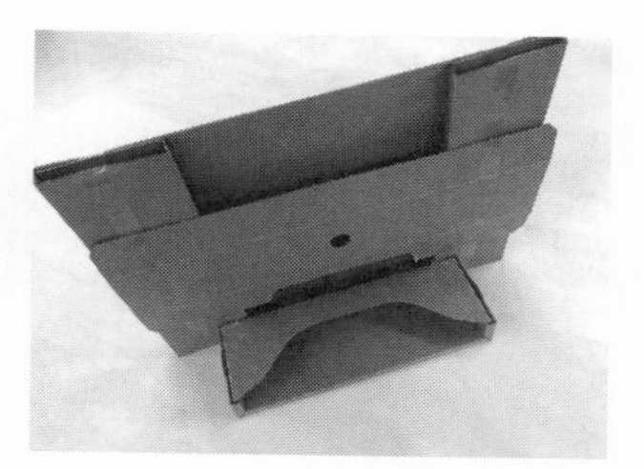

（b）自立できるよう脚を取り付けている

図 2.15　白紙を段ボールに貼り付けた白紙ボード

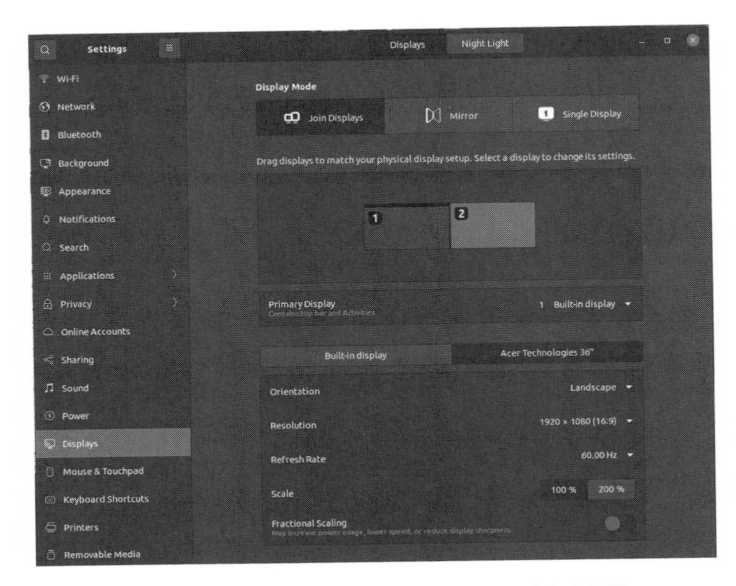

図 2.16　Ubuntu におけるディスプレイの設定画面例

4　設定画面の確認

続いて，PC とプロジェクタを HDMI で接続します．このときの Ubuntu におけるディスプレイの設定画面を**図 2.16** に示します．ここで PC の内蔵ディスプレイが 1 番目，プロジェクタが 2 番目に割り当てられており，両方とも 1920 × 1080 と同じ大きさになっていますが，内蔵ディスプレイとプロジェクタ画面の大きさは当然ながら，利用するプロジェクタの機種と設定に依存します．

後でプロジェクタから光パターンを投射するときのために，Ubuntu 画面上の，内蔵ディスプレイに対するプロジェクタの位置はわかりやすくしておくほうがよいでしょう．図 2.16 では，用いるプロジェクタの位置は内蔵ディスプレイの真横にしてあり，プロジェクタは内蔵ディスプレイに対して，向かって右方向に，1920 画素だけずれたところに位置していることを表しています．

5　プロジェクタの動作確認

次に，プロジェクタのピント調整を行い，投射範囲を確認しましょう．これには，**図 2.17** のように白紙ボードをプロジェクタに対して正対させて配置します．図では，PC からプロジェクタにメッシュパターンを投射しており，それが白紙ボードに映し出されています．

メッシュパターンを投射する C++ プログラムを**リスト 2.2** に示します．このプログラムの 14 行目で，プロジェクタと同じ解像度をもつ `mesh_pattern` という，すべての画素値が 0 である画像オブジェクトを確保しています．また，16〜25 行目で，この `mesh_pattern` に 40 画素おきに直線を縦横に描いています．さらに 26〜29 行目でプロジェクタと同じ解像度のウィンドウを設定して，向かって右に 1920 画素だけ移動させてフルスクリーン表示させています．30〜31 行目ではウィンドウ上で何かキーが入力されるのを待っており，キーが入力され次第，ウィンドウを閉じて終了します．

図 2.17　プロジェクタのピント調整と投射範囲の確認
（手前に置いた黒いプロジェクタに白紙ボードを正対させて置いている．中央の黒灰色の手帳はプロジェクタから発出された光パターンの投射方向を上に向けるためのもの）

このプログラムから実行ファイルを生成するための Makefile を**リスト 2.3** に示します．この Makefile は，本章に掲載するすべての C++ プログラムで実行ファイルを生成するために利用します．ここで，リスト 2.3 の 1 行目に埋め込まれたディレクトリは，OpenCV と Python のファイル（インクルードファイル）が存在する場所に適宜書きかえる必要があります．同様に，2 行目に埋め込まれたディレクトリは，OpenCV のライブラリ（ライブラリファイル）をインストールした場所に書きかえる必要があります．Makefile を利用してメッシュパターンを投射する実行ファイルを生成します（**リスト 2.4**）．

リスト 2.2 から生成した実行ファイルをターミナルから引数なしで起動すると，プロジェクタからメッシュパターンが投射されます．このパターンがはっきり見えるよう，フォーカスリングを調整してください．調整後，スクリーンを前後に動かすと，ピントが合う奥行きの範囲を実際に確かめることができます．

■ リスト 2.2　メッシュパターンを投射する C++ プログラム
（GitHub 上のファイル名：projection_of_mesh_pattern.cpp）

```
 8  (ここまで略)
 9  #include <opencv2/opencv.hpp>
10
11  int
12  main(int argc, char* argv[])
13  {
14      cv::Mat mesh_pattern = cv::Mat::zeros(1080, 1920, CV_8UC1);
15      unsigned char line_brightness = 180;
16      for (int row = 0; row < mesh_pattern.rows; row++) {
17          for (int col = 0; col < mesh_pattern.cols; col += 40) {
18              mesh_pattern.at<unsigned char>(row, col) = line_brightness;
19          }
20      }
21      for (int col = 0; col < mesh_pattern.cols; col++) {
22          for (int row = 0; row < mesh_pattern.rows; row += 40) {
23              mesh_pattern.at<unsigned char>(row, col) = line_brightness;
24          }
25      }
26      cv::namedWindow("mesh_pattern", cv::WINDOW_NORMAL);
27      cv::setWindowProperty("mesh_pattern", cv::WND_PROP_FULLSCREEN,
        cv::WINDOW_FULLSCREEN);
28      cv::moveWindow("mesh_pattern", 1920, 0);
29      cv::imshow("mesh_pattern", mesh_pattern);
30      cv::waitKey(0);
31      cv::destroyAllWindows();
32  }
33  // end of program
```

■ リスト 2.3　本章掲載の実行ファイルを生成するための Makefile
（GitHub 上のファイル名：makefile）

```
1  CXXFLAGS = -g -I/usr/local/include/opencv4  -I/usr/include/python3.8
2  LDFLAGS = -L/usr/local/lib
3  LDLIBS = -lopencv_calib3d -lopencv_highgui -lopencv_videoio -lopencv_
   imgcodecs -lopencv_core -lpython3.8 -lboost_program_options
```

■ リスト 2.4　メッシュパターンを投射するプログラムから実行ファイルを生成するコマンド

```
1  make projection_of_mesh_pattern
```

6 カメラの接続とプロパティの確認

次に，PC とカメラを USB ケーブルで接続します．そして，PC がカメラを認識できているか**リスト 2.5** のコマンドで確認します．**リスト 2.6** の筆者の実行結果では，ロジクール社製の BRIO という名称のデバイスが /dev/video4 に接続されていると表示されています．ここで，/dev/video0 に接続されている HD Webcam とは，筆者の PC 本体に内蔵された Web カメラのことです※7.

また，/dev/video4 のカメラの詳細情報は**リスト 2.7** のコマンドにより得ることができます．ここで，-d に続くデバイスファイル名は，お手元の環境に合わせて変更する必要があります．この筆者の実行結果が**リスト 2.8** であり，リスト 2.8 から各カメラのプロパティの設定値やその範囲，意味などがある程度推定できます．

例えば，リスト 2.8 の 50 行目に鮮鋭度のプロパティの設定に関して表示されています．設定可能な値の範囲は 0～255 までで，1 ステップで指定できることがわかります．また，デフォルト値は 128 ですが，現在の値は 0 と設定されていることもわかります．なお，原理的には 0 に近いほうが鮮鋭度が低いと推定できますが，本当にそうかを画像を見て実際に確認することをおすすめします．

■ リスト 2.5　USB カメラの確認のコマンド

```
1   % v4l2-ctl -list-devices
```

■ リスト 2.6　リスト 2.5 の実行結果（本文の解説と関連する行を太字としている）

```
1   HD Webcam: HD Webcam (usb-0000:00:14.0-13):
2       /dev/video0
3       /dev/video1
4       /dev/video2
5       /dev/video3
6
7   Logicool BRIO (usb-0000:00:14.0-6):
8       /dev/video4
9       /dev/video5
10      /dev/video6
11      /dev/video7
```

■ リスト 2.7　USB カメラの詳細情報取得のコマンド

```
1   v4l2-ctl -d /dev/video4 --all
```

※7　PC の内蔵カメラを 3 次元計測に使用することはあまりおすすめしません．PC の筐体がじゃまして，配置の自由度が下がるからです．

■ リスト 2.8　リスト 2.7 の実行結果（関連する行のみ抽出）

```
1   Driver Info:
2       Driver name       : uvcvideo
3       Card type         : Logicool BRIO
4       Bus info          : usb-0000:00:14.0-6
5       Driver version    : 5.8.18
   (中略)
37          Frames per second: 30.000 (30/1)
   (中略)
42   white_balance_temperature_auto 0x0098090c (bool)   : default=1 value=1
43                             gain 0x00980913 (int)    : min=0 max=255
   step=1 default=0 value=0
   (中略)
49        white_balance_temperature 0x0098091a (int)    : min=2000 max=7500
   step=10 default=4000 value=4000 flags=inactive
50                        sharpness 0x0098091b (int)    : min=0 max=255
   step=1 default=128 value=0
   (中略)
52                    exposure_auto 0x009a0901 (menu)   : min=0 max=3
                      default=3 value=3
53                        1: Manual Mode
54                        3: Aperture Priority Mode
55                exposure_absolute 0x009a0902 (int)    : min=3 max=2047
   step=1 default=250 value=250 flags=inactive
56           exposure_auto_priority 0x009a0903 (bool)   : default=0 value=1
   (中略)
59                   focus_absolute 0x009a090a (int)    : min=0 max=255
   step=5 default=0 value=0 flags=inactive
60                       focus_auto 0x009a090c (bool)   : default=1 value=1
   (以下略)
```

一方，3 次元計測にあたって設定したいすべてのプロパティがこのコマンドによって表示されるわけではないことに注意が必要です．実際，リスト 2.8 でも絞りとガンマについては出力されていません．これらは，このカメラ自体では変更できないので表示されていないと考えるのがよいでしょう．このように，特に，比較的安価な Web カメラでは各プロパティの設定ができるかどうかが実際に接続してみないとわからないという難点があります．

なお，画像バッファサイズは OpenCV のプロパティですので，用いたコマンドでは表示されません．

コラム　V4L2 のプロパティ “exposure_auto_priority” について

リスト 2.8 には，自動露出を表す exposure_auto とは別に，exposure_auto_priority という，よく似た名称の V4L2 のプロパティが 56 行目に含まれています．

この exposure_auto_priority は真か偽のみをとる論理値であり，デフォルトでは 0（偽）ですが，リスト 2.8 では現在の値として 1（真）が表示されています．1 秒間の動画を構成する画像の枚数を示すフレームレート（37 行目）を確認すると，1 秒あたり 30 枚に設定されていますから，このフレームレートを守る限り，露出量（シャッタースピード）は最大 33 ms 程度までしか上げられません．一方，露出量（55 行目）は 100 μs（＝0.1 ms）単位で，このカメラの場合，最大 2047 まで，つまり 204.7 ms まで設定できます．

すなわち，exposure_auto_priority が 1（真）の場合，露出量が優先されますので，フレームレートは 1 秒あたり 5 枚程度まで強制的に落とされるわけです．対して，0（偽）の場合，フレームレートが優先され，露出量が 33 ms 程度まで強制的に落とされることになります．

ただし，実際に exposure_auto_priority が機能するかは，個々のカメラの仕様にも依存します．OpenCV からは exposure_auto_priority の機能が働いているかの確認ができませんので，**リスト 2.9** に示す guvcview のコマンドで確認したところ，筆者の使用したカメラでは exposure_auto_priority の値が 0（偽）であっても，設定した露出量が優先され，値を大きくするにつれてフレームレートを落としていることがわかりました．

この exposure_auto_priority は，3 次元計測で特に問題となるプロパティではありませんが，綴りが exposure_auto とまぎらわしく，公開情報も少ないプロパティなので，以上補足しておきます．

■ リスト 2.9　exposure_auto_priority の確認コマンド

```
1   % guvcview -d /dev/video4
```

7 Python プログラムによるカメラプロパティの設定

リスト 2.10 に，カメラのプロパティの設定と画像の撮影を行う Python プログラムのソースコードの概要（抜粋）を示します．ソースコードの全文については，本書のサポートページ（「まえがき」に URL を記載）を参照してください．

ここで，33～209行目では，ユーザインタフェース（画面設計）を定義していますが，そのツールとしてkivyを用いています．**リスト2.11**に，カメラのプロパティの設定と画像の撮影のユーザインタフェースをターミナルから起動するときのコマンドを示します．この起動後に「play」ボタンを押したときのPC画面の例を，**図2.18**に示します．大まかに左右に分かれており，左はカメラのプロパティ関係，右は画像関係となっています．

また，リスト2.10におけるPythonプログラムの大まかな構成を，**表2.4**に示します．

カメラの起動は273行目で行っています．筆者の用いたカメラのデバイスファイルは`/dev/video4`でしたから，この行のメソッド`cv2.VideoCapture`の引数は`4`となっていますが，使用するカメラの環境に合わせて，この数字は変更してください．

一方，カメラ出力の画素値の上限は255ですので非常に強い光量を入射しても各画素の画素値はこれ以上上がりません．むしろ過度な光量で正弦波光パターンを投射すると，カメラで撮影される波形が正弦波からくずれ，位相値が正しく計算できなくなります．したがって，リスト2.10では，過度な露出をチェックするために，RGBそれぞれについて，あふれた（オーバフローした）画素値を0にして表示できるようにしてあります※8．例えば，`G`（緑）だけオーバフローした場合は`R`（赤）と`B`（青）はそのままにします．このとき，`G`（緑）だけ`0`になりますから，紫がかった表示になります．

■ リスト2.10　カメラのプロパティの設定と画像の撮影を行うPythonプログラム
（GitHub上のファイル名：camera_setting_and_capturing.py）

```
    （ここまで略）
33  Builder.load_string('''
34  <CameraSettings>:
35      orientation: 'horizontal'
36      BoxLayout:
37          orientation: 'vertical'
38          size_hint_x: 0.8
39          BoxLayout:
40              orientation: 'horizontal'
```

※8　カメラによっては，画素値の上限が255にも届かないものがあります．実際，筆者が利用したカメラでは自動露出をオフにしているのにもかかわらず，明らかに露出オーバとなるような強い照明を当てても，ほとんどの画素で255に届きませんでした．したがって，リスト2.10では余裕（マージン）を`5`もたせ，画素値が250を超える画素をオーバフローしたものとして表示させています．

```
41              Label:
42                  text: 'CAP_PROP_SHARPNESS'
43                  size_hint_y: None
44                  height: '32dp'
45              TextInput:
46                  id: textinput_sharpness
47                  input_filter: 'float'
48                  text: '0.0'
49                  multiline: False
50                  size_hint_y: None
51                  height: '32dp'
 (中略)
174         Button:
175             text: 'set camera properties'
176             size_hint_y: None
177             height: '48dp'
178             on_press: root.set()
179         Label:
180             id: main_message
181             text: 'message'
182             size_hint_y: None
183             height: '48dp'
184     BoxLayout:
185         orientation: 'vertical'
186         Image:
187             id: image
188             size: (640, 480)
189         ToggleButton:
190             text: 'Play'
191             on_press: root.play()
192             size_hint_y: None
193             height: '48dp'
194         Button:
195             text: 'Capture'
196             size_hint_y: None
197             height: '48dp'
198             on_press: root.capture()
199         ToggleButton:
200             text: 'Display overflow pixels'
201             on_press: root.display_overflows()
202             size_hint_y: None
203             height: '48dp'
204         Button:
205             text: 'Exit'
206             size_hint_y: None
207             height: '48dp'
208             on_press: root.exit()
209 ''')
210
211 class CameraSettings(BoxLayout):
212     def __init__(self, **kwargs):
```

```
213         super(CameraSettings, self).__init__(**kwargs)
214         self.on_play = False
215         self.on_display_overflows = False
216         self.textinput_sharpness = self.ids['textinput_sharpness']
(中略)
226         self.main_message = self.ids['main_message']
227 
228     def get(self):
229         if self.on_play:
230             self.textinput_sharpness.text = str(self.cap.get(cv2.CAP_
                PROP_SHARPNESS))
(中略)
240             self.main_message.text = "camera_settings.get(): OK"
241         else:
242             self.main_message.text = "camera_settings.get(): Camera
                open error"
243 
244     def set(self):
245         if self.on_play:
246             self.cap.set(cv2.CAP_PROP_SHARPNESS, float(self.textinput_
                sharpness.text))
247             self.textinput_sharpness.text = str(self.cap.get(cv2.CAP_
                PROP_SHARPNESS))
(中略)
266             self.main_message.text = "camera_settings.set(): OK"
267         else:
268             self.main_message.text = "camera_settings.set(): Camera
                open error"
269 
270     def play(self):
271         self.on_play = not self.on_play
272         if self.on_play:
273             self.cap = cv2.VideoCapture(4)
274             if self.cap.isOpened():
275                 Clock.schedule_interval(self.update, 1.0 / 30.0)
276                 self.get()
277                 self.main_message.text = "camera_settings.play(): OK"
278             else:
279                 self.main_message.text = "camera_settings.play():
                    Camera open error"
280         else:
281             Clock.unschedule(self.update)
282             self.cap.release()
283 
284     def update(self, timeduration):
285         if self.cap.isOpened():
286             ret, self.frame = self.cap.read()
287             if ret:
288                 if self.on_display_overflows:
289                     ret0, self.frame = cv2.threshold(self.frame, 250,
                        0, cv2.THRESH_TOZERO_INV)
```

```
290                 buf = cv2.flip(self.frame, 0).tostring()
291                 self.texture = Texture.create(size = (self.frame.
                    shape[1], self.frame.shape[0]), colorfmt = 'bgr')
292                 image = self.ids['image']
293                 self.texture.blit_buffer(buf, colorfmt = 'bgr',
                    bufferfmt = 'ubyte')
294                 image.texture = self.texture
295 #                self.main_message.text = "camera_settings.update():
                     OK"
296             else:
297                 self.main_message.text = "camera_settings.update():
                    Image read error"
298         else:
299             self.main_message.text = "camera_settings.update(): Camera
                open error"
300 
301     def capture(self):
302         image = self.ids['image']
303         timestr = time.strftime("%Yxc%m%d_%H%M%S")
304         image.export_to_png("IMG_{}.png".format(timestr))
305 
306     def display_overflows(self):
307         self.on_display_overflows = not self.on_display_overflows
308 
309     def exit(self):
310         sys.exit(0)
311 
312 class CameraSettingsApp(App):
313     def build(self):
314         Window.size = (1152, 624)
315         return CameraSettings()
316 
317 
318 if __name__ == '__main__':
319     CameraSettingsApp().run()
320 
321 # end of program.
```

表 2.4　リスト 2.10 の Python プログラムの大まかな構成

リスト 2.10 の行数	関数名（機能）
212 行～ 226 行	`__init__` 関数 （カメラ設定クラスの初期化）
228 行～ 242 行	`get` 関数 （カメラプロパティ値の取得）
244 行～ 268 行	`set` 関数 （カメラプロパティ値の設定）
270 行～ 282 行	`play` 関数 （カメラのオープンと画像表示の準備）
284 行～ 299 行	`update` 関数 （画像の更新）
301 行～ 304 行	`capture` 関数 （映像の保存）
306 行～ 307 行	`display_overflows` 関数 （画素値が上限値 255 の少し下である 250 以上となった画素を 0 の画素値で置き換え，表示）
309 行～ 310 行	`exit` 関数 （プログラム終了）

■ リスト 2.11　カメラのプロパティの設定と画像の撮影のユーザインタフェースをターミナルから起動するときのコマンド

```
1   % python3 camera_setting_and_capturing.py
```

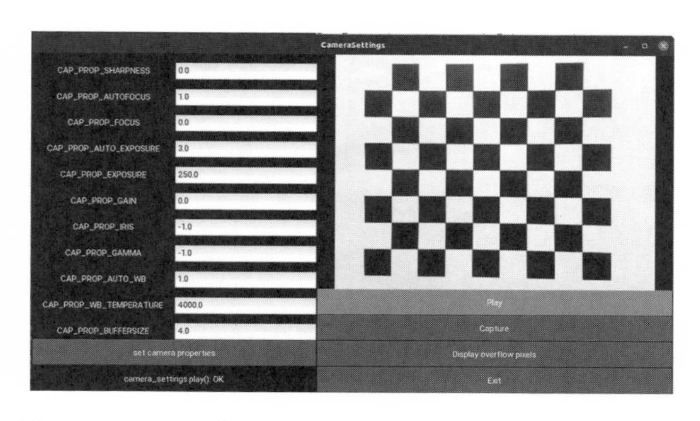

図 2.18　カメラのプロパティの設定と画像の撮影の，PC 画面の例

また，図 2.18 の左には，表 2.1（49 ページ）で示したカメラのプロパティが順に並んでいます．各プロパティには，浮動小数点の数値が入力できる kivy の部品 “TextInput” が配置されています．ここに数値を入力して，下から 2 つ目にある set camera properties をクリックすると，入力した数値が設定され，設定後のカメラのプロパティが読み取られて表示されます．

対して，図 2.18 の右には，上から撮影画像の表示領域，撮影開始／停止ボタン（Play），画像キャプチャ／保存ボタン（Capture）などが並んでいます．その上にある画像表示領域には，この図では校正用のチェッカー模様のパターンが表示されています．このときの，カメラと校正用のチェッカー模様のパターンを貼り付けたボードの位置関係を**図 2.19** に示します．

それでは，このユーザインタフェースを使ってカメラのプロパティを設定していきましょう．まず，図 2.18 の左にある CAP_PROP_SHARPNESS（鮮鋭度）の数値をリスト 2.8 の 50 行目に示されている上限値あるいは下限値に書きかえて，左下の camera_settings.set(): OK（設定）ボタンを押します．変更前後の画像を見比べて，変更前の 0 のほうがチェッカー模様の境界がややボケた印象であれば，（鮮鋭化されないであろう）0 に設定します．次に，カメラの前に手をかざしてみます．このとき，手にピントが自動的に合うならオートフォーカスが機能しています．対して，CAP_PROP_AUTOFOCUS（オートフォーカス）を 0 に設定すれば，手をかざしてもピントが自動的に合いません．続けて，CAP_PROP_FOCUS（フォーカス）を設定します．これは 3 次元計測にあたって適切な値に設定する必要がありますので，あらかじめ CAP_PROP_FOCUS の値を変化させたときのピントの変化を体感しておいて参考にしてください．なお，

図 2.19　カメラ（手前）に校正用のチェッカー模様のパターンボードを正対配置
（カメラの光軸がボード中央にくるよう，カメラを段ボール箱の上に載せている）

図 2.19 の例では，CAP_PROP_FOCUS が 60 程度でピントが合いました．

カメラを手で軽くおおってみましょう．CAP_PROP_AUTO_EXPOSURE（自動露出）が機能していると，露出が自動的に上がって明るい画像になるはずです．対して，CAP_PROP_AUTO_EXPOSURE を 1 に設定すると，露出が変化しないことが確認できます．ただし，CAP_PROP_AUTO_WB（自動ホワイトバランス）が機能していると，手でおおう／離すにともなって色合いが変化しますが，これを露出の変化と見間違わないようにします．次に，CAP_PROP_EXPOSURE（露出量）を設定します．こちらも CAP_PROP_FOCUS と同じく，値を変化させたときの画像の明るさの変化を体感しておいて参考にしてください．また，CAP_PROP_GAIN（利得）はノイズを抑えるために 0 とします．

一方，筆者の環境では CAP_PROP_IRIS（絞り）は－1.0 のまま変更することができませんでした．リスト 2.8 でも出力されていませんので，筆者の使用したカメラでは設定できないものと思われます．CAP_PROP_GAMMA（ガンマ）も値の変更ができませんでした[※9]．

また，CAP_PROP_AUTO_WB（自動ホワイトバランス）の設定前に再びカメラの前に手を出してみます．自動ホワイトバランスが機能していると，色合いが自動で調整されます．CAP_PROP_AUTO_WB を 0 に設定することで，色合いが変化しないことが確認できます．CAP_PROP_WB_TEMPERATURE（ホワイトバランス）は，チェッカー模様の白部分が実際に白として撮影されるように調整します．筆者の使用したカメラの場合，数値を大きくすると画像が赤っぽく，小さくすると青っぽく変化しました．

最後に，CAP_PROP_BUFFERSIZE（画像バッファサイズ）を 0 に設定してみると，リスト 2.9 を実行したコマンドの入力アプリケーションであるターミナルに，**リスト 2.12** に示すメッセージが表示されました．これにより，画像バッファサイズの最小値が 1 であることがわかります．

■リスト 2.12　リスト 2.9 の実行結果

```
1   [ WARN:0] global /tmp/pip-req-build-jhawztrk/opencv/modules/videoio/
    src/cap_v4l.cpp (2004) setProperty VIDEOIO(V4L2:/dev/video4): Bad
    buffer size 0, buffer size must be from 1 to 10
```

※9　さらに筆者が使用したカメラの固有のガンマ値は公開されていなかったので，後で説明するプログラムでは，ガンマ値を標準的な 2.2 と決め打ちして補正しています．

8 カメラとプロジェクタの配置

次に，カメラとプロジェクタを，3次元計測を想定して配置し，それぞれのプロパティを調整していきます．

図 2.20 に，カメラとプロジェクタ，校正用ボードの大まかな配置図を示します．右手にカメラ，そこから，左方向にカメラ光軸が伸びています．ここで，カメラの撮影範囲とプロジェクタの光パターン投射範囲が交わる領域が，計測可能な範囲です．特に，プロジェクタから光パターンをピンボケさせずに投射できる奥行き範囲は広くありませんので，3次元計測の範囲は，あらかじめ図中の台形状の斜線領域だけに絞ることにします．1.1 節で説明したように，計測の奥行き計測範囲をこのようにあらかじめ設計しておくことは重要です．

筆者のカメラとプロジェクタの配置を**図 2.21**，**図 2.22** に示します．ここで，机の上にカメラと校正用ボード間の距離がわかるように，定規をセロテープで固定しています．カメラは，その光軸と定規が平行になるように，箱の上にセロ

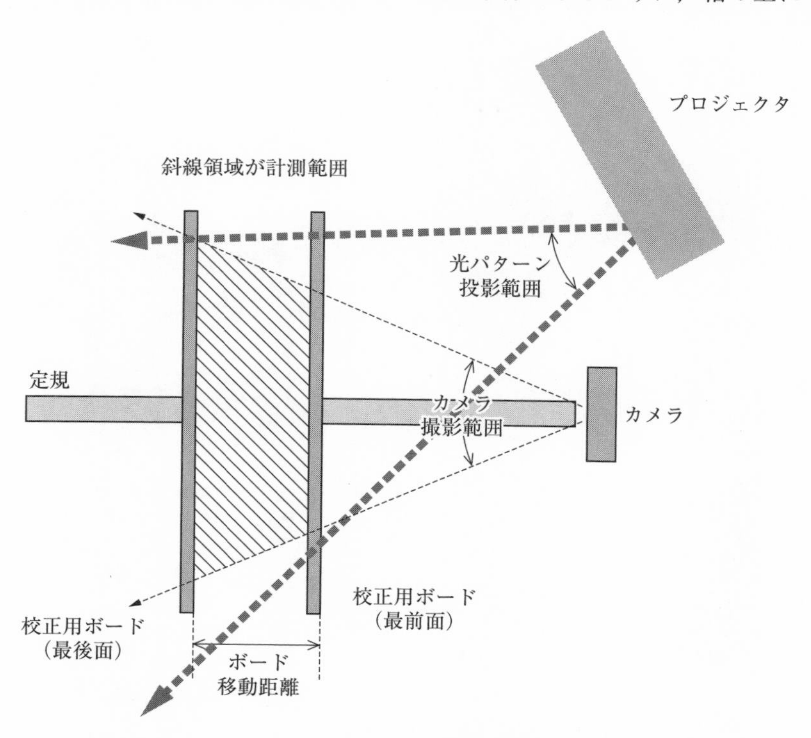

図 2.20　カメラ，プロジェクタ，校正用ボードの大まかな配置図

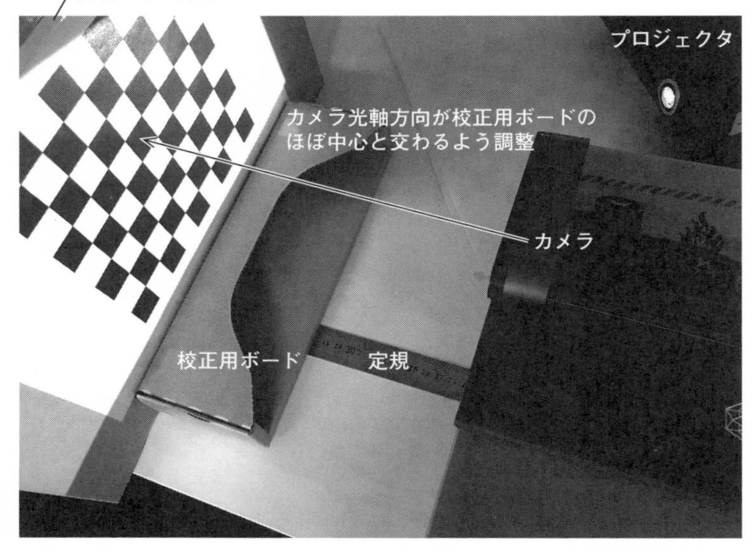

図 2.21　上から見たカメラ，プロジェクタ，校正用ボードの位置関係

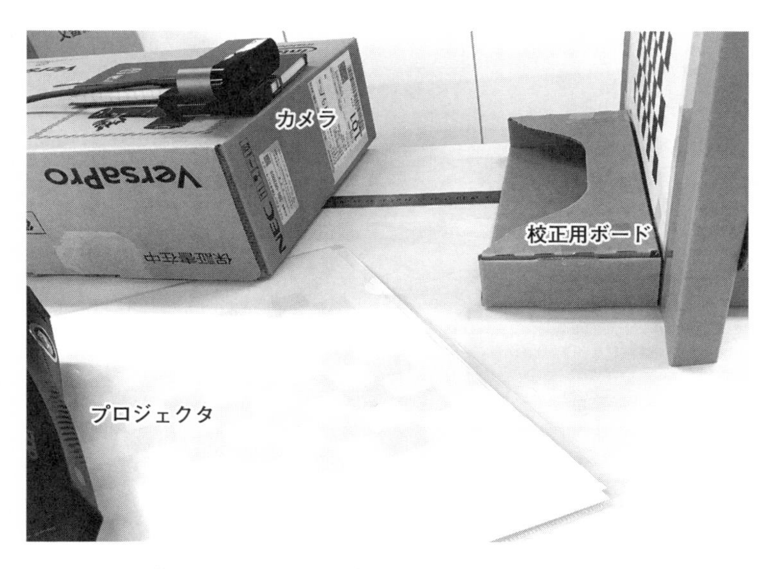

図 2.22　横から見たカメラ，プロジェクタ，校正用ボードの位置関係
（プロジェクタの光軸方向が校正用ボードの中心付近となるよう調整する．ここで，プロジェクタの光軸は，プロジェクタレンズの正面方向ではなく，やや上方へ向いている）

テープで固定しています．また，校正用ボードはカメラに正対させ，固定せずに置いてあります．カメラを載せる箱の高さは，カメラ光軸が校正用ボードの中央辺りで交わる程度にしてあります．

次に，リスト 2.10 の Python プログラムをリスト 2.11 で実行し，校正用ボードのチェッカー模様がほぼ画面全面に表示される位置を計測範囲の最前面とします．筆者は，カメラと校正用ボードの距離（最前面距離）を 220 mm，最後面位置を 280 mm としました．これにより，3 次元計測が可能な奥行きの範囲は 50 mm となります．

また，プロジェクタは，カメラの横から校正用ボードへと，斜めに光パターンが照射されるように置きます．図 2.22 では，少しわかりづらいですが，プロジェクタの光投射用レンズが机に対してほぼ水平方向を向いています（A4 判の紙を数枚はさみ，微妙に上方へ向けています）．

なお，一般的にプロジェクタの光学系は，プロジェクタを水平に設置したときにやや上方へ光パターンが投射されるようにあらかじめ設計されています．したがってこの図の場合，レンズがほぼ水平方向を向いているにもかかわらず，レンズから伸びるプロジェクタの光軸は，少し上方にある校正用ボードの中央辺りに向かっています．

配置が済んだら，HDMI 経由でプロジェクタを PC に接続してから**リスト 2.13** から生成した実行ファイルを起動して校正用ボードに一様な光パターンを投射し，プロジェクタの位置と角度を微調整します．

ここで，リスト 2.13 とリスト 2.2 はほぼ同じ構造となっていますが，異なるのが，表示用の画像オブジェクトに関する部分です．つまり，リスト 2.13 では，14 行目で，画素値に `0` を設定するかわりに，プロジェクタ画面と同じ大きさをもつ，`grey_pattern` という画像オブジェクトを確保しています．そして，次の 15 行目で `grey_pattern` に画素値 `180` を代入しています．これにより，`grey_pattern` のすべての画素に，画素値 `180` が代入されます．

リスト 2.13 から実行ファイルを生成するコマンドについては，リスト 2.2 のプログラムから実行ファイルを生成するコマンドを示したリスト 2.4 を参考に，プログラム名を入れかえて生成してください．

さらに，PC 上ではもう 1 つ，リスト 2.10 の Python プログラムも起動し，カメラの撮影画像も確認しながらプロジェクタの位置を調整します．校正用ボードを最前面から最後面までずらしながら，光パターン投射範囲がだいたいカメラの撮影範囲をおおうように調整してください．一方，図 2.21 では，校正用ボード

■ リスト 2.13　プロジェクタから一様な光強度の光パターンを投射する C++ プログラム（GitHub 上のファイル名：projection_of_grey_pattern.cpp）

```
    (ここまで略)
 9  #include <opencv2/opencv.hpp>
10
11  int
12  main(int argc, char* argv[])
13  {
14      cv::Mat grey_pattern = cv::Mat(1080, 1920, CV_8UC1);
15      grey_pattern = 180;
16      cv::namedWindow("grey_pattern", cv::WINDOW_NORMAL);
17      cv::setWindowProperty("grey_pattern", cv::WND_PROP_FULLSCREEN,
        cv::WINDOW_FULLSCREEN);
18      cv::moveWindow("grey_pattern", 1920, 0);
19      cv::imshow("grey_pattern", grey_pattern);
20      cv::waitKey(0);
21      cv::destroyAllWindows();
22  }
23  // end of program
```

に対して向かって右上に，光パターンが投射されない部分がややありますが，簡単な3次元計測用ということで無視してよいでしょう．

9 プロジェクタとカメラの校正

プロジェクタの調整を行います．校正用ボードにかえて白紙ボードをカメラの前に置き（**図 2.23**），リスト 2.2 の C++ プログラムを起動してメッシュパターンを投射します．カメラは使いませんので，リスト 2.10 の Python プログラムは終了させます．白紙ボードを，3次元計測を行う最前面の位置に置き，プロジェクタのフォーカスリングを調整してこの白紙ボードにピントが合うようにします．続いて，最後面位置でも同様に調整します．両方とも完全にピントを合わせるのが難しいときは，それぞれの位置でだいたい合うよう，調整を繰り返してください．これでプロジェクタの設定は終了です．

図 2.23　プロジェクタのピント調整
（段ボールは身近に入手可能なものでよい．また，別の素材でもよい）

次に，カメラのプロパティを調整します．カメラの前に校正用ボードを置き，リスト 2.13 の C++ プログラムを実行して一様な光パターンを照射します（図 2.21 参照）．ここで，窓のカーテンを引き，部屋の天井灯を消すなど，3 次元計測のバイアスを低める工夫をしてください．

この状態で，カメラのプロパティを順番に最終調整していきます．リスト 2.10 の Python プログラムを実行し，撮影される画像を見ながら各プロパティを調整してください．特に露出量の設定では，画素値がオーバフローしている画素がないかをよく確認してください．**図 2.24** に，画素値がオーバフローしている例を示します．図中の右側のチェッカーボードが虫食いのようになっています（背景にしみのようなものが広がっている）が，この部分の画素の画素値が 250 を超えています．

筆者が設定した値を参考までに**表 2.5** にまとめて示します（あくまでも著者が選択したカメラとプロジェクタの組合せにおける参考値です）．実際には，読者各位のそれぞれの環境に合わせて設定してください．

表 2.5　筆者の環境におけるプロパティ設定値
（ロジクール社製 BRIO ULTRA HDPRO ビジネスウェブカメラにおける参考値）

プロパティ名（リスト 2.8 の行数）	範囲（型）	備考	デフォルト値	設定値
CAP_PROP_SHARPNESS（50 行目）	0～255（整数）	1 ステップで設定可能	128	0
CAP_PROP_AUTOFOCUS（60 行目）	–（論理値）	–	1	0
CAP_PROP_FOCUS（59 行目）	0～255（整数）	5 ステップで設定可能	0	60
CAP_PROP_AUTO_EXPOSURE（52 行目）	0～3（メニュー）	1：マニュアルモード 3：絞り優先モード	3	1
CAP_PROP_EXPOSURE（55 行目）	3～2047（整数）	1 ステップで設定可能	250	250
CAP_PROP_GAIN（43 行目）	0～255（整数）	1 ステップで設定可能	0	0
CAP_PROP_IRIS	（出力なし）			
CAP_PROP_GAMMA	（出力なし）			
CAP_PROP_AUTO_WB（42 行目）	–（論理値）	–	1	0
CAP_PROP_WB_TEMPERATURE（49 行目）	2000～7500（整数）	10 ステップで設定可能	4000	4000
CAP_PROP_BUFFERSIZE	（OpenCV のプロパティのため出力なし）			1

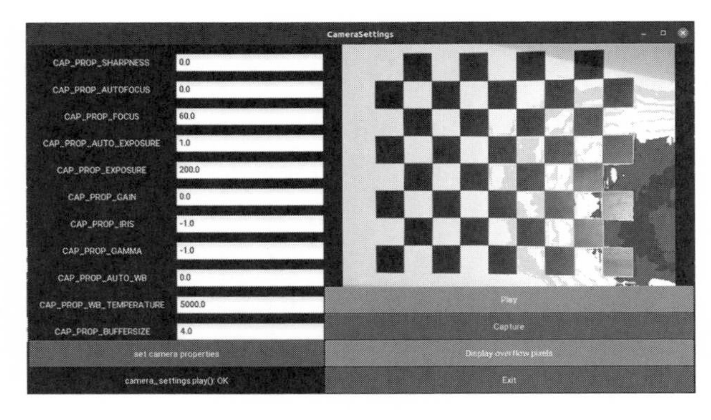

図 2.24　露出オーバで，撮影画像のうち向かって右側がオーバフローする例

10 カメラの幾何学的校正

幾何学的校正（geometrical calibration）とは，簡単にいえば，あらかじめ3次元的（立体的）な配置がわかっている格子点の座標位置に対して，実際にカメラで撮影した複数枚数の画像における格子点の座標位置との幾何学的関係を明らかにして，各種パラメータを校正（キャリブレーション）していくことです．詳しくはOpenCVのドキュメントやサンプルプログラムのほか，Web上の公開情報などを参照してください．これによって，カメラの内部パラメータ，レンズひずみパラメータ，外部パラメータの，3つのパラメータが得られます．ここで，**内部パラメータ**（inner parameters）とは，焦点距離や画像上の光軸中心といった個々のカメラ固有のものです．**レンズひずみパラメータ**（lens distortion parameters）は個々のレンズ固有のひずみを表すもので，これも個々のカメラ固有のパラメータです．また，**外部パラメータ**（external parameters）は，外界の座標系に対するカメラの位置と回転を表すものであり，カメラの設置位置や角度，外界の座標系の設定により変動します．

具体的には，カメラとプロジェクタの配置とプロパティの調整と同様，カメラの前に校正用ボードを置いてリスト2.13のC++プログラムを起動し，一様な光パターンを校正用ボードに照射して行います．そして，校正用ボードの位置や向きを変更しながら，リスト2.10のPythonプログラムを用いて複数枚の画像を撮影・保存していきます．ここで，コツを4つあげます．

(1) 校正用ボード上のチェッカー模様を，画面内にほぼすべて収まるようにしながら10枚以上撮影する．

(2) 校正用ボードの位置や向きは，できるだけばらつくようにする．

(3) 校正用ボードのチェッカー模様上にある各格子点の位置について，計測範囲（図 2.20 参照）をまんべんなくカバーするようにする．

(4) 最前面位置と最後面位置で，校正用ボードをカメラに正対する向きにして置いて撮影した画像も含める．

(1) は，OpenCV に関するコツです．一般に幾何学的校正にはある程度の枚数の画像が必要ですが，特に OpenCV を用いる場合には 10 枚以上の画像を用意することが推奨されています．

対して，(2) と (3) は，幾何学的校正全般に関するコツです．幾何学的校正で校正用ボードを同じ位置，かつ同じ向きに置いて撮影した画像を単に複数枚利用しても，同じ画像を 1 枚だけ利用するのとほとんど結果が変わらないことは直感的にわかるでしょう．つまり，校正用ボードの位置と向きは，できるだけばらつかせる必要があります．

また，計測範囲内は，どこでもきちんと幾何学的校正されているべきですが，格子点の座標位置をもとにカメラの内部パラメータなどが調整されますから，格子点が存在しなかった地点では幾何学的校正が実質的に行われません．

さらに，(4) は幾何学的校正の結果のよし悪しを判断しやすくするためのコツです．すなわち，校正用ボードの位置と向きが単純明快な，最前面位置と最後面位置（図 2.20 参照）において校正用ボードをカメラに正対する向きにして置いて撮影した画像があれば，結果のよし悪しが容易に判断できるからです．

筆者が撮影した幾何学的校正用の画像の一部を**図 2.25** に示します．プロジェクタの光が，画像の右上の部分に届いていませんが，チェッカー模様はほぼ照射されていますので影響はありませんでした．このように，実用上，幾何学的校正

図 2.25　カメラの幾何学的校正に用いた画像の一部

用の画像撮影で上記のコツ以外であまり神経質になる必要はありません．89ページ以降で説明するプロジェクタの幾何学的校正の前に，右上の欠けがより少なくなるようにプロジェクタ位置を再調整するだけで十分です．

次に，撮影・保存された画像をまとめて，1つのフォルダに移動させます．フォルダ名は適当で十分ですが，幾何学的校正とは関係ない画像は，同一フォルダ内に間違えて入れないような名前にしたほうがよいでしょう．画像を置いたフォルダに移動した後，**リスト2.14**のPythonプログラムを実行して幾何学的校正を行います．ターミナルからリスト2.14のPythonプログラムを実行するコマンドを，**リスト2.15**に示します．ここでは，画像を置いたフォルダの名前はcalibration_imagesとしています．また，リスト2.14のプログラムは1つ上のフォルダに置かれているとしています．

11 カメラの幾何学的校正プログラムの実行

リスト2.14の処理の概略を説明します．23行目と24行目で，チェッカー模様に描かれた各正方形の頂点の2次元座標（objp）を指定しています．本書では，チェッカー模様はリスト2.1で示したように9×8で生成していますので，このプログラムでも数を合わせています．また，各正方形の1辺の長さは実際にプリントした紙面における1辺の長さに合わせる必要があり，環境によっては必ずしもリスト2.1の設定どおりに出力できない可能性があります．その際は，プリントした紙面における各正方形の1辺の長さを実測してその値をリスト2.14の24行目の最後にある20.0と置き換えてください．筆者の環境ではいくつかのコマンドを組み合わせることで設定どおり1辺20 mmにすることができましたので，リスト2.14の24行目で最後に20.0を乗じることで，頂点座標値が20 mmピッチになるよう設定しています．

また，32～36行目は，校正結果の一部をターミナルに出力するprintResult関数です（出力内容については，プログラムとは別に，この次に説明します）．38～45行目は，カメラの内部パラメータmtxとレンズひずみパラメータdistをバイナリデータとして保存するsaveIntrinsicParams関数です．47～50行目は，画像ごとに得られる外部パラメータをターミナルに出力するprintVecs関数です．

そして，52行目以降がメインのプログラムです．53行目でフォルダ内の画像（拡張子がpngのファイル）をリストアップしています．61～75行目までで，それぞれの画像の格子点を検出しています．65行目が格子点を検出するコード，

68 行目が，検出した格子点の座標位置を画素の単位よりもさらに詳細な，サブ画素精度に改善するコードです．

■ リスト 2.14　カメラの幾何学的校正を行う Python プログラム
（GitHub 上のファイル名：camera_geometrical_calibration.py）

```
    (ここまで略)
22  # Prepare object points, like (0,0,0), (1,0,0), (2,0,0) ....,(6,5,0).
23  objp = np.zeros((8*7,3), np.float32)
24  objp[:,:2] = np.mgrid[0:8, 0:7].T.reshape(-1,2) * 20.0
25
26  # Arrays to store object points and image points from all the images.
27  objpoints = [] # 3d points in real world space.
28  imgpoints = [] # 2d points in image plane.
29  # Arrays to store images with image points.
30  imgs = []
31
32  def printResult(ret, mtx, dist):
33      print("*** calibration result ***")
34      print("RMS of reprojection = ", ret, " (pixels)")
35      print("Camera matrix = \n", mtx)
36      print("Lens distortion = \n", dist)
37
38  def saveIntrinsicParams(mtx, dist):
39      f = open("intrinsicParams.dat", "wb")
40      for i in range(3):
41          for j in range(3):
42              f.write(mtx[i][j])
43      for i in range(5):
44          f.write(dist[0][i])
45      f.close()
46
47  def printVecs(rvec, tvec):
48      R, _ = cv2.Rodrigues(rvec)
49      print("rotation matrix    = \n", R)
50      print("translation vector = \n", tvec)
51
52  if __name__ == '__main__':
53      images = sorted(glob.glob('*.png'))
    (中略)
61      for fname in images:
62          img = cv2.imread(fname)
63          gray = cv2.cvtColor(img, cv2.COLOR_BGR2GRAY)
64
65          ret, corners = cv2.findChessboardCorners(gray, (8,7), None)
66          if ret:
67              objpoints.append(objp)
68              corners2 = cv2.cornerSubPix(gray, corners, (11,11),
                (-1,-1), criteria)
69              imgpoints.append(corners)
```

```
70            else:
71                print("failure to detect corners: ", fname)
72
73            img = cv2.cvtColor(img, cv2.COLOR_BGR2RGB)
74            img = cv2.drawChessboardCorners(img, (8,7), corners2, ret)
75            imgs.append(img)
76
77        ret, mtx, dist, rvecs ,tvecs = cv2.calibrateCamera(objpoints,
          imgpoints, gray.shape[::-1], None, None)
78        printResult(ret, mtx, dist)
79        if ret > 1:
80            print("failure to calculate matrix")
81            exit(-1)
82        h, w = img.shape[:2]
83        newcameramtx, roi = cv2.getOptimalNewCameraMatrix(mtx, dist.
          ravel(), (w,h), 1, (w,h))
84        print("New camera matrix = \n", newcameramtx)
85        print("save camera parameters")
86        saveIntrinsicParams(newcameramtx, dist)
87
88        i = 0
89        for fname in images:
90            print("\n*** image file name = ", fname, " ***")
91            printVecs(rvecs[i], tvecs[i])
92            img = cv2.imread(fname)
93            dst = cv2.undistort(img, mtx, dist, None, newcameramtx)
94            dst = cv2.cvtColor(dst, cv2.COLOR_BGR2RGB)
95            fig = plt.figure(figsize=(14,6))
96            fig.canvas.manager.set_window_title(fname)
97            out = cv2.hconcat([imgs[i], dst])
98            plt.imshow(out)
99            plt.axis('off')
100           plt.show()
101           i = i + 1
102
103   # end of program.
```

■ リスト 2.15　リスト 2.14 のプログラムを実行するコマンド

```
1   % cd calibration_images
2   % python3 ../camera_geometrical_calibration.py
```

以上で，すべての画像から格子点を検出した後，77 行目で内部パラメータ mtx，レンズひずみパラメータ dist，外部パラメータ rvecs および tvecs を求めています．この結果が 78 行目でターミナルに出力されます（**リスト 2.16**）．

■ リスト 2.16　リスト 2.14 の実行結果（抜粋）

```
1    *** calibration result ***
2    RMS of reprojection =  0.2915885516928855  (pixels)
3    Camera matrix =
4    [[642.0193663    0.         328.57197574]
5    [  0.         642.05003411 229.56977238]
6    [  0.           0.           1.        ]]
7    Lens distortion =
8    [[ 0.24823961 -0.58613646 -0.00509571  0.00280464  0.37925256]]
9    New camera matrix =
10   [[657.82305908   0.         329.76382231]
11   [  0.         655.06329346 227.97369396]
12   [  0.           0.           1.        ]]
13   save camera parameters (new intrinsic matrix and distortion vector)
     (中略)
25   *** image file name =  IMG_2021xc0630_211037.png  ***
26   rotation matrix    =
27   [[-0.99938678  0.00171735 -0.03497318]
28   [-0.00184771 -0.99999147  0.00369529]
29   [-0.03496653  0.00375765  0.99938142]]
30   translation vector =
31   [[ 51.93159919]
32   [ 61.0285241 ]
33   [270.94846804]]
     (以下略)
```


⓬ カメラの幾何学的校正結果の出力確認

リスト 2.16 の 2 行目の出力は，リスト 2.14 の 24 行目で定義した格子点の頂点位置を，求めたパラメータで画像座標上に再投影した座標値と，撮影した画像から検出した座標値とを，比較計算した残差 2 乗和の平方根です．この例では約 0.29 画素と，1 画素を十分下回る出力値が得られています（2 行目）．校正では，画素単位よりも詳細なサブ画素位置で合わせ込む処理を行っており，したがって，この処理が正しく動いていると考えることができますから，十分よい幾何学的校正の結果が得られているとしてよいでしょう．

また，3〜6 行目が，3 × 3 行列で表された内部パラメータです．この行列の 1 行 1 列目の要素は画像上の x 軸方向における焦点距離，2 行 2 列目の要素は同 y 軸方向における焦点距離です．焦点距離が 2 つあることは，物理的に不自然と感じるかもしれませんが，むしろ各軸方向に独立な焦点距離を設定することで，合理的に内部パラメータをモデル化することができます．なぜなら，2 次元画像センサにおいて，一般的にはフォトダイオードの縦横比は 1 対 1 であるとは限らないからです（図 1.4，4 ページ参照）．ただし，2 つの焦点距離が大きくずれているときは，幾何学的校正が失敗していると考えてよいでしょう．

対して，行列の1行3列目，2行3列目はそれぞれ，画像上の光軸中心位置を表しています．ここで撮影画像の大きさは640 × 480画素であり，画像中心はx軸方向では320画素，y軸方向では240画素ですが，計算結果（4〜5行目）はこれから少しずれていて，約328.6画素と約230.0画素となっています．しかし，この程度のずれなら，画像の大きさに比較すると$\frac{1}{50}$程度ですので問題ないと考えてよいでしょう．一般に，画像の大きさの数十分の1程度であれば，実際の計測において許容可能な誤差範囲に収まります．

続く7行目と8行目が5つの要素からなるレンズひずみパラメータです．一方，このパラメータがどの程度正しいかは，出力された数値を眺めてもよくわかりません．後でひずみを除去した画像を生成・表示する際，目視で確認することになります．

リスト2.14に戻ります．この83行目でレンズひずみを除去した画像を用意するために，カメラの新しい内部パラメータ mtx を計算し，84行目でターミナルに出力しています．一方，新しい内部パラメータは，リスト2.16の9〜12行目までに表されています．なお，新旧でパラメータの意味自体は同じですので，リスト2.16の4〜6行目に示した内部パラメータと大きく値が変わっていなければ正しく幾何学的校正ができているといえるでしょう．

リスト2.14の86行目で，カメラの新しい内部パラメータ mtx とレンズひずみパラメータ dist をバイナリ（2進数表現）でファイル intrinsicParams.dat に書き込んでいます．続く89〜101行目で，幾何学的校正用の画像を再度読み取り，撮影画像に検出した格子点を重ねて描いた図を左，さらにレンズひずみを除去した画像を右に表示するウィンドウをポップアップします．そして，この撮影画像に対応するカメラの外部パラメータ rvecs と tvecs を，91行目でターミナルに出力しています．また，93行目でレンズひずみを除去した画像を生成しています．97行目と98行目で，幾何学的校正用の画像と，レンズひずみを除去した画像を並べて表示します．

13 カメラの幾何学的校正結果の画像確認

図2.26にリスト2.14の実行によって画像表示ウィンドウがポップアップされた例を示します．もとの画像は3次元計測領域の最後面位置（カメラからの距離が約280 mm）に，カメラに正対するように校正用ボードを置いて撮影した画像です．向かって左は，撮影画像に検出した格子点の座標を重ねたもの，右はレン

図 2.26　リスト 2.14 の実行による画像表示ウィンドウのポップアップ例
（左は撮影画像に検出した格子点の座標を重ねた画像，右はレンズひずみを除去した画像）

ズひずみを除去したものです．この例では，カメラのレンズひずみがそれほど大きくなかったことから，あまり見た目に変化はありませんが，左と右を比較してみてそれほど右の画像がくずれていないことから，問題となるようなレンズひずみパラメータが算出されていないと判断できます．さらに，ポップアップウィンドウの右肩の「×」をマウスでクリックしながら，すべての画像でレンズひずみパラメータを除去した画像がくずれていないかをチェックしていきます．

このときの外部パラメータは，リスト 2.16 の 26～33 行目に示されています．この内訳をみると，26～29 行目で示された回転行列が 3 行 3 列の単位行列にほぼ一致しており，ほぼ回転していないとわかります．この結果は，校正用ボードが正対している事実と整合します．さらに，30～33 行目で示されている平行移動ベクトルの z 座標値（3 行目の要素）が約 270.9 mm であり，こちらも校正用ボードを置いた距離にほぼ合致しています．以上より，外部パラメータも正しく計算できていると考えられます．

14 プロジェクタの幾何学的校正（前編）

次に，プロジェクタについても，幾何学的校正を行います．一方，1.2 節で述べたように，プロジェクタは本質的にカメラと異なるため，同じ方法で幾何学的校正を行うことができません．そのため，**ルックアップテーブル**（**LUT**；Look Up Table）を用います．

LUT 作成のための C++ プログラムを**リスト 2.17** に示します．このプログラムは，引数で与えられるオプションのプロパティや，プロジェクタのガンマ値の設定・調整の目的でも用います（107ページ参照）．

リスト2.17は，正弦波光パターンを位相シフトさせながら3回投射・画像撮影を行った後，相対位相値を求める一連の処理を計2回実行し，LUTを作成するという流れになっています（**図2.27**参照，98ページ）．これに沿って，白紙ボードをカメラに正対させ，1回目は計測領域の最前面位置に，2回目は最後面位置にそれぞれ置きます．また，実行ファイルの生成にあたっては，リスト2.4（66ページ）を参考に，引数となるプログラム名を入れかえて作成し，実行してください．

16～54行目のsetCameraProperties関数で，カメラのプロパティを設定しています．画像の大きさとして，幅640画素，高さ480画素に設定するほか，表2.5（81ページ）にしたがい各種パラメータを設定するとともに，設定前後の値をターミナルに表示します．次に，56～75行目のloadIntrinsicParams関数で，幾何学的校正で求めたカメラの内部パラメータmtxとレンズひずみパラメータdistをファイル（バイナリファイル）から読み込みます．続く77～90行目のcreate SinusoidalPattern関数で，プロジェクタから投射する正弦波光パターンsinusoidal_patternを生成します．109～133行目のcalculateRphases Any関数で，任意の位相シフト回数に対して，バイアス，振幅と相対位相を計算します※10．

また，135～177行目のplotSinusoidaWaves関数で

- 3回投射しながら撮影した正弦波光パターン画像（sinusoidalwaves）
- 正弦波光パターン画像から求めた振幅画像（amplitude）
- バイアス画像（bias）

について，それぞれの画像の中央を横方向に切り取ったグラフを，Pythonのライブラリであるmatplotlibを利用して表示します．このとき，C++プログラムからmatplotlibを実行するmatplotlib-cppを使っています．179～207行目のplotRelativePhases関数は，相対位相値画像（rphase），振幅画像（amplitude），バイアス画像（bias）をグラフとして表示する関数です．ただし，振幅画像とバイアス画像の値は，最大画素値255で除した後，3を乗じて，

※10　calculateRphasesAnyは一般的な位相シフト数に対応する関数です．対して，34ページで述べた3回あるいは4回の位相シフトの場合に特化した関数が，リスト2.17の92～99行目のcalculateRphases3関数と，101～107行目のcalculate Rphases4関数です．3回あるいは4回の位相シフトの場合は，これらを使ったほうがより高速に処理できます．

相対位相画像と見比べることができるように変換されていることに注意が必要です（184 行目）.

さらに，210～229 行目の threshouldAmplitude 関数で，各画素の振幅値が閾値（threshold）未満の場合，信頼できる相対位相値が得られていないと判断して，相対位相値（rphase）を無効値である -FLT_MAX に設定します（217 行目）．また，閾値（threshold）以上の振幅をもち信頼できると判断された領域を，matplotlib を利用して表示します（226～228 行目）.

■ リスト 2.17　プロジェクタの LUT 作成のための C++ プログラム
（GitHub 上のファイル名：LUT_generation.cpp）

```
    (ここまで略)
 9   #include <fstream>
10   #include <boost/program_options.hpp>
11   #include <opencv2/opencv.hpp>
12   #include <matplotlib-cpp/matplotlibcpp.h>
13
14
15   void
16   setCameraProperties(cv::VideoCapture &cap)
17   {
18     cap.set(cv::CAP_PROP_FRAME_WIDTH, 640);
19     cap.set(cv::CAP_PROP_FRAME_HEIGHT, 480);
20     std::cout << "camera properties are changed as below:" << std::endl;
21     std::cout << "\tsharpness\t" << cap.get(cv::CAP_PROP_SHARPNESS)
         << " -> ";
22     cap.set(cv::CAP_PROP_SHARPNESS, 0.0f);
23     std::cout << cap.get(cv::CAP_PROP_SHARPNESS) << std::endl;
   (中略)
51     std::cout << "\tbuffer size\t" << cap.get(cv::CAP_PROP_BUFFERSIZE)
         << " -> ";
52     cap.set(cv::CAP_PROP_BUFFERSIZE, 1.0f);
53     std::cout << cap.get(cv::CAP_PROP_BUFFERSIZE) << std::endl;
54   }
55
56   bool
57   loadIntrinsicParams(cv::Mat& mtx, cv::Mat& dist)
58   {
59     std::ifstream f("./intrinsicParams.dat", std::ios::in |
       std::ios::binary);
60     if (!f) {
61       return false;
62     }
63     for (int row = 0; row < mtx.rows; row++) {
64       for (int col = 0; col < mtx.cols; col++) {
65       f.read(reinterpret_cast<char *>(&(mtx.at<double>(row, col))),
         sizeof(double));
```

```
66       }
67     }
68     for (int row = 0; row < dist.rows; row++) {
69       for (int col = 0; col < dist.cols; col++) {
70         f.read(reinterpret_cast<char *>(&(dist.at<double>(row, col))),
           sizeof(double));
71       }
72     }
73     f.close();
74     return true;
75   }
76
77   void
78   createSinusoidalPattern(cv::Mat& sinusoidal_pattern, const float
       intensity, const float coeff,
79     const float lambda, const int phase, const int num)
80   {
81     for (int col = 0; col < sinusoidal_pattern.cols; col++) {
82       unsigned char brightness =
83         static_cast<unsigned char>(0.5f * intensity
84                       * cosf(coeff * (col / lambda + static_
                       cast<float>(phase)
85                             / static_cast<float>(num))) + 127.5f);
86       for (int row = 0; row < sinusoidal_pattern.rows; row++) {
87         sinusoidal_pattern.at<unsigned char>(row, col) = brightness;
88       }
89     }
90   }
91
92   void
93   calculateRphases3(float* in, float* rphase, float* amplitude, float*
       bias)
94   {
   (中略)
99   }
100
101  void
102  calculateRphases4(float* in, float* rphase, float* amplitude, float*
bias)
103  {
   (中略)
107  }
108
109  void
110  calculateRphasesAny(float* in, int num, float* rphase, float* amplitude,
     float* bias)
111    {
112    const float coeff = 2.0f * static_cast<float>(M_PI);
113    static bool flag = true;
114    static float *sinarray, *cosarray;
115    if (flag) {
```

```
116        sinarray = new float[num];
117        cosarray = new float[num];
118        for (int i = 0; i < num; i++) {
119          sinarray[i] = sinf(coeff * i  / static_cast<float>(num));
120          cosarray[i] = cosf(coeff * i  / static_cast<float>(num));
121        }
122        flag = false;
123      }
124      float corSin = 0.0f, corCos = 0.0f;
125      *bias = 0.0f;
126      for (int i = 0; i < num; i++) {
127        *bias += in[i] / static_cast<float>(num);
128        corSin += in[i] * sinarray[i];
129        corCos += in[i] * cosarray[i];
130      }
131      *amplitude = sqrtf(corSin * corSin + corCos * corCos) / 2.0f;
132      *rphase = atan2f(corCos, corSin);
133    }
134
135    void
136    plotSinusoidalWaves(cv::Mat sinusoidalwaves[], cv::Mat amplitude[],
       cv::Mat bias[],
137                const int num)
138    {
139      int row = sinusoidalwaves[0].rows / 2;
140      int cols = sinusoidalwaves[0].cols;
141      std::vector<float> u, v[num + 2];
142      std::ostringstream ss;
143
144      for (int times = 0; times < 2; times++) {
145        for (int col = 0; col < cols; col++) {
146          u.push_back(col);
147          for (int i = 0; i < num; i++) {
148            v[i].push_back(sinusoidalwaves[i + num * times].
                 at<float>(row, col));
149          }
150          v[num].push_back(amplitude[times].at<float>(row, col));
151          v[num + 1].push_back(bias[times].at<float>(row, col));
152        }
     (中略)
171        matplotlibcpp::show();
172        u.clear();
173        for (int i = 0; i < num + 2; i++) {
174          v[i].clear();
175        }
176      }
177    }
178
179    void
180    plotRelativePhases(cv::Mat rphase[], cv::Mat amplitude[], cv::Mat
       bias[])
```

```
181   {
182     int row = rphase[0].rows / 2;
183     int cols = rphase[0].cols;
184     float scaleparam = 3.0f / 255.0f;
185     std::vector<float> u(cols), v0(cols), v1(cols), v2(cols), v3(cols),
          v4(cols), v5(cols);
186     for (int col = 0; col < cols; col++) {
187       u[col] = col;
188       v0[col] = rphase[0].at<float>(row, col);
189       v1[col] = scaleparam * amplitude[0].at<float>(row, col);
190       v2[col] = scaleparam * bias[0].at<float>(row, col);
191       v3[col] = rphase[1].at<float>(row, col);
192       v4[col] = scaleparam * amplitude[1].at<float>(row, col);
193       v5[col] = scaleparam * bias[1].at<float>(row, col);
194     }
      (中略)
206     matplotlibcpp::show();
207   }
208
209   void
210   thresholdAmplitudes(cv::Mat rphase[], cv::Mat amplitude[], float
        threshold)
211   {
212     cv::Mat amp = cv::Mat::zeros(amplitude[0].rows, amplitude[0].cols,
        CV_32FC1);
213     for (int row = 0; row < amp.rows; row++) {
214       for (int col = 0; col < amp.cols; col++) {
215         if (amplitude[0].at<float>(row, col) < threshold || amplitude[1].
              at<float>(row, col) < threshold) {
216           for (int times = 0; times < 2; times++)
217             phase[times].at<float>(row, col) = -FLT_MAX;
218         } else {
219           amp.at<float>(row, col) = 255.0f;
220           if (rphase[0].at<float>(row, col) > rphase[1].
                at<float>(row, col)) {
221             rphase[1].at<float>(row, col) += 2.0f * static_cast<float>
                  (M_PI);
222           }
223         }
224       }
225     }
226     matplotlibcpp::imshow(&(amp.at<float>(0, 0)), amp.rows, amp.cols, 1);
227     matplotlibcpp::axis("off");
228     matplotlibcpp::show();
229   }
230
231   void
232   calc3DcoordinateValues(cv::Mat coordv[], cv::Mat& mtx, float
        distance[])
233   {
234     float fx = static_cast<float>(mtx.at<double>(0, 0));
```

```
235     float fy = static_cast<float>(mtx.at<double>(1, 1));
236     float cx = static_cast<float>(mtx.at<double>(0, 2));
237     float cy = static_cast<float>(mtx.at<double>(1, 2));
238     for (int times = 0; times < 2; times++) {
239       for (int row = 0; row < coordv[0].rows; row++) {
240         double Y = (row - cy) * distance[times] / fy;
241         for (int col = 0; col < coordv[0].cols; col++) {
242           double X = (col - cx) * distance[times] / fx;
243           coordv[times].at<cv::Vec3f>(row, col)[0] = X;
244           coordv[times].at<cv::Vec3f>(row, col)[1] = Y;
245           coordv[times].at<cv::Vec3f>(row, col)[2] = distance[times];
246         }
247       }
248     }
249   }
250
251   int
252   main(int argc, char* argv[])
253   {
254     boost::program_options::options_description options("options");
255     options.add_options()
256       ("help,h", "describe options")
257       ("intensityatNearEnd,n", boost::program_options::value<float>()
          ->default_value(200.0f),
258        "intensity of projection at the near end (0-255)")
(中略)
267       ("lambdaofSinusoidalPattern,l", boost::program_options::value
          <float>()->default_value(240.0f),
268        "wave length of sinusoidal pattern (0<)");
269     boost::program_options::variables_map vm;
270     boost::program_options::store(parse_command_line(argc, argv,
        options), vm);
(中略)
290     cv::VideoCapture cap(4);
291     if (!cap.isOpened()) {
292       std::cerr << "camera open error" << std::endl;
293       return -1;
294     }
295     setCameraProperties(cap);
296     cv::Mat sinusoidal_pattern = cv::Mat(1080, 1920, CV_8UC1);
297     const float coeff = 2.0f * static_cast<float>(M_PI);
298     const int num = 8;
299     cv::Mat frame[num * 2];
300     cv::namedWindow("sinusoidal_pattern", cv::WINDOW_NORMAL);
301     cv::setWindowProperty("sinusoidal_pattern", cv::WND_PROP_FULLSCREEN,
        cv::WINDOW_FULLSCREEN);
302     cv::moveWindow("sinusoidal_pattern", 1920, 0);
303     for (int times = 0; times < 2; times++) {
304       float intensity;
305       if (times == 0) {
306         intensity = intensityatNearEnd;
```

```
307         std::cout << "\ncreate the LUT at the near end: if you're ready,
              please press Enter." << std::endl;
308       } else {
309         intensity = intensityatFarEnd;
310         std::cout << "create the LUT at the far end: if you're ready,
              please press Enter." << std::endl;
311       }
312       std::cin.ignore(std::numeric_limits<std::streamsize>::max(),
            '\n');
313
314       for (int phase = 0; phase < num; phase++) {
315         createSinusoidalPattern(sinusoidal_pattern, intensity, coeff,
              lambda, phase, num);
316         cv::imshow("sinusoidal_pattern", sinusoidal_pattern);
317         cv::waitKey(waitingTime);
318         int count = skippingFrames;
319         while (count >= 0) {
320           count--;
321           if (!cap.read(frame[phase + num * times])) {
322             std::cerr << "frame read error" << std::endl;
323             return -1;
324           }
325         }
326       }
327     }
328
329     cv::Mat mtx = cv::Mat(3, 3, CV_64FC1), dist = cv::Mat(1, 5,
          CV_64FC1);
330     if(!loadIntrinsicParams(mtx, dist)) {
331       std::cerr << "file (./intrinsicParam.dat) open error"
            << std::endl;
332       return -1;
333     }
334     cv::Mat undistortedframe[num * 2];
335     for (int i = 0; i < num * 2; i++) {
336       cv::undistort(frame[i], undistortedframe[i], mtx, dist);
337     }
338
339     cv::Mat sinusoidalwaves[num * 2], amplitude[2], bias[2], rphase[2],
          coord[2];
（中略）
348     float gamma = 2.2f;
349     for (int times = 0; times < 2; times++) {
350       for (int row = 0; row < undistortedframe[0].rows; row++) {
351         for (int col = 0; col < undistortedframe[0].cols; col++) {
352           float in[num];
353           for (int i = 0; i < num; i++) {
354             in[i] = 0.0f;
355             for (int bgr = 0; bgr < 3; bgr++) {
356               in[i] += 255.0f
```

```
357                * powf(static_cast<float>(undistortedframe[i + num *
                   times].at<cv::Vec3b>(row, col)[bgr]) / 255.0f,
358                     gamma) / 3.0f;
359            }
360            sinusoidalwaves[i + num * times].at<float>
                 (row, col) = in[i];
361          }
(中略)
370          // *** in case of any other values
371          calculateRphasesAny(in, num, &rphase[times].
               at<float>(row, col),
372            &amplitude[times].at<float>(row, col),
373            &(bias[times].at<float>(row, col)));
374        }
375      }
376    }
377    plotSinusoidalWaves(sinusoidalwaves, amplitude, bias, num);
378    plotRelativePhases(rphase, amplitude, bias);
379
380    std::cout << "created the two LUTs and saved them." << std::endl;
381    thresholdAmplitudes(rphase, amplitude, threshold);
382    float distance[2] = {220.0f, 270.0f};
383    calc3DcoordinateValues(coord, mtx, distance);
384    cv::FileStorage fs("LUTs.xml", cv::FileStorage::WRITE);
385    fs << "LUTatNearEnd" << rphase[0];
386    fs << "CoordinateValuesatNearEnd" << coord[0];
387    fs << "LUTatFarEnd" << rphase[1];
388    fs << "CoordinateValuesatFarEnd" << coord[1];
389    fs.release();
390
391    cv::destroyAllWindows();
392    return 0;
393  }
394  // end of program
```

231～249 行目の calc3DcoordinateValues 関数は，画像上の各画素が，ある奥行き位置（distance）にあると仮定したときの，3 次元空間上での座標位置を計算して coordv に代入します．この関数で，奥行き位置がわかっている 3 次元計測領域の最前面位置と最後面位置における，各画素と 3 次元座標位置を対応付けることができます．

いま，図 1.22（20 ページ）で示したピンホールカメラのピンホールが，3 次元座標系の原点にあたるとします（**図 2.28** (a)）．このとき，カメラのスクリーンの中心位置や焦点距離が得られていますから，幾何学的校正によってレンズひずみが除去された画像が計算でき，原点から Z 方向に距離（distance）だけ離れている点 P の 3 次元座標位置を簡単な比計算によって求めることができます

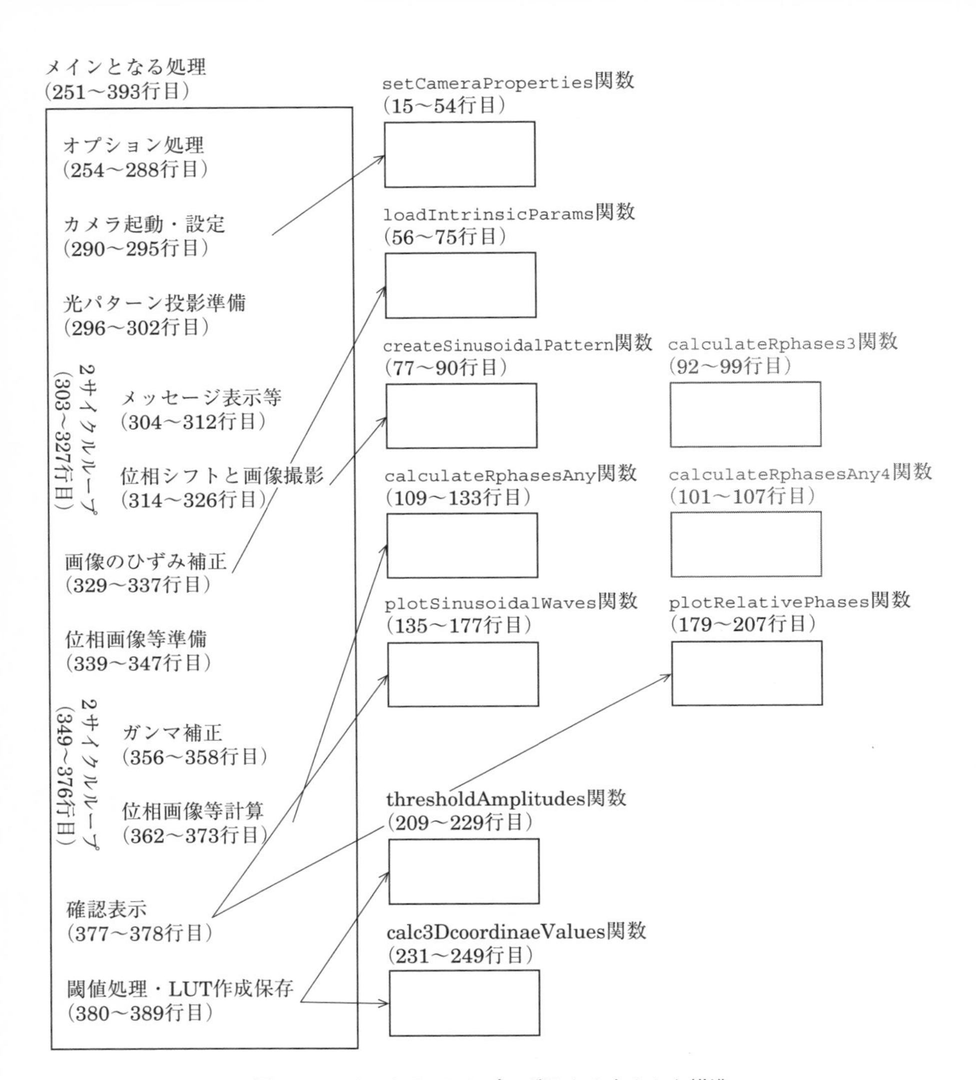

図 2.27　リスト 2.17 のプログラムの大まかな構造

(図 2.28 (b) 参照). 240 行目が実際の Y 座標値の計算ですが, 画像上の光軸位置 (cy) からの距離 (単位は画素) を焦点距離 (単位は画素) fy で除し, 距離 distance を乗じているだけです. また, 242 行目は X 座標値の同様の計算です.

そして, 251 〜 393 行目がメインの処理となります. 254 〜 288 行目で, boost ライブラリの program_options を利用して, 引数の定義と処理を行います. ここで, 以下の引数のオプションによって, 3 次元計測にかかわるプロパティを

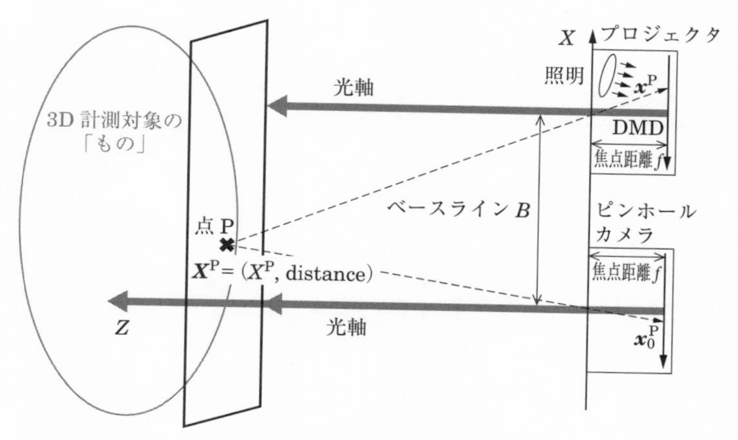

(a) 平板との位置関係を追記した図 1.22

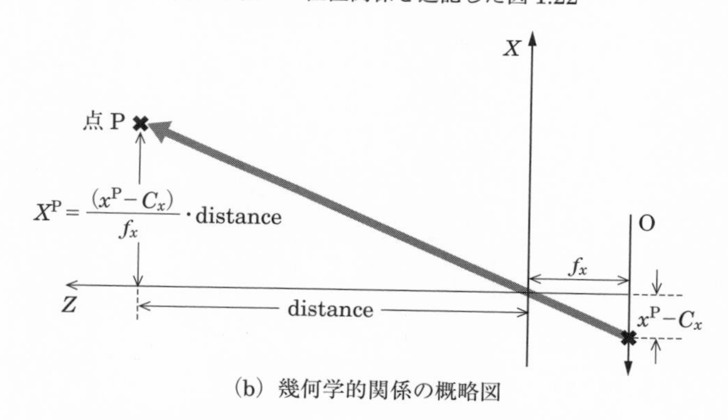

(b) 幾何学的関係の概略図

図 2.28　一定距離（distance）における点 P 座標の計算

設定することができるようになっています（**表 2.6**）．

(1) --intensityatNearEnd（-n）および --intensityatFarEnd（-f）オプション

`--intensityatNearEnd` あるいは `-n` により，2 回の相対位相値を求める処理のうち，1 回目の正弦波光パターンの強度が指定できます．また，`--intensityatFarEnd` あるいは `-f` により，2 回目の正弦波光パターンの強度が指定できます．それぞれの撮影にあたっては，白紙ボードをカメラの前の決まった距離（distance）に置き，この位置での相対位相値を求める必要があります．当然ながら同じ正弦波光パターンの強度なら近い位置の白紙ボードには明るく，遠い位置の白紙ボードには暗く，光パターンが撮影されますが，31 ページで述べたように，正弦波光パターンの振幅の大きさは相対位相値の精度，ひいて

表 2.6　リスト 2.17 の引数のオプション

オプション	説明	引数の定義域（初期値）
--intensityatNearEnd または，-n	・3 次元計測範囲で最も近い位置の LUT を作成するときのプロジェクタ光強度． ・引数を 1 つともなう．	0～255 (200)
--intensityatFarEnd または，-f	・3 次元計測範囲で最も遠い位置の LUT を作成するときのプロジェクタ光強度． ・引数を 1 つともなう．	0～255 (200)
--threshold または，-t	・撮影した正弦波光パターンから計算して求めた振幅に対する閾値． ・引数を 1 つともなう．	0～255 (10)
--waitingTime または，-w	・プロジェクタより正弦波光パターンを投射してからカメラで撮影開始するまでの待ち時間（単位：ms）． ・引数を 1 つともなう．	0 以上 (100)
--skippingFrames または，-s	・1 つの正弦波光パターンを撮影するまでに読み飛ばす画像枚数（LUT 作成に利用するのは読み飛ばした後の次の 1 枚）． ・引数を 1 つともなう．	1 以上 (1)
--lamdaofSinusoidalPattern または，-l	・正弦波光パターンの周期（単位：プロジェクタで投射する画像上の画素）． ・引数を 1 つともなう．	0 より大きい (240)
--help または，-h	・続く引数なし． ・上記のオプションの説明をターミナルに出力してプログラムを終了する．	–

は 3 次元計測精度に影響します．したがって近い位置の白紙ボードには暗め，遠い位置の白紙ボードには明るめの正弦波光パターンが投射されるように光強度を指定します．

(2) --threshold（-t）オプション

--threshold または -t により，正弦波光パターンから計算して求めた振幅に対する閾値を指定できます．この閾値を，2 回の相対位相値を求める処理で共通に用います．

(3) --waitingTime（-w）オプション

--waitingTime または -w により，プロジェクタより正弦波光パターンを投射してからカメラで撮影を開始するまでの待ち時間をミリ秒〔ms〕単位で指定します．標準的なプロジェクタでも十分高速な動作が期待できますが，正弦波光パターンが安定するまでに少し時間がかかることがあります．そのため，このオプションでカメラで撮影を開始するまでの待ち時間が調整できるようにします．

(4) --skippingFrames（-s）オプション

`--skippingFrames` または `-s` により，1つの正弦波光パターンに対して，何枚の画像を読み飛ばすかを指定します．これによって，その分の画像を読み飛ばした後に撮影した画像を，相対位相値を計算するために，用いることができます．特に，本章で筆者が使用しているカメラでは，自動利得制御などをオフにしていても，画素値がオーバフローしないように制御が介入していることがわかりましたので※11，読み飛ばす画像枚数を調整できるようにしています．

(5) --lambdaofSinusoidalPattern（-l）オプション

`--lambdaofSinusoidalPattern` または `-l` により，正弦波光パターンの周期を指定します．この正弦波光パターンは，プロジェクタへ正弦波パターンの画像を表示することで投射するので，その周期は画像上の画素単位で指定することになります．計測領域の最前面位置と最後面位置との間で，正弦波が1周期を超えて変化しないように調整していきます．詳細は後述します．

15 プロジェクタの幾何学的校正（中編）

リスト2.17の中間部分について解説していきます．290行目で，カメラデバイスを起動してプログラムから操作できるようにしています．ここで，本章で筆者が使用しているカメラのデバイスファイルは `/dev/video4` でしたので，デバイス番号を `4` としていますが，個々の環境に応じて変更する必要があります．また，295行目で `setCameraProperties` 関数を呼び出し，起動したカメラのプロパティを設定しています．

(1) 正弦波光パターンの定義とプロジェクタからの投射

次に，296行目で，プロジェクタから投射する正弦波光パターン（`sinusoidal_pattern`）を定義しています．続く，298行目では，実際の計測時における正弦波光パターンからのずれを数値的に修正するため，位相シフトを行う回数を定義しています．この回数を増やすだけ，計測される光パターンは正弦波により近づきますが，その分，投射・撮影の回数も増えますので，計測にかかる時間が延びることになります．リスト2.17では，やや多めの `8` としています．

※11 正弦波格子位相シフト法自体は，原理上，環境光に依存せず3次元計測が可能です．しかし，本章で筆者が使用しているカメラでは自動調整を完全にキャンセルすることができないために，環境光の大きさの変化で画像上の輝度に影響がおよび，3次元計測結果にも影響が出てしまいます．そこで，LUT作成から3次元計測まで環境光も一定となる状況を保つことで，ある程度安定した結果が得られるように配慮しています．

300～302 行目で，プロジェクタに正弦波光パターン画像を表示するためのウィンドウを設定しています．この設定を行ったところで，アクティブなアプリケーションがターミナルからウィンドウに移動しますので，マウスでターミナルをクリックして，ターミナル側にフォーカスをもどしておきます．

303～327 行目で，8 回位相シフトする正弦波光パターンをプロジェクタから投射し，カメラで撮影するという処理を 2 回繰り返しています．投射と撮影の前にはターミナルにメッセージが表示され，ターミナル上でエンターキーを入力しないと開始しないように設定されています．ここであらためて白紙ボードの位置などを十分調整・確認してから，エンターキーを押すようにしてください．

(2) 正弦波光パターンの撮影画像

撮影画像は `frame[]` に蓄積されます．`frame[0]` から `frame[7]` までが 1 回目，`frame[8]` から `frame[15]` までが 2 回目のサイクルで撮影される画像に対応します．1 回目の撮影では白紙ボードを 3 次元計測領域の最前面位置に，2 回目の撮影では白紙ボードを最後面位置に置きます．317 行目で，プロジェクタに正弦波光パターンを投射してからカメラで撮影するまでの待ち時間を設定しています．また，319～325 行目のループで同一の `frame[]` へ，撮影画像のコピーを繰り返しています．このループを抜けたとき，すなわち，最後のタイミングで撮影した画像だけが次の処理で利用されます．それ以前の画像はすべて消去されます．

次に，329～333 行目で，カメラの内部パラメータとレンズひずみパラメータを読み込みます．334～337 行目で，撮影した画像（`frame[]`）からレンズひずみを除去した画像（`undistortedframe[]`）を求めています．

348 行目で，カメラのガンマ値を設定します．一方，本章で筆者が使用しているカメラのガンマ値は不明で変更もできませんでしたので，一般的なカメラのガンマ値である 0.45 の逆数，つまり `2.2` に設定していますが，実際に使用するカメラに合わせて値を変更する必要があります．

(3) 正弦波光パターンの振幅画像，バイアス画像，相対位相値画像

また，349～376 行目で，正弦波の振幅画像（`amplitude[]`），バイアス画像（`bias[]`），相対位相値画像（`rphase[]`）を求めています．グラフ表示して目視確認するために，撮影画像の RGB 平均値画像（`sinusoidalwave[]`）も計算します．352～361 行目では，撮影した画像をガンマ補正しながら RGB の平均値を計算し，`sinusoidalwave[]` に代入しています． 371 行目で `calculateRphasesAny` 関数を呼び出し，バイアスと振幅，相対位相値を求めています．

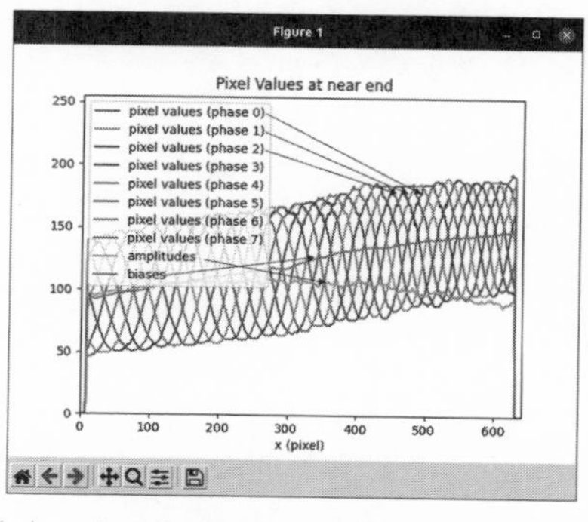

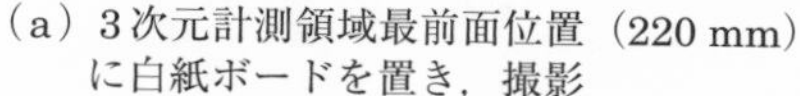
（a）3次元計測領域最前面位置（220 mm）に白紙ボードを置き，撮影

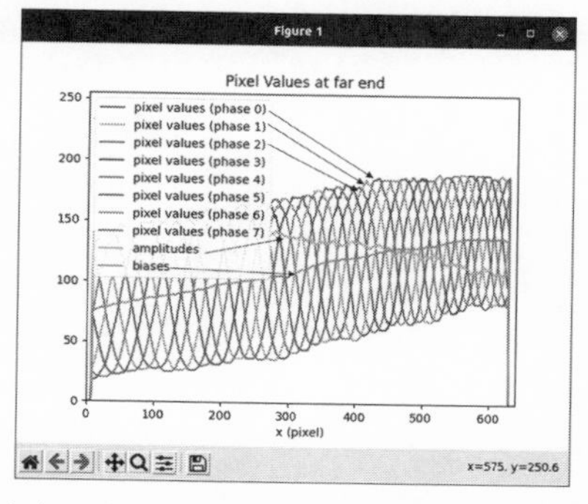

（b）3次元計測領域最後面位置（270 mm）に白紙ボードを置き，撮影

図 2.29　撮影画像から求めた正弦波の波形，振幅とバイアス（例）
（リスト 2.17 の plotSinusoidalWaves 関数で生成．引数オプション値は表 2.7 を参照．pixel values (phase *n*)：画素値（*n* 番目の正弦波光パターン），amplitudes：正弦波光パターンの振幅値，biases：バイアス値）

377 行目，378 行目で，plotSinusoidalWaves 関数と plotRelativePhases 関数を呼び出し目視確認のためのグラフを表示します．プログラムのオプションのプロパティなどを調整した後に表示したグラフの例を**図 2.29** に示します※12．実際のグラフはフルカラーなので，データとグラフとの関係がモノクロでもわかりやすいように矢印を付記しています．図 2.29 に示した 2 つのグラフでは，それぞれ 8 つの正弦波状をなす線が，撮影した画像の輝度情報（カメラのガンマ補正済み，RGB 平均値）を表しています．また，正弦波状の線のほぼ中央を通っている線がバイアスで，下方の線が振幅です．両方ともやや波打っていますが，この理由は，撮影した画像の輝度情報が，理論的な正弦波と一致することはありえないからです．(a) は白紙ボードを計測領域の最前面位置に置いて撮影した 1 回目のグラフ，(b) は白紙ボードを計測領域の最後面位置に置いて撮影した 2 回目の結果です．**表 2.7** に，調整後のオプションのプロパティとプロジェクタのガンマ値を示します．また，**リスト 2.18** に上記のパラメータ調整後，LUT を作成するためにターミナル上に入力するコマンドを示します．

※12　ここでの調整は，大まかにとどめています．さらに調整したい場合は，その前に，使用するカメラやプロジェクタの性能による誤差についても合わせて考慮したほうがよいでしょう．すなわち，使用するカメラやプロジェクタの性能を評価し，誤差が大きいときには，その変更も合わせて検討したほうがよいでしょう．

表 2.7　図 2.29・図 2.30・図 2.32 で用いたリスト 2.17 の引数のオプションのプロパティ
（プロジェクタのガンマ値は 2.2 としている）

オプション	設定値（初期値）
`--intensityatNearEnd` または，`-n`	160 （200）
`--intensityatFarEnd` または，`-f`	200 （200）
`--threshold` または，`-t`	10 （10）
`--waitingTime` または，`-w`	1 （100）
`--skippingFrames` または，`-s`	50 （1）
`--lamdaofSinusoidalPattern` または，`-l`	240 （240）
`--help` または，`-h`	−

■ リスト 2.18　パラメータ調整後に LUT を作成するコマンド
（リスト 2.17 のプログラムを表 2.7 に示したオプションのプロパティで実行する）

```
1   % ./LUT_generation -n 160 -f 200 -w 1 -s 50
```

図 2.30 に，相対位相値と，0〜255 の範囲にある振幅とバイアスを 0〜3 に正規化してプロットし，上記の 2 回の撮影ごとにグラフ化して示します．相対位相値はのこぎりの歯状のグラフとなっており，ほぼ直線的に変化していることが確認できます．また，相対位相値は 1 回目に比べて 2 回目のほうが全体的に左へずれています．このずれが，1 周期（2π）未満となるように，正弦波光パターンの周期を調整します．

(4) LUT の作成とその参照方法

次に，**図 2.31** の点 P の 3 次元座標位置を，最前面位置と最後面位置で作成した 2 枚の LUT を参照して算出します．ここで，カメラから点 P へ向かう直線と最前面位置の LUT との交点が点 P^{near}，カメラから点 P へ向かう直線と最後面位置の LUT との交点が点 P^{far} です．点 P^{near}，点 P^{far} の間に投射される正弦波光パターンは，点 Q から点 P^{near} の間と同じで，かつ，点 Q から点 P^{near} で相対位相値はほぼリニアに変化します（図 2.30）から，点 P^{near} から点 P^{far} の間もほぼリニアに変化します．よって，点 P^{near} および点 P^{far} での相対位相値をそれぞれ

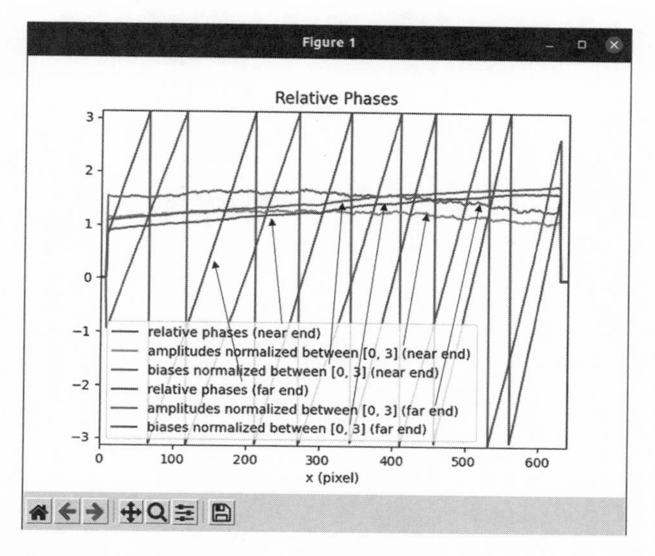

図 2.30　撮影画像から求めた正弦波の相対位相値，正規化振幅，正規化バイアス（例）（リスト 2.17 の plotRelativePhases 関数で生成．振幅とバイアスは，0〜255 の値を 0〜3 に正規化している．relative phases (near end)：3 次元計測範囲最前面での相対位相値，Amplitude normalized between [0,3] (near end)：3 次元計測範囲最前面での振幅（ただし 0 から 3 までに正規化），Biases normalized between [0,3] (near end)：3 次元計測範囲最前面でのバイアス（ただし 0 から 3 までに正規化），relative phases (far end)：3 次元計測範囲最後面での相対位相値，Amplitude normalized between [0,3] (far end)：3 次元計測範囲最後面での振幅（ただし 0 から 3 までに正規化），Biases normalized between [0,3] (far end)：3 次元計測範囲最後面でのバイアス（ただし 0 から 3 までに正規化））

$\varphi^{\mathrm{P^{near}}}$，$\varphi^{\mathrm{P^{far}}}$，点 P として観測した相対位相値を φ^{P} とすると，点 P の 3 次元座標位置は，式 (2.2) で表すことができます．

$$\boldsymbol{X}^{\mathrm{P}} = \boldsymbol{X}^{\mathrm{P^{near}}} + (\boldsymbol{X}^{\mathrm{P^{far}}} - \boldsymbol{X}^{\mathrm{P^{near}}}) \frac{\varphi^{\mathrm{P}} - \varphi^{\mathrm{P^{near}}}}{\varphi^{\mathrm{P^{far}}} - \varphi^{\mathrm{P^{near}}}} \tag{2.2}$$

ここで，$\varphi^{\mathrm{P^{far}}}$ と $\varphi^{\mathrm{P^{near}}}$ の差が 2π を超えると，点 P での相対位相値から φ^{P} が一意に決まらなくなりますので，2π 未満になるように調整します．

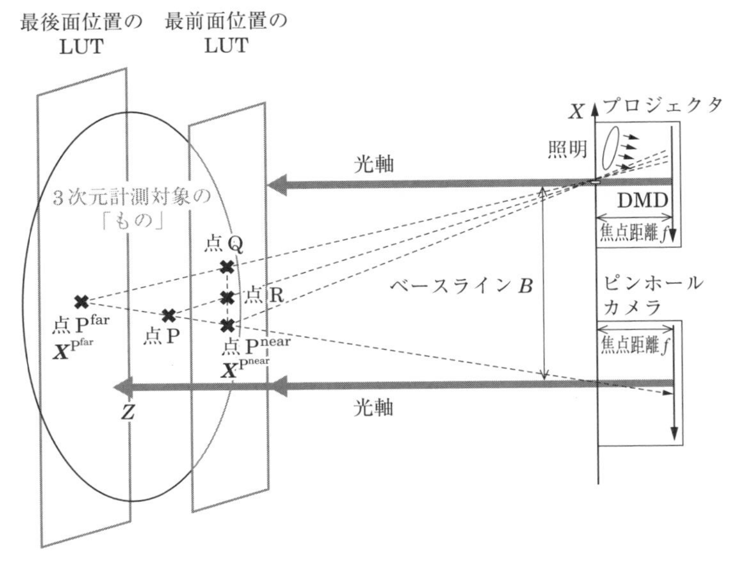

図 2.31　2枚のLUTの参照による3次元座標値の計算
(点 $\mathrm{P}^{\mathrm{near}}$–$\mathrm{P}^{\mathrm{far}}$ 間の相対位相値は，点 $\mathrm{P}^{\mathrm{near}}$–Q 間と同じ振る舞いをしているので，どちらも図2.30に示したように線形に値が変化することがわかる)

16 プロジェクタの幾何学的校正（後編）

リスト2.17に戻ります．380～389行目で，LUTを作成して保存しています．381行目で`thresholdAmplitudes`関数を呼び出し，各画素の振幅値を閾値より大きな画素を抽出する閾値処理し，閾値以下の振幅である画素位置の相対位相値を無効値に設定するとともに，有効領域を表示するウィンドウをポップアップしています．**図2.32**にこの例を示します．プロジェクタのパターンが投射されている範囲がきれいに浮き出ており，このようになれば問題ありません．

図 2.32　LUTの有効領域
(リスト2.17の`thresholdAmplitudes`関数で生成)

続く383行目で，`calc3DcoordinateValues`関数を呼び出し，3次元計測領域の最前面位置である220 mm，および，最後面位置である270 mmにおける

3次元座標位置を求めており，384～389行目で閾値処理後の相対位相値と3次元座標位置を LUTs.xml ファイルに XML 形式で書き込んでいます．

17 カメラとプロジェクタのガンマ値の調整・確認

ここまでで，リスト 2.17 の C++ プログラムを使った LUT の作成について述べてきました．一方，LUT を作成する前に，この同じプログラムを利用してカメラとプロジェクタのガンマ値の調整・確認を行っておく必要があります．つまり，以下に示すプロパティを（　）内のオプションによって1つひとつ決めてから，LUT を作成することになります．

(1) プロジェクタのガンマ値，および正弦波光パターンを投射する光強度（--intensityatNearEnd，--intensityatFarEnd）
(2) 正弦波光パターンの波長（--lamdaofSinusoidalPattern）
(3) 正弦波光パターンを，カメラで撮影する前に読み飛ばすフレーム数（--skippingFrames），および，プロジェクタに正弦波光パターンを投射後に待つ時間（--waitingTime）

(1) プロジェクタのガンマ値，正弦波光パターンを投射する光強度

プロジェクタのガンマ値と正弦波光パターンを投射する光強度は，白紙ボードを最前面位置に置きっぱなしにし，リスト 2.17 の C++ プログラムにより調整します．一方，この段階でプロジェクタとカメラがどのくらい安定しているかがわからないので，以下のオプションは大きめの値にしておきます．

- --waitingTime （筆者の設定値：1000）
- --skippingFrames （筆者の設定値：100）

設定したら，1回目と2回目で，ほぼ同一の正弦波光パターンが撮影できるかを確認します．並行して，--intensityatNearEnd の値も調整しておきます．筆者が本章で使用しているカメラは，高い画素値の辺りで自動調整が介入しているようでしたので，正弦波光パターンの最高輝度が 200 辺りになるよう 160 としました．

撮影画像から求めた正弦波の相対位相，正規化振幅，正規化バイアスの例を**図 2.33** に，撮影画像から求めた正弦波の波形，振幅，バイアスの例を**図 2.34** に示します．また，これらで用いたリスト 2.17 の引数オプション値を**表 2.8** に示します．図 2.33 では1回目と2回目で相対位相値，バイアス，振幅ともほぼ重なっていますので，安定して撮影できていることもわかります．もし安定して撮

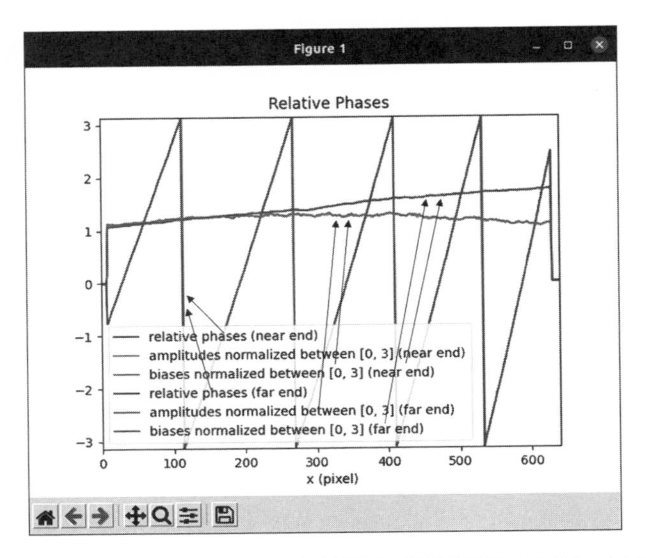

図 2.33　撮影画像から求めた正弦波の相対位相，正規化振幅，正規化バイアスの例
（リスト 2.17 の `plotRelativePhases` 関数で生成．振幅とバイアスは 0～255 の値を 0～3 に正規化して示している．relative phases (near end)：3 次元計測範囲最前面での相対位相値，Amplitude normalized between [0,3] (near end)：3 次元計測範囲最前面での振幅（ただし 0 から 3 までに正規化），Biases normalized between [0,3] (near end)：3 次元計測範囲最前面でのバイアス（ただし 0 から 3 までに正規化），relative phases (far end)：3 次元計測範囲最後面での相対位相値，Amplitude normalized between [0,3] (far end)：3 次元計測範囲最後面での振幅（ただし 0 から 3 までに正規化），Biases normalized between [0,3] (far end)：3 次元計測範囲最後面でのバイアス（ただし 0 から 3 までに正規化））

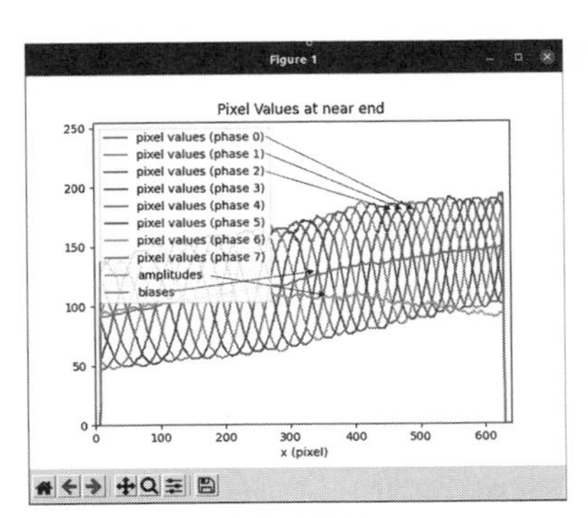

（a）1 回目

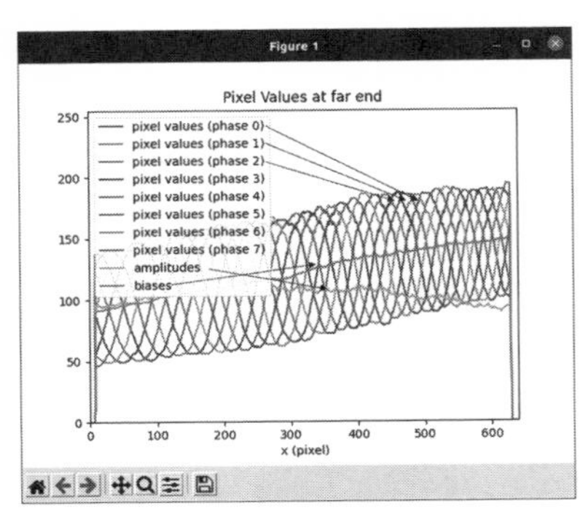

（b）2 回目

図 2.34　撮影画像から求めた正弦波の波形，振幅，バイアスの例
（リスト 2.17 の `plotSinusoidalWaves` 関数で生成．引数のオプションのプロパティは表 2.8 を参照．(a)，(b) ともに 3 次元計測領域最前面位置（220 mm）に白紙ボードを置き，撮影．pixel values (phase n)：画素値（n 番目の正弦波光パターン），amplitudes：正弦波光パターンの振幅値，biases：バイアス値）

表 2.8　図 2.33・図 2.34・図 2.36 で用いたリスト 2.17 の引数のオプションのプロパティ（プロジェクタのガンマ値は 2.2 としている）

オプション	設定値（初期値）
--intensityatNearEnd または，-n	160 (200)
--intensityatFarEnd または，-f	160 (200)
--threshold または，-t	10 (10)
--waitingTime または，-w	1000 (100)
--skippingFrames または，-s	100 (1)
--lamdaofSinusoidalPattern または，-l	240 (240)
--help または，-h	−

影できていないようでしたら --waitingTime と --skippingFrames の値をもっと大きくしてみてください．また，図 2.34 の（a）と（b）を見比べると 1 回目と 2 回目で正弦波光パターンがよく似ていることがわかります．

さらに，図 2.33 では，バイアスと振幅に若干の波打ちが見られるところがありますが，相対位相値はほぼ直線ですので，設定したガンマ値は適切な値といってよいことがわかります．試しに，プロジェクタのガンマ値を 1.0 に変更してみると**図 2.35** に示すように正弦波からくずれましたので，ガンマ値は 2.2 のままとします．

次に，白紙ボードを最後面位置に移動させます．ここでカメラとプロジェクタのオプション値は調整済み，プロジェクタのガンマ値も確認済みですから，--intensityatFarEnd だけを先ほどと同様に調整します．筆者は 200 としました．

(2) 正弦波光パターンの波長

正弦波光パターンの波長を調整します．--waitingTime と --skippingFrames には，（1）で調整した値を使います．

白紙ボードはカメラに正対させて，1 回目は最前面位置に置きます．対して 2 回目では，最前面位置から 1 cm 後ろ，2 cm 後ろ，…，と少しずつずらしていきます．

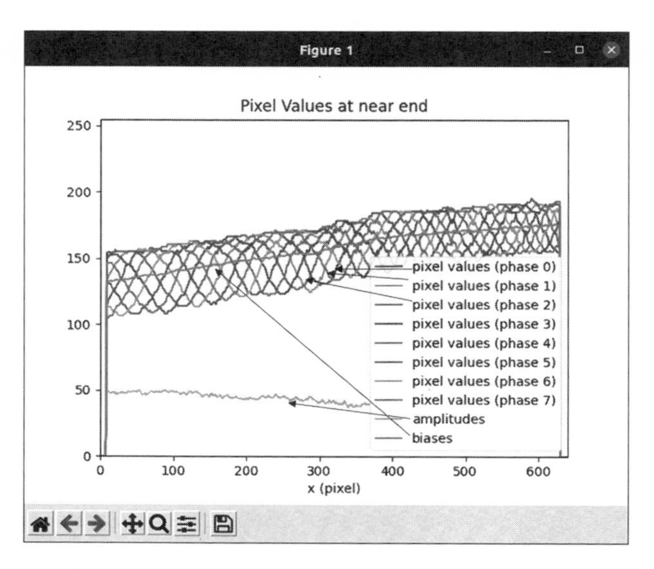

図 2.35　図 2.33 の設定からプロジェクタのガンマ値を 1.0 に変更した結果
（正弦波からくずれてしまっている．pixel values (phase *n*)：画素値（*n* 番目の正弦波光パターン，amplitudes：正弦波光パターンの振幅値，biases：バイアス値）

図 2.36 に，白紙ボードを 1 cm ずつずらしながら最後面位置である 5 cm まで計 5 回，動かした際のそれぞれにおける相対位相値，バイアス，振幅を示します．(a)～(e) を順にみていくと，2 回目のほうの相対位相値が少しずつ左方向へずれていることがわかります．また，このときのオプションのプロパティを，**表 2.9** に示します．`--lamdaofSinusoidalPattern` が小さすぎると，白紙ボードを最後面位置へと移動させていく途中で，1 周期以上ずれてしまいますので，1 周期以内に収まるよう，オプションのプロパティを調整する必要があることに注意してください．この例では十分マージンをもたせて `400` に設定しています．

(3) 正弦波光パターンをカメラで撮影する前に読み飛ばすフレーム数，プロジェクタに正弦波光パターンを投射後に待つ時間

ここまで，ほかのオプションとプロジェクタのガンマ値に絞り，調整・確認するために，`--skippingFrames` と `--waitingTime` は大きめの値（`1000,100`）にしていました．しかし，このままでは正弦波光パターンを 1 つ投射して 3 次元計測用の画像を 1 枚撮影するのに約 4 秒かかります．そして 3 次元計測には 8 枚の画像が必要になりますので，合計 30 秒以上の計測時間が必要となります．この間，3 次元計測対象のものを静止させておかなければなりません．それよりは

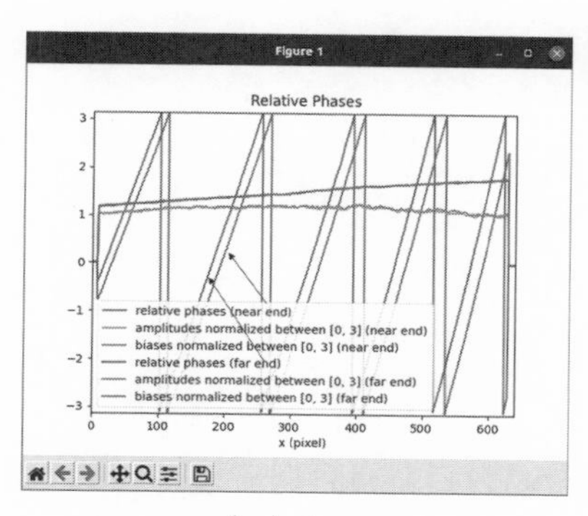

（a）1 cm

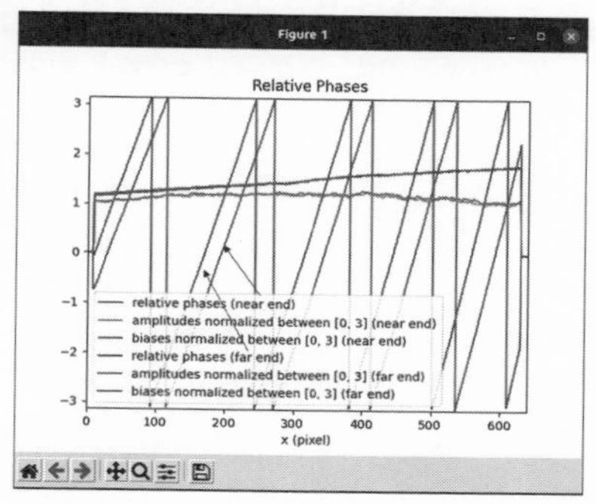

（b）2 cm

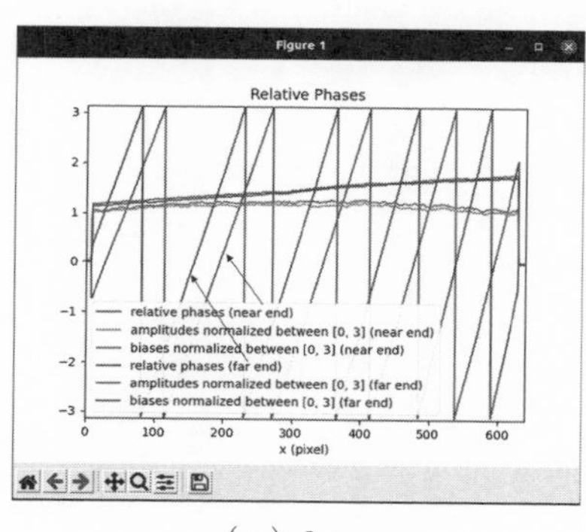

（c）3 cm

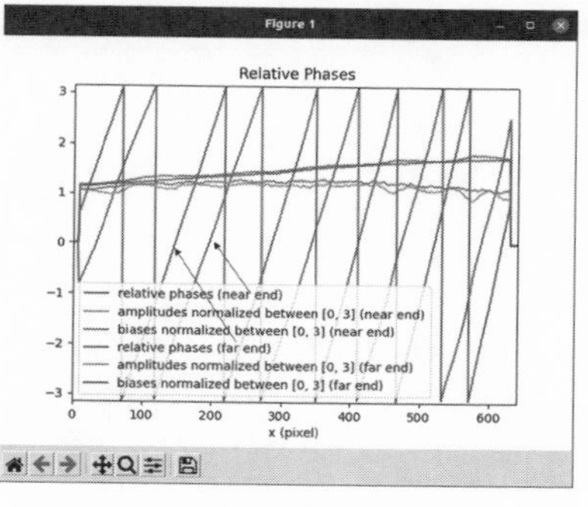

（d）4 cm

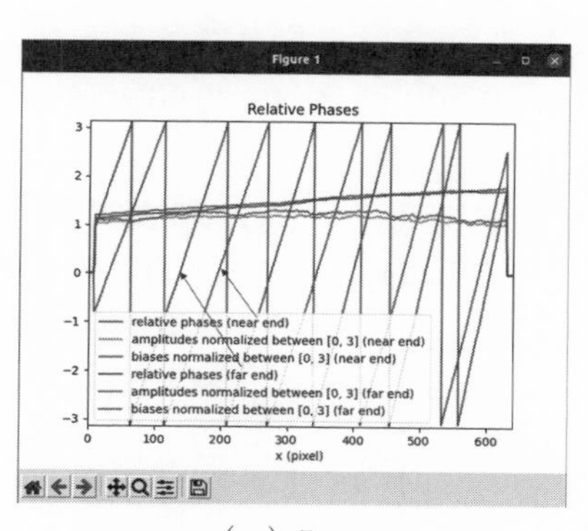

（e）5 cm

図 2.36　白紙ボードを 1 cm ずつずらしながら最後面位置である 5 cm まで計 5 回動かした際のそれぞれにおける相対位相値，バイアス，振幅
（リスト 2.17 の plotRelativePhases 関数で生成．振幅とバイアスは，0〜255 の値を 0〜3 に正規化して示している．白紙ボードは，1 回目は最前面位置に，2 回目はそれぞれ最前面位置から 1 cm ずつずらしている）

表 2.9　図 2.36 で用いたリスト 2.17 の引数のオプションのプロパティ
（プロジェクタのガンマ値は 2.2 としている）

オプション	設定値（初期値）
--intensityatNearEnd または，-n	160 （200）
--intensityatFarEnd または，-f	160 （200）
--threshold または，-t	10 （10）
--waitingTime または，-w	1000 （100）
--skippingFrames または，-s	1 （1）
--lamdaofSinusoidalPattern または，-l	240 （240）
--help または，-h	–

--skippingFrames と --waitingTime の値をなるべく小さくして，もう少し計測時間を短く抑えたほうが計測にかかる手間が数段減ります．

これには，まず --waitingTime をそのまま固定しておいて，--skippingFrames を最小値である 1 とします．上記の例でほかのオプションのプロパティとプロジェクタのガンマ値は**表 2.9** のとおりとすると，**図 2.37** が得られます．見づらいですが，（a）の正弦波光パターン（図中の phase 0）の振幅がほかと比較してやや大きくなっていることと，ちょうど矢印の先あたりの形状がくずれていることが気になります．使用しているカメラのプロパティ上は自動処理がオフになっていますが，何かしらの自動処理が行われていると推察されます．特に，カメラデバイスを起動させた直後に変動が大きいようです．この影響を軽減するため，試行錯誤の結果，筆者は --skippingFrames を 50 に設定しました．このとき，3 次元計測に必要な 8 枚の画像を撮影するのに計 400 枚を読み飛ばすことになり，最低 11 秒程度の計測時間が必要になります．より計測時間を短くするとすれば，カメラデバイスの起動直後だけ読み飛ばす，あるいは 3 次元計測前にあらかじめ読み飛ばしておくといった設定にすることも考えられます．

次に，--waitingTime を調整していきます．しかし，この例では，--skippingFrames を 50 としたことでプロジェクタにとって十分な時間が確保されているためか，--waitingTime は最小値の 1 にしても安定した画像が

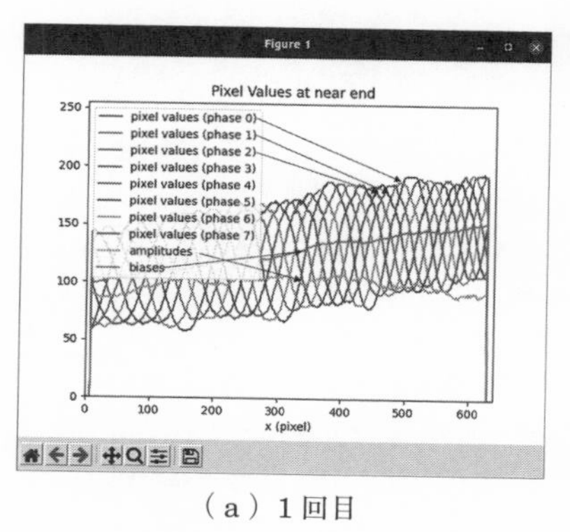

（a）1 回目

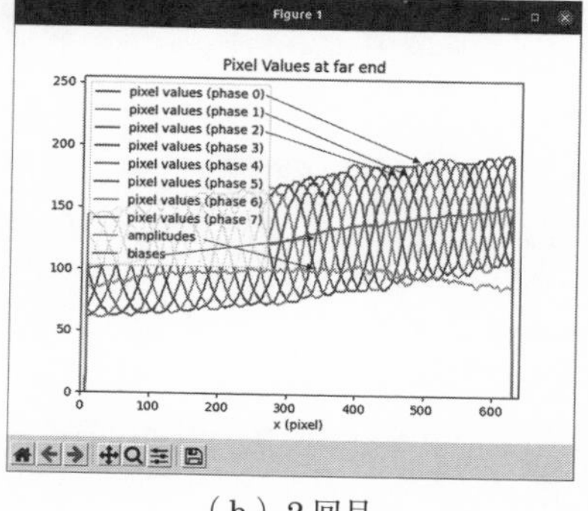

（b）2 回目

図 2.37　図 2.33（表 2.8）の設定から `--skippingFrames` を最小値の 1 に変更した結果（pixel values (phase n)：画素値（n 番目の正弦波光パターン），amplitudes：正弦波光パターンの振幅値，biases：バイアス値）

撮影できました．

以上で，簡単な 3 次元計測に必要なカメラとプロジェクタの設置と，プロパティの調整ができました．さらに，精密な 3 次元計測を行う際も基本的には同様の内容と手順でプロパティの調整を行うことになりますが，使用する機器の選定にも時間をかけることになります．

コラム　相対位相値がリニアに変化しないときの LUT

本文では，図 2.31（106 ページ）に示したように，計測範囲の最前面位置と最後面位置で 2 つの LUT を作成しておき，その 2 つの間を直線で結ぶこと（**線形内挿**（linear interpolation））でそれぞれ 3 次元座標値を計算しています．ここで，線形内挿による誤差（実際の値と線形内挿した値の誤差）を小さくするには，図 2.30（105 ページ）のとおり，相対位相値をほぼリニアに変化するようにしなければなりません．

一方，プロジェクタから投射する正弦波パターンは，理想的な正弦波になっていないため，相対位相値の変化は一般にリニアにはなりません．そこで，位相シフトのステップを細かくして，正弦波パターンの投射枚数を増やしていくと，相対位相値はだんだんリニアに変化するようになっていきます．しかし，投射枚数の増加に比例してカメラによる撮影枚数が増えると，その分，撮影時間が増加していきます．したがって，3 次元計測の対象が人間である場合など3 次元計測時間をできるだけ短くしたい（投射枚数をできるだけ減らしたい）こととのジレンマが生じます．

以上を踏まえて，**図 2.38** に，相対位相値がリニアからずれたときの妥当な対策を示します．最前面位置と最後面位置の間，中間位置で LUT を作成しています．そして，3 次元計測時には，点 P の相対位相値が点 $\mathrm{P}^{\mathrm{near}}$–$\mathrm{P}^{\mathrm{intermediate}}$ の間と，点 $\mathrm{P}^{\mathrm{intermediate}}$–$\mathrm{P}^{\mathrm{far}}$ の間どちらに入っているかを判定した後で，間に入っているほうで点 P の相対位相値を線形補間で求めます．これは，相対位相値の変化を，点 $\mathrm{P}^{\mathrm{near}}$–$\mathrm{P}^{\mathrm{intermediate}}$ の間と，点 $\mathrm{P}^{\mathrm{intermediate}}$–$\mathrm{P}^{\mathrm{far}}$ の間の直線をつないで折れ線で補間していることに相当しています．必要に応じて LUT をさらに追加すれば，その分だけ折れ線は実際の値の変化を表す曲線に近づいていき，ずれ量を少なくしていくことができます．

ここで，適切な LUT の数は，相対位相値の実際の値と線形内挿した値のずれの大きさと，応用面から求められる計測精度，LUT によるデータサイズの増加量とのバランスを考えて決めることになります．

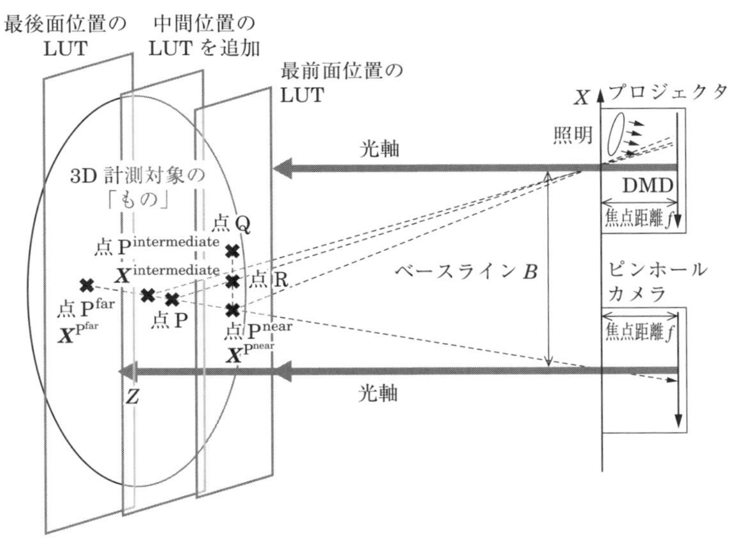

図 2.38　3 枚の LUT の内挿による 3 次元座標値の計算
（点 P の相対位相値が，点 $\mathrm{P}^{\mathrm{near}}$–$\mathrm{P}^{\mathrm{intermediate}}$ の間と，点 $\mathrm{P}^{\mathrm{intermediate}}$–$\mathrm{P}^{\mathrm{far}}$ の間のどちらに入っているかを判定した後で，線形補間する）

Memo

2.3 正弦波位相シフト法による3次元計測

❶ 実際に3次元計測を行ってみて，結果を評価します．
❷ うまくいかない場合には前節の内容と手順に抜けがないか，1つずつ再チェックしていきます．

リスト2.19に，3次元計測を行うためのC++プログラムを示します．このプログラムの大まかな構造を，**図2.39**（122ページ）に示します．処理の流れがリスト2.17とよく似ているうえ，また，定義している関数のうち6つは同一です(図2.39で関数名の後ろに＊を付けたもの)．

また，リスト2.17と同様に，C++プログラムから`matplotlib-cpp`によりPythonのmatplotlibを呼び出して，撮影した画像データをその場でグラフ化して確認できるようにしています※13．

■ リスト2.19　3次元計測のC++プログラム
（GitHub上のファイル名：3D_measurement.cpp）

```
 8  (以上略)
 9  #include <fstream>
10  #include <boost/program_options.hpp>
11  #include <opencv2/opencv.hpp>
12  #include <matplotlib-cpp/matplotlibcpp.h>
13
14
15  void
16  setCameraProperties(cv::VideoCapture &cap)
17  {
    (中略)
54  }
55
56  bool
57  loadIntrinsicParams(cv::Mat& mtx, cv::Mat& dist)
58  {
```

※13　そのままの`matplotlib-cpp`では3次元の散布図を作成する関数を呼び出すことができないので，筆者が簡単なハックで機能拡張した関数を呼び出すようにしています（詳細は本書のサポートページ（「まえがき」を参照）に記載しています）．

```
(中略)
 75   }
 76
 77   void
 78   createSinusoidalPattern(cv::Mat& sinusoidal_pattern, const float
        intensity, const float coeff,
 79     const float lambda, const int phase, const int num)
 80   {
(中略)
 90   }
 91
 92   void
 93   calculateRphases3(float* in, float* rphase, float* amplitude, float*
        bias)
 94   {
(中略)
 99   }
100
101   void
102   calculateRphases4(float* in, float* rphase, float* amplitude, float*
        bias)
103   {
(中略)
107   }
108
109   void
110   calculateRphasesAny(float* in, int num, float* rphase, float* amplitude,
        float* bias)
111   {
(中略)
133   }
134
135   void
136   plotSinusoidalWaves(cv::Mat sinusoidalwaves[], cv::Mat& amplitude,
        cv::Mat& bias,
137     const int num)
138   {
139     int row = sinusoidalwaves[0].rows / 2;
140     int cols = sinusoidalwaves[0].cols;
141     std::vector<float> u, v[num + 2];
142     std::ostringstream ss;
143
144     for (int col = 0; col < cols; col++) {
(中略)
171     }
172   }
173
174   void
175   plotRelativePhases(cv::Mat& rphase[], cv::Mat& amplitude, cv::Mat& bias)
176   {
177     int row = rphase.rows / 2;
```

```
178     int cols = rphase.cols;
179     float scaleparam = 3.0f / 255.0f;
180     std::vector<float> u(cols), v0(cols), v1(cols), v2(cols), v3(cols),
          v4(cols), v5(cols);
181     for (int col = 0; col < cols; col++) {
182       u[col] = col;
183       v0[col] = rphase.at<float>(row, col);
184       v1[col] = scaleparam * amplitude.at<float>(row, col);
185       v2[col] = scaleparam * bias.at<float>(row, col);
186     }
      (中略)
195     matplotlibcpp::show();
196   }
197
198   void
199   thresholdAmplitudes(cv::Mat& rphase, cv::Mat& amplitude, float
        threshold)
200   {
201     cv::Mat amp = cv::Mat::zeros(amplitude.rows, amplitude.cols,
          CV_32FC1);
202     for (int row = 0; row < amp.rows; row++) {
203       for (int col = 0; col < amp.cols; col++) {
204         if (amplitude.at<float>(row, col) < threshold) {
205           rphase.at<float>(row, col) = -FLT_MAX;
206         } else {
207           amp.at<float>(row, col) = 255.0f;
208         }
209       }
210     }
211     matplotlibcpp::imshow(&(amp.at<float>(0, 0)), amp.rows, amp.cols, 1);
212     matplotlibcpp::axis("off");
213     matplotlibcpp::show();
214   }
215
216   bool
217   loadLUTs(cv::Mat LUTrphase[2], cv::Mat LUTcoordv[2])
218   {
219     cv::FileStorage fs("LUTs.xml", cv::FileStorage::READ);
220     if (!fs.isOpened())
221       return false;
222     fs["LUTatNearEnd"] >> LUTrphase[0];
223     fs["CoordinateValuesatNearEnd"] >> LUTcoordv[0];
224     fs["LUTatFarEnd"] >> LUTrphase[1];
225     fs["CoordinateValuesatFarEnd"] >> LUTcoordv[1];
226     fs.release();
227     return true;
228   }
229
230   void
231   convertRphasetoCoordv(cv::Mat& rphase, std::vector<double>& x,
        std::vector<double>& y, std::vector<double>& z,
```

```
232     cv::Mat LUTrphase[2], cv::Mat LUTcoordv[2], int steprow, int
        stepcol)
233   {
234     const float znear = 220.0f, zfar = 270.0f;
235     for (int row = 0; row < rphase.rows; row += steprow) {
236       for (int col = 0; col < rphase.cols; col += stepcol) {
237         if (LUTrphase[0].at<float>(row, col) == -FLT_MAX ||
              rphase.at<float>(row, col) == -FLT_MAX) {
238           continue;
239         }
240         if (rphase.at<float>(row, col) <
              LUTrphase[0].at<float>(row, col)) {
241           rphase.at<float>(row, col) += 2.0f * static_cast<float>(M_PI);
242         }
243         if (rphase.at<float>(row, col) >
              LUTrphase[1].at<float>(row, col) ||
244           rphase.at<float>(row, col) < LUTrphase[0].at<float>(row, col)) {
245           continue;
246         }
247         float ratio = (rphase.at<float>(row, col) - LUTrphase[0].
              at<float>(row, col))
248             / (LUTrphase[1].at<float>(row, col) - LUTrphase[0].
                at<float>(row, col));
249         float X = (LUTcoordv[1].at<cv::Vec3f>(row, col)[0] -
              LUTcoordv[0].at<cv::Vec3f>(row, col)[0])
250           * ratio + LUTcoordv[0].at<cv::Vec3f>(row, col)[0];
251         float Y = (LUTcoordv[1].at<cv::Vec3f>(row, col)[1] -
              LUTcoordv[0].at<cv::Vec3f>(row, col)[1])
252           * ratio + LUTcoordv[0].at<cv::Vec3f>(row, col)[1];
253         float Z = (zfar - znear) * ratio + znear;
254         x.push_back(X);
255         y.push_back(Y);
256         z.push_back(Z);
257       }
258     }
259   }
260
261   void
262   saveCoordv(std::vector<double>& x, std::vector<double>& y,
        std::vector<double>& z)
263   {
264     std::ofstream f("./3D.asc", std::ios::out);
265     for (int i = 0; i < x.size(); i++) {
266       f << x[i] << "," << y[i] << "," << z[i] << std::endl;
267     }
268     f.close();
269   }
270
271   void
272   plotCoordv(std::vector<double>& x, std::vector<double>& y,
        std::vector<double>& z)
```

```
273   {
274     matplotlibcpp::scatter3(x, y, z);
275     matplotlibcpp::xlabel("X (mm)");
276     matplotlibcpp::ylabel("Y (mm)");
277     matplotlibcpp::set_zlabel("Z (radian)");
278     matplotlibcpp::set_zlim(220.0, 270.0);
279     matplotlibcpp::show();
280   }
281
282
283   int
284   main(int argc, char* argv[])
285   {
286     boost::program_options::options_description options("options");
(中略)
317     cv::VideoCapture cap(4);
318     if (!cap.isOpened()) {
319       std::cerr << "camera open error" << std::endl;
320       return -1;
321     }
322     setCameraProperties(cap);
323     cv::Mat sinusoidal_pattern = cv::Mat(1080, 1920, CV_8UC1);
324     const float coeff = 2.0f * static_cast<float>(M_PI);
325     const int num = 8;
326     cv::Mat frame[num];
327     cv::namedWindow("sinusoidal_pattern", cv::WINDOW_NORMAL);
328     cv::setWindowProperty("sinusoidal_pattern", cv::WND_PROP_FULLSCREEN,
        cv::WINDOW_FULLSCREEN);
329     cv::moveWindow("sinusoidal_pattern", 1920, 0);
330     std::cout << " \nmeasure the 3D shape: if you're ready, please press
        Enter." << std::endl;
331     std::cin.ignore(std::numeric_limits<std::streamsize>::max(), '\n');
332
333     for (int phase = 0; phase < num; phase++) {
334       createSinusoidalPattern(sinusoidal_pattern, intensity, coeff,
          lambda, phase, num);
335       cv::imshow("sinusoidal_pattern", sinusoidal_pattern);
336       cv::waitKey(waitingTime);
337       int count = skippingFrames;
338       while (count >= 0) {
339         count--;
340         if (!cap.read(frame[phase + num * times])) {
341           std::cerr << "frame read error" << std::endl;
342           return -1;
343         }
344       }
345     }
346
347     cv::Mat mtx = cv::Mat(3, 3, CV_64FC1), dist = cv::Mat(1, 5, CV_64FC1);
348     if(!loadIntrinsicParams(mtx, dist)) {
349       std::cerr << "file (./intrinsicParam.dat) open error" << std::endl;
```

```
350       return -1;
351     }
352     cv::Mat undistortedframe[num * 2];
353     for (int i = 0; i < num * 2; i++) {
354       cv::undistort(frame[i], undistortedframe[i], mtx, dist);
355     }
356
357     cv::Mat sinusoidalwaves[num], amplitude, bias, rphase, coord;
（中略）
364     float gamma = 2.2f;
365     for (int row = 0; row < undistortedframe[0].rows; row++) {
366       for (int col = 0; col < undistortedframe[0].cols; col++) {
367         float in[num];
368         for (int i = 0; i < num; i++) {
369           in[i] = 0.0f;
370           for (int bgr = 0; bgr < 3; bgr++) {
371             in[i] += 255.0f
372               * powf(static_cast<float>(undistortedframe[i].
                  at<cv::Vec3b>(row, col)[bgr]) / 255.0f,
373               gamma)
374               / 3.0f;
375           }
376           sinusoidalwaves[i].at<float>(row, col) = in[i];
377         }
378         // *** in case of num == 3
（中略）
386         // *** in case of any other values
387         calculateRphasesAny(in, num, &rphase.at<float>(row, col),
388         &amplitude.at<float>(row, col),
389         &(bias.at<float>(row, col)));
390         }
391       }
392       plotSinusoidalWaves(sinusoidalwaves, amplitude, bias, num);
393       plotRelativePhases(rphase, amplitude, bias);
394       thresholdAmplitudes(rphase, amplitude, threshold);
395
396       cv::Mat LUTrphase[2], LUTcoordv[2];
397       if (!loadLUTs(LUTrphase, LUTcoordv)) {
398       std::cerr << "file (LUTs) open error" << std::endl;
399       return -1;
400     }
401     std::vector<double> x, y, z;
402     int steprow = 5, stepcol = 5;
403     convertRphasetoCoordv(rphase, x, y, z, LUTrphase, LUTcoordv,
          steprow, stepcol);
404     saveCoordv(x, y, z);
405     plotCoordv(x, y, z);
406
407     cv::destroyAllWindows();
408     return 0;
409   }
410   // end of program
```

さらに，リスト2.17と異なる関数の中でも，135～172行目のplotSinusoidalWaves関数，174～196行目のplotRelativePhases関数，198～214行目のthresholdAmplitudes関数は，リスト2.17の同名の関数とほぼ同じ処理を行います．ただし，リスト2.17ではLUT作成のために，3次元計

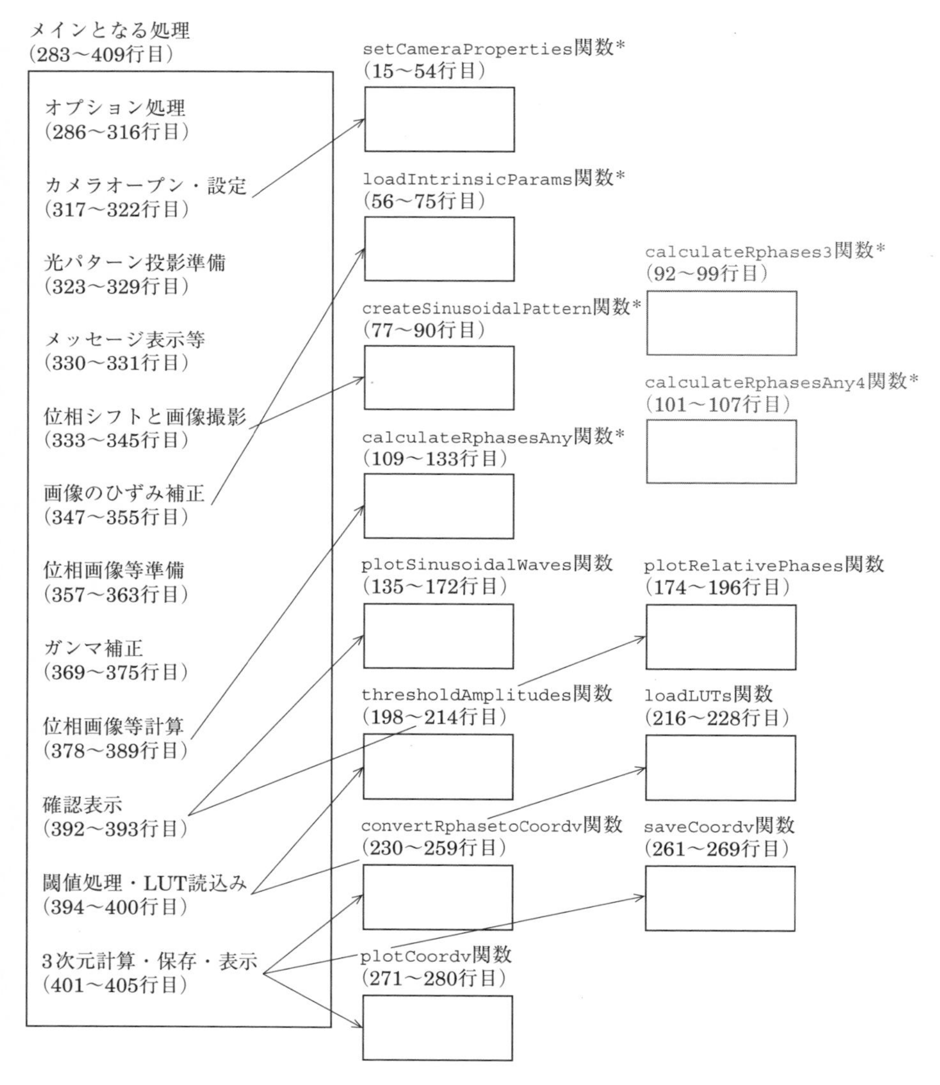

図2.39　リスト2.19のプログラムの大まかな構造
（リスト2.17と同一の関数には，関数名の後に * を付けている）

測領域の最前面位置と最後面位置それぞれで撮影した2組の画像セットが処理の対象でしたが，リスト2.19では，3次元計測のための1セットが対象となるので，これに関する部分は異なっています．

一方，リスト2.17と大きく異なる関数について，以下に説明します．216～228行目のloadLUTs関数は，あらかじめリスト2.17のプログラムを実行して作成しておいたLUTを読み込むためのものです．また，230～259行目のconvertRphasetoCoordv関数は，相対位相値から3次元座標値を，LUTを参照しながら式(2.2)（105ページ）にもとづいて算出するためのものです．ただし，引数のsteprowとstepcolで決められた画素数だけ飛ばしてから処理します．

対して，261～269行目のsaveCoordv関数は，算出した3次元座標値を3D.ascという名称のファイルに保存するためのものです．3D.ascには，3次元座標値がテキストデータとしてコンマで区切って書き込まれます．なお，3次元データを取り扱うソフトウェアの中には，この形式のまま読むことができるものもあります．本節ではこの後，3D.ascをMeshLabで読み込むところまでを示していきます．

271～280行目のplotCoordv関数は，計算した3次元計測データをPythonのmatplotlibを利用して3次元散布図に表示するためのものです．この関数内で呼び出されているmatplotlibcpp::scatter3とmatplotlibcpp::set_zlimは，matplotlibへのC++インタフェースであるmatplotlib-cppではサポートされていませんので，リスト2.19のC++プログラムをビルド（構築）する前に，本書のGitHubにあるサポートページ（「まえがき」参照）にあるパッチを必ず適用してください．

さて，このC++プログラムのメインとなる関数は283～409行目に定義されています．286～316行目では，各オプションをboostライブラリのprogram_optionsを用いて設定・処理しています（**表2.10**）．ここで，リスト2.17のC++プログラムのオプション（表2.6，100ページ）では，正弦波光パターンの強度設定のために2種類のオプションがありましたが，リスト2.19では--intensityの1種類になっています．

317～322行目でカメラを起動するとともに，setCameraProperties関数を呼び出してカメラのプロパティを設定しています．なお，317行目のカメラデバイスの番号は，筆者の環境に合わせて4としています．個々の環境に合わせて変更が必要です．

表 2.10　リスト 2.19 のプログラムにおける引数のオプション

オプション	説明	引数の定義域（初期値）
--intensity または，-i	・プロジェクタから投射する光パターンの強度． ・引数を 1 つともなう．	0～255 （200）
--threshold または，-t	・撮影した正弦波光パターンから計算して求めた振幅に対する閾値． ・引数を 1 つともなう．	0～255 （10）
--waitingTime または，-w	・プロジェクタから正弦波光パターンを投射してから，カメラで撮影開始するまでの待ち時間（単位：ms）． ・引数を 1 つともなう．	0 以上 （100）
--skippingFrames または，-s	・1 つの正弦波光パターンを撮影するまでに読み飛ばす画像枚数（LUT 作成に利用するのは読み飛ばした後の次の 1 枚）． ・引数を 1 つともなう．	1 以上 （1）
--lamdaofSinusoidalPattern または，-l	・正弦波光パターンの周期（単位：プロジェクタで投射する画像上の画素）． ・引数を 1 つともなう．	0 より大きい （240）
--help または，-h	・続く引数なし． ・上記のオプションの説明をターミナルに出力してプログラムを終了する．	－

次に，323～329 行目で，正弦波光パターン投射用のウィンドウを設定しています．ここでウィンドウの設定を行ったところでアクティブなアプリケーションがターミナルからウィンドウに移動しますので，マウスでターミナルをクリックして，ターミナル側にフォーカスを戻しておきます．325 行目の num の位相シフト数は LUT 作成時の位相シフト数と合わせなければなりません．また，330～331 行目で，ターミナルにメッセージを表示して，エンターキーの入力を待ちます．以上の準備ができたら，エンターキーを押して，いよいよ 3 次元計測を開始します．

3 次元計測が始まると，333～345 行目で，正弦波光パターンを投射しながら画像撮影が行われます．そして，347～355 行目の loadIntrinsicParams 関数でカメラの内部パラメータを読み込み，撮影画像のひずみを除去します．また，357～364 行目で，相対位相画像などを準備し，ガンマ補正が行われて（369～375 行目），バイアス，振幅，位相値が計算されます（378～389 行目）．

さらに，392～393行目で，`plotSinusoidalWaves`関数と`plotRelativePhases`関数を呼び出し，画像中央を水平に見たときの投射された正弦波光パターン，バイアス，振幅，相対位相値がプロットされます．

ここで，**図2.40**に筆者の手を3次元計測している様子を，**図2.41**にリスト2.19の`plotSinusoidalWaves`関数で生成したこの撮影画像から求めた正弦波の波形，振幅，バイアスのグラフを示します．このときのオプションのプロパティは**表2.11**に，実行する際のコマンドを**リスト2.20**に示します．

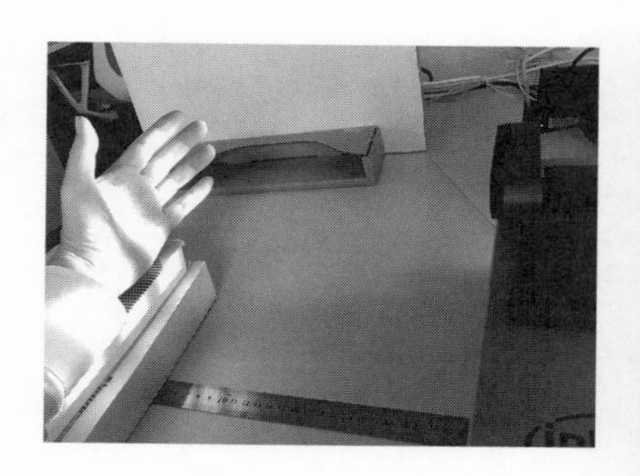

図2.40　筆者の手を3次元計測している様子
（手の下に本を積み重ねて姿勢を安定しやすくしている）

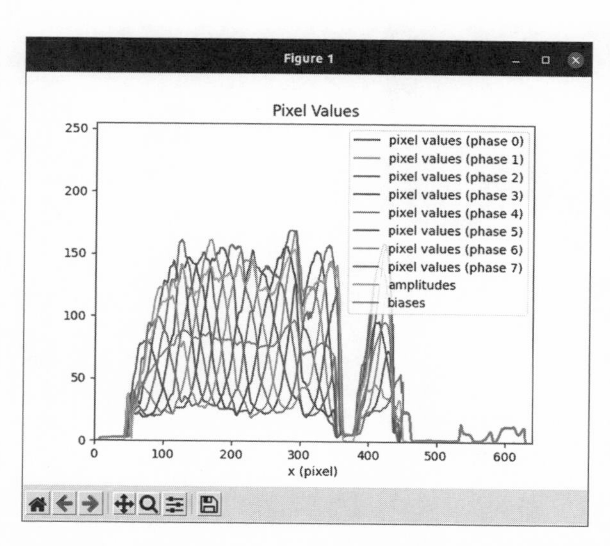

図2.41　リスト2.19の`plotSinusoidalWaves`関数で生成した撮影画像（図2.40参照）から求めた正弦波の波形，振幅，バイアスのグラフ
（指が画像水平方向と平行になっていないため，x座標380～400 px付近で指と指の間が存在し，正弦波がとぎれている．pixel values (phase n)：画素値（n番目の正弦波光パターン），amplitudes：正弦波光パターンの振幅値，biases：バイアス値）

表 2.11　図 2.40・図 2.41・図 2.42・図 2.43 で用いたリスト 2.19 の引数のオプションのプロパティ（プロジェクタのガンマ値は 2.2 としている）

オプション	設定値（初期値）
--intensity または，-i	200（200）
--threshold または，-t	10（10）
--waitingTime または，-w	1（100）
--skippingFrames または，-s	50（1）
--lamdaofSinusoidalPattern または，-l	240（240）
--help または，-h	−

■ リスト 2.20　リスト 2.19 のプログラムを実行する際のコマンド

```
1   % ./3D_measurement -w 1 -s 50
```

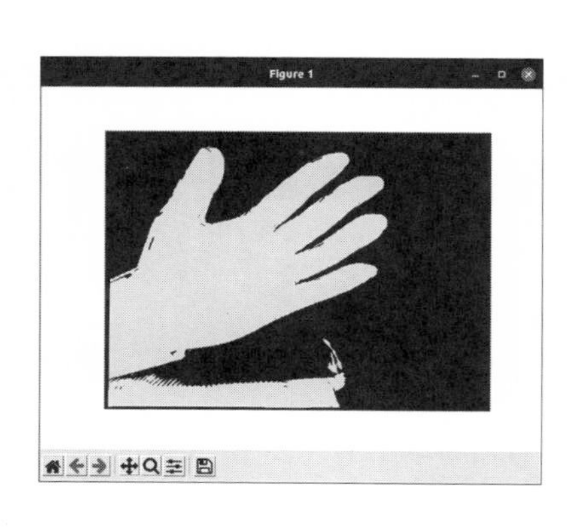

図 2.42　threshouldAmplitudes 関数により振幅を閾値処理し，信頼できる相対位相値が得られる画素を抽出した結果

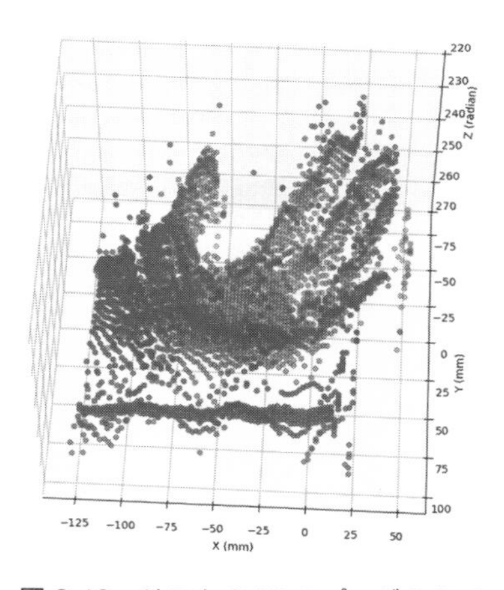

図 2.43　リスト 2.19 のプログラムで生成した 3 次元散布図

続いてリスト 2.19 の 394 〜 400 行目では，threshouldAmplitudes 関数により，振幅が閾値より大きな画素を抽出する閾値処理を行い，信頼できる相対位相値が得られる画素を抽出しています．抽出した結果を，**図 2.42** に示します．画像撮影に 10 秒以上かかっているため，その間に起きた手のぶれで輪郭が一部，二重になってしまっています．

最後に，401 〜 405 行目で convertRphasetoCoordv 関数を呼び出して 3 次元

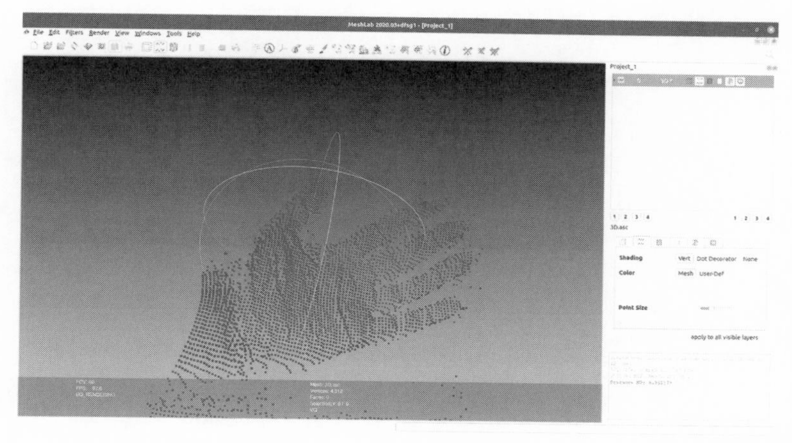

図 2.44　saveCoordv 関数で保存した 3 次元計測データを MeshLab で読み込んで表示した例

座標値を求めた後，saveCoordv 関数で 3 次元計測データを保存，plotCoordv 関数で matplotlib を利用して 3 次元散布図を表示します．**図 2.43** に，生成した 3 次元散布図を示します．ここで，計算の間引き数を決める steprow と stepcol の値を小さくするとより密な 3 次元計測データが得られますが，その分，3 次元散布図の表示までに時間がかかります．

saveCoordv 関数で保存した 3 次元計測データを，MeshLab で読み込んで表示した例を**図 2.44** に示します．この際に，メニューの「File」→「import mesh」から，保存データである 3D.asc を選択します．

図 2.44 をみると，手や指の輪郭にところどころ誤差の大きな部分がみられます．これは，計測中に手や指が動いてしまったことで背景部分が映り込んでしまい，正弦波光パターンとは関係ない大きな輝度変化が生じ，相対位相値がずれたことに起因しています．

次に，筆者が紙を丸めて作成した物体を 3 次元計測してみます（**図 2.45**）．計測時のオプションのプロパティは**表 2.12** のとおりです．

図 2.46 が 3 次元計測の結果ですが，左の 2 つの物体の曲面や，右の物体の折り目が再現されています．しかし，物体にもかかわらず，こちらでも輪郭の一部で誤差が大きくなっている部分があります．原因は，計測対象が軽い紙製だからです．3 次元計測中に空調からの風で微妙にゆれたことで，輪郭部分において時間ごとに物体が撮影されたり背景が撮影されたりの変動があり，計算された相対位相値が図 2.43 のときと同じように，大きな誤差をもってしまったと思われます．

表 2.12　図 2.45・図 2.46 で用いたリスト 2.19 の引数のオプションのプロパティ（プロジェクタのガンマ値は 2.2 としている）

オプション	設定値（初期値）
--intensity または，-i	160 (200)
--threshold または，-t	10 (10)
--waitingTime または，-w	1 (100)
--skippingFrames または，-s	50 (1)
--lamdaofSinusoidalPattern または，-l	240 (240)
--help または，-h	–

図 2.45　3 次元計測の対象

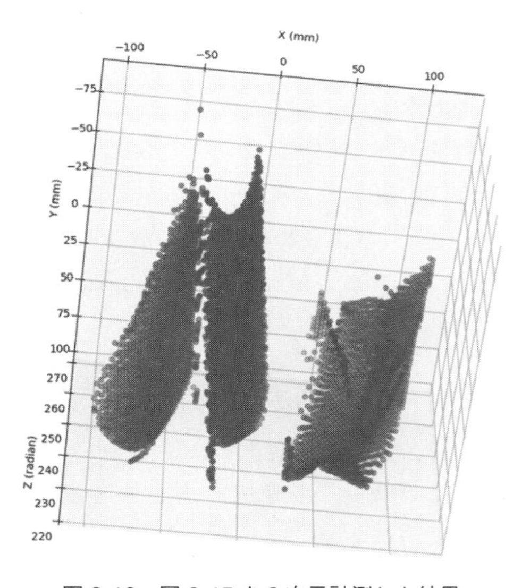

図 2.46　図 2.45 を 3 次元計測した結果

以上のように，廉価に入手できるカメラとプロジェクタでも，十分きれいな 3 次元計測データが得られることがわかっていただけたかと思います．

第3章

LiDAR を使って手軽に3次元計測実験

TOF センサ，特に LiDAR そのものの開発は，高度な電気電子技術や光学技術が必要なため，なかなか手が出せません．しかし近年は，市販の TOF センサや LiDAR の入手が容易になりつつありますから，これらのセンサの仕様を読み解きながら実際に使ってみることで3次元計測の基礎と応用への体力をつけていくことができます．

LiDAR を静止させたままでは3次元計測できる範囲が限られますので，LiDAR を動かしながら時系列で3次元計測データを取得し，これらを合成する技術についても説明していきます．

3.1 LiDAR 搭載タブレットによる3次元計測

❶ iPad Pro など，身近なタブレットやスマートフォンで，LiDAR が搭載されているものがあります．
❷ iPad Pro にあらかじめインストールされている「計測」アプリで，身近な対象を計測することができます．
❸ 3次元計測データが取得できるアプリを手軽にダウンロードすることができます．

LiDAR（Light Detection And Ranging，**光の検出と測距**）とは，潜水艦や船舶で用いられるソナーにおける音波，航空機で用いられるレーダにおける電波[※1]のかわりに，周波数が非常に高い電磁波であるレーザ光を使って，接触することなく物体の形状や距離を測定する技術です．このような音波や電磁波を使った計測技術は，いずれも第1章で説明した TOF（Time Of Flight，飛行時間法）にもとづいています．その計測精度の限界は，大まかにいってその波長と同程度であることが知られています．いずれも，しくみは同じなので，短い波長をもつレーザ光を使えば，電波を使うときよりも高精度に位置や形状を測定できるというわけです．

2022 年現在，ハイエンドのスマートフォンやタブレットに LiDAR が搭載されることが多くなってきました．以下では，身近な LiDAR を備えたタブレット，Apple の iPad Pro 12.9 インチモデル（第4世代）を例にとって説明していきます[※2]．iPad Pro の外観を，**図 3.1** に示します．

このモデルに搭載されている LiDAR は直接飛行時間法（direct TOF）によるものと発表されていることから，図 1.38（39 ページ）をもとに解説したように光パルスが物体で反射し，もどってくるまでの飛行時間を計測して直接距離を求

※1　電波とは電磁波の一種であり，日本の「電波法」では 3000 GHz 以下のものを指します．ここではそこまで厳密な意味ではなく，比較的低い周波数の電磁波の意味で用いています．
※2　2022 年5月現在，本節で用いる iPad Pro 12.9 インチ（第4世代）以外にも，iPhone 13 Pro Max など，Android 製品では Xperia 1 III などが LiDAR を搭載しています．

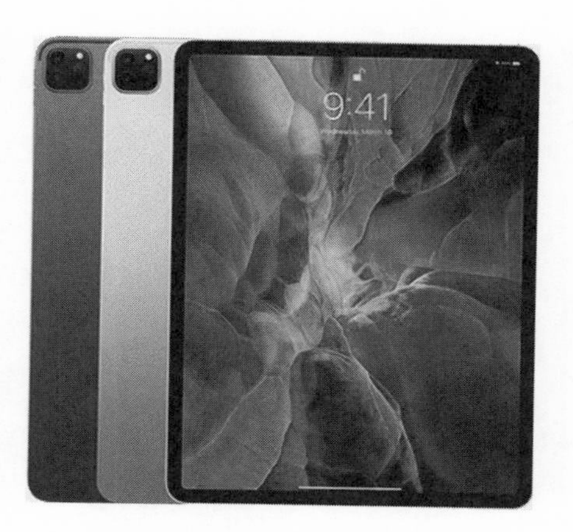

図 3.1　iPad Pro 12.9 インチモデル（第 4 世代）の外観※3

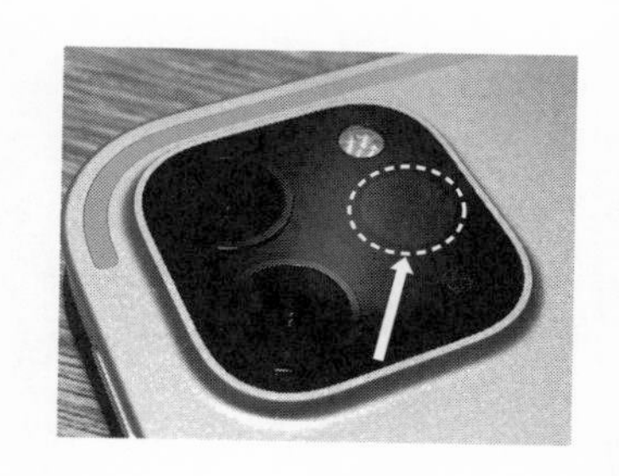
図 3.2　iPad Pro 12.9 インチモデル（第 4 世代）内蔵の LiDAR の 3 次元計測用開口部（白点線内）

めているものと思われます．ただし，技術の詳細は発表されておらずカスタム設計された LiDAR としかわかりませんが，最大 5 m までが 3 次元計測対象となっています．

なお一般的には，周囲の環境光と光パルスの強度の比が大きければ大きいほど，安定して 3 次元計測が可能であるといえます．よって，例えば室内環境よりも明るい屋外のほうが，3 次元計測が難しくなります．以下では 3 次元計測の再現性が高いと思われる，室内環境で試していきましょう．なお，iPad Pro に関して，3 次元計測が可能な条件（屋外や室内等）についての公表されている情報は見つけられませんでした．

図 3.2 に，iPad Pro の背面にあるレンズの横へ配置された LiDAR の 3 次元計測用開口部を，白点線で示します．3 次元計測にあたっては LiDAR を計測対象へ向ける必要がありますが，LiDAR と背面のレンズはほぼ同じ位置にありますから，背面のレンズを使って撮影するときと同じように iPad Pro を動かします．

まず，Apple 純正のアプリを使ってみます．iPad Pro にデフォルトでインストールされている「計測」という名称のアプリをタップします．筆者の iPad Pro では Apple 純正のアプリは Apple フォルダにまとめて置いてあります（**図 3.3**）．

「計測」アプリを立ち上げると，**図 3.4** に示したカメラアプリのような画面が現れます．映っているのは筆者のオフィスです．これは背面のレンズで撮影され

※3　https://support.apple.com/kb/SP815?locale=ja_JP より引用（2022 年 5 月確認）

図 3.3　iPad Pro 標準アプリの「計測」

図 3.4　iPad Pro の「計測」アプリ起動直後の画面
（映っているのは筆者のオフィス）

た普通のカメラの映像ですが，カメラとは別に LiDAR が 3 次元計測も同時に行っています．

中央の円形のマークは，マークが表示されている画面中央付近の 3 次元計測データをもとにして推定した面の向きと距離を表しています．近ければ近いほど円は大きく，面と正対していればいるほど真円に近づきます．逆に遠くなればなるほど円は小さくなり，面が傾けば傾くほど傾きが直感的にわかるように円がゆがんでいきます．iPad Pro を動かして，いろいろな面へ向けてみると，円の大

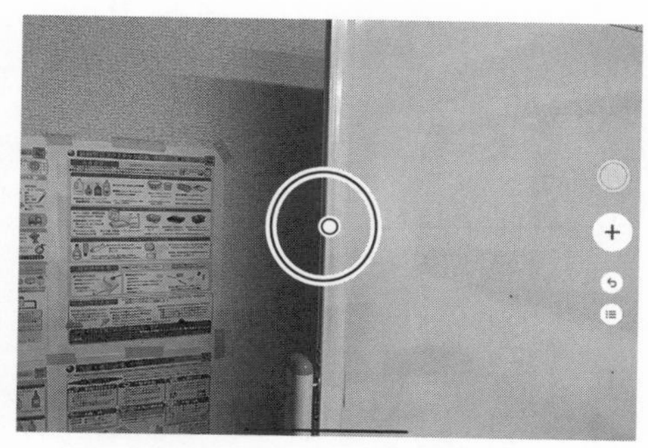

（a）ホワイトボードの端をズームしたところ（ここで右の＋ボタンをタップすると，タップした位置を起点にして計測が始まる）

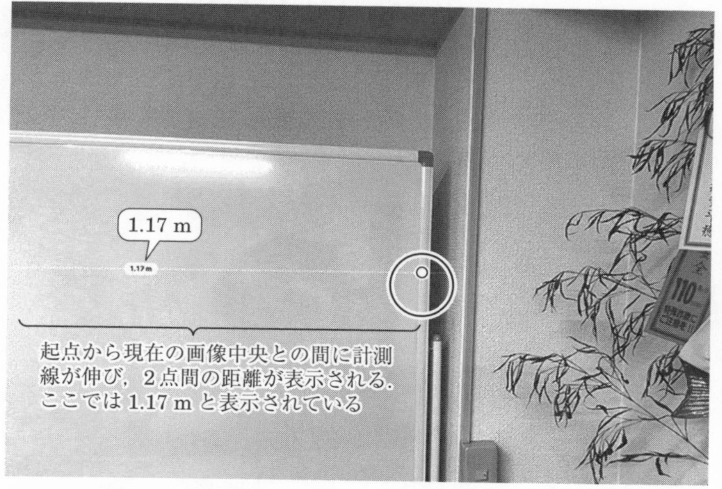

（b）iPad Pro の画像中央をホワイトボードの反対側の端へ向けたところ（起点との間に計測線が伸び，2点間距離が表示される）

図 3.5　2点間の距離を計測する様子

きさと形状がどんどん変化していくことから，普通のカメラの映像からでは得られない3次元情報が LiDAR によってリアルタイムに取得できていることが体感できるでしょう．

今度は2点間の距離を計測します．**図 3.5** (a) に示したように，距離計測の起点とするホワイトボードの端が画像中央に映るよう iPad Pro を移動させて，画面右側の＋ボタンをタップします．これで起点の設定は終了です．次に iPad Pro をホワイトボードの反対側の端へ向けていきましょう．iPad Pro を動かし始めると，起点とその時々の画像中央位置との距離が表示されていくのがわかります．

（a）長方形形状を認識したところ（認識した長方形形状の輪郭が表示される）

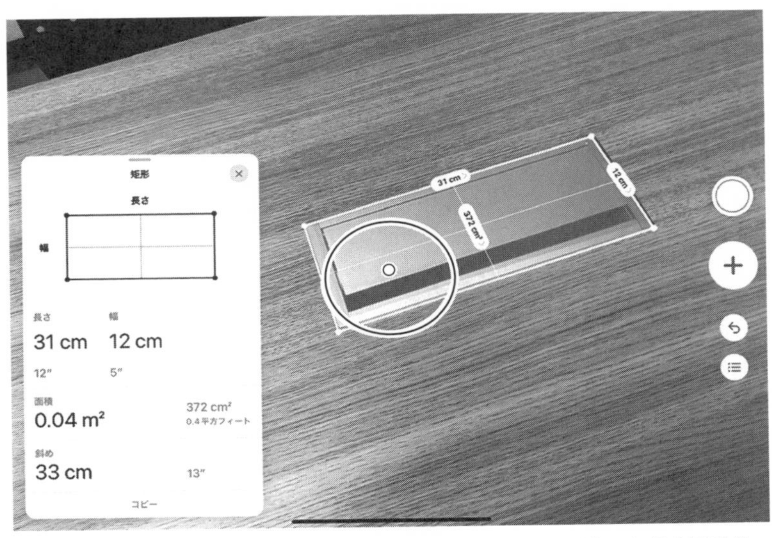

（b）画像中央を長方形内に入れた状態で＋ボタンをタップすると長方形形状の長さ・幅・面積が計算される（＋ボタンの下の詳細表示ボタンをタップすると，画面左に計測結果が表示される）

図 3.6　長方形形状の計測の様子

もう一端が画像中央にきたら，もう一度画面右側の＋ボタンをタップして計測終了です．図 3.5 (b) では「1.17 m」と表示されており，実際にホワイトボードへメジャーをあてて測った寸法（約 1.2 m）とほぼ合致しています．

また，この「計測」アプリは，画像上にだいたい正対している長方形形状を自動認識し，その寸法や面積を計測します．**図 3.6** (a) のように，長方形形状に対して正対に近い向きで iPad Pro を向けると自動認識し，長方形の枠が表示されます．画像中央が認識した長方形形状の中にある状態で，＋ボタンをタップすると，この長方形形状の寸法と面積が計算されます．また，＋ボタンの下に，計測結果の詳細を表示するためのボタンがあり，タップすると図 3.6 (b) のとおり，計測結果が図面付きで表示されます．

次に，3 次元計測データを取得して画像として表示するアプリをインストールしていきます．このためのアプリとして，Laan Labs の 3d Scanner App を用います．App Store で「3d Scanner App」で検索して（**図 3.7**），ライセンスの条件や価格※4 などをよく確認した後，読者ご自身の責任でインストールしてくだ

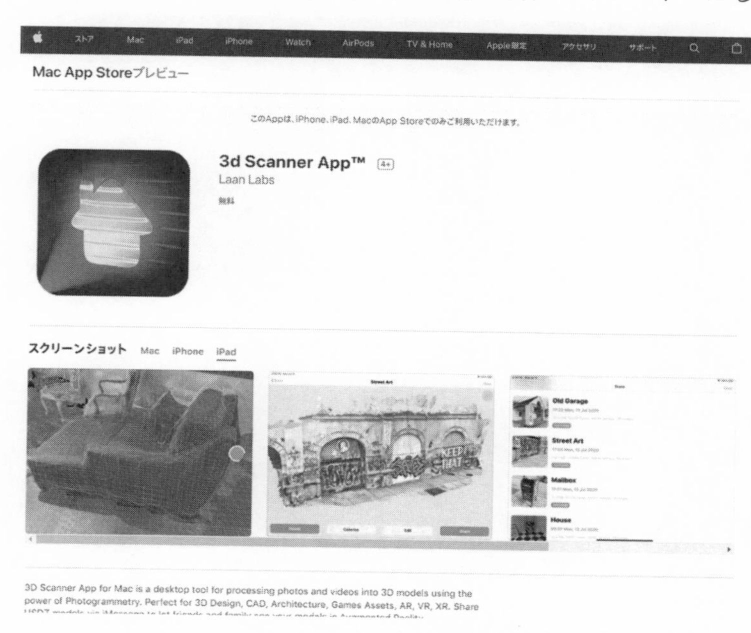

図 3.7　3d Scanner App の App Store 画面※5

※4　筆者がダウンロードした 2022 年 5 月の時点では無料でした．

※5　https://apps.apple.com/jp/app/3d-scanner-app/id1419913995#?platform=ipad の画面をキャプチャ（2022 年 5 月確認）

さい．

続けて 3d scanner App を起動して，LiDAR での 3 次元計測を行っていきましょう．3 次元計測対象へ iPad Pro の LiDAR を向け，アプリ画面上の右端中央にある○のボタンをタップして，動画撮影するのと同じ要領で 3 次元計測を開始します．この○ボタンは実際の画面では赤色で表示されています．**図 3.8** に 3 次元計測中の画面を示します．画面に映っているのは，筆者のオフィスです．○ボタンの上に，“LOW RES”（低解像度）と “HIGH RES”（高解像度）が選択できるボタンがあります．起動時は “LOW RES” になっています．そのままで計測していきます．

この 3 次元計測画面中で△が網目のようになっている場所は 3 次元計測ができたところ，小さな○で埋められている場所（実際の画面では緑色の○になっています）は 3 次元計測ができていないところです．iPad Pro を動かしていくと，新しく 3 次元計測したデータが，それまで計測してきたデータにどんどん足されて

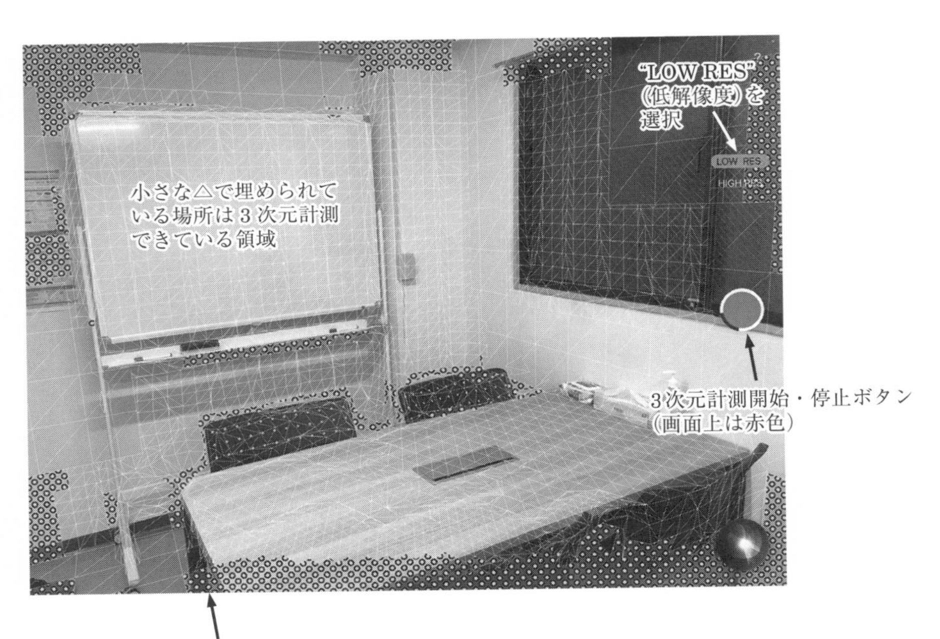

図 3.8　筆者のオフィスを iPad Pro 内蔵の LiDAR で 3 次元計測中の 3d Scanner App の画面

いきますので，3 次元計測したい場所ができるだけもれなく計測できているように動かしていきましょう．

なお，iPad Pro はゆっくり動かすほうがよいようです．また，3 次元計測の対象は最初から欲張らず，狭い範囲や大きくないものから始め，アプリの挙動を確認しながら進めていくのがよいでしょう．

3 次元計測の対象にした領域をだいたい計測し終えたら，3d Scanner App の画面右側にある赤い○ボタンを，動画撮影を止めるのと同じようにタップして終了します．すると，ここまでで計測した 3 次元計測データが合成され，**図 3.9** のような画面が表示されます．3 次元形状は，三角形の面の組合せで表現されており，それらの頂点の集まりが 3 次元計測データとなります．しかし，いまのところ，それぞれの三角形に RGB 画像が粗めに与えられていて，オフィスのだいたいの 3 次元形状と机や壁などの色合いはわかりますが，質は高いとはいえない状況です．次に，これを改善していきます．

3 次元形状に貼り付ける RGB 画像の品質は，“HD”（高精細）・“Medium”（中間）・“Fast”（高速）・“Custom”（カスタム）の 4 つから選択できます．“HD”・“Medium”・“Fast” の順で処理は高速になりますが，処理後の品質は低下していきます．図 3.9 では “HD” を選択をしていて，改善処理に必要な時間は 47 秒と

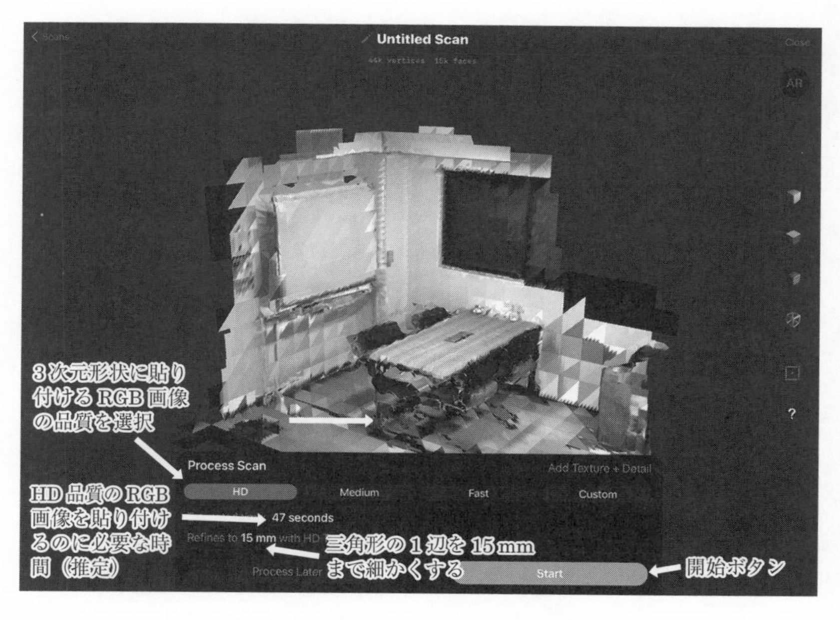

図 3.9　3 次元計測を終了した直後の画面

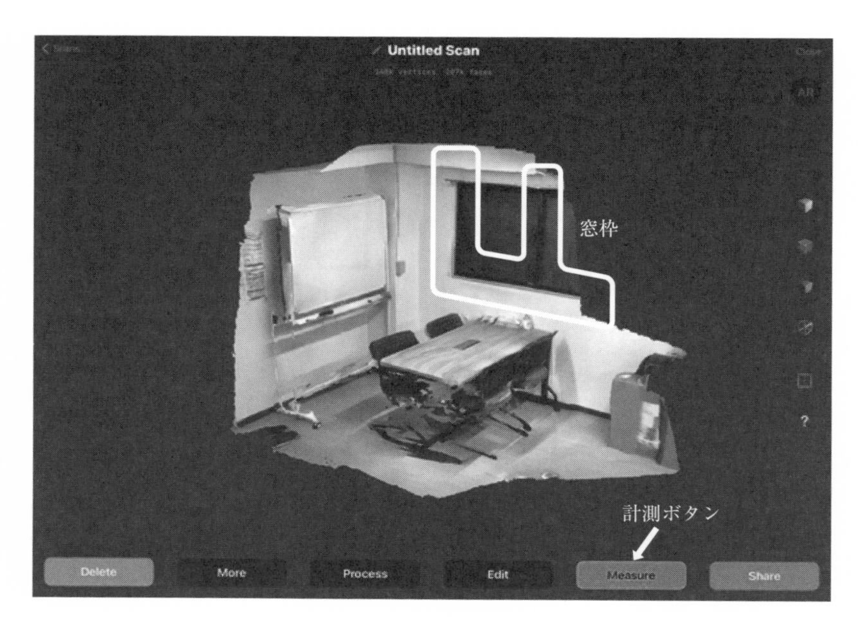

図 3.10　HD の RGB 画像を貼り付け，三角形の 1 辺を 15 mm まで細かくした結果
（図中の「窓枠」については，図 3.11 も参照）

推測されています．三角形の短い辺を 15 mm 程度まで細かくしてみましょう．

"Start" をタップしてしばらく待つと，**図 3.10** のような画面が表示されます．三角形が小さくなったことに加えて，それぞれ HD 画質レベルの RGB 画像を 3 次元形状に貼り付けていますので，非常にきれいに見えますけれども，三角形の 1 辺がまだ 15 mm ピッチであることに加えて，全体的になめらかな形状となるような処理がされているようで，細かな 3 次元形状までは再現できていないようです．とはいえ，例えば AR（Augmented Reality，拡張現実）といった応用では，RGB 画像を貼り付けた 3 次元形状が自然に見えることが重要ですので，このレベルでも十分なニーズがあるのでしょう．

同じデータを，撮影した位置とは異なる方向から見たときの画像を生成して，**図 3.11** に示します．ホワイトボードの中央に黒い筋が見えますが，これは「窓枠」が重なっていることによります．図 3.11 の視点は，図 3.10 右側の窓の外からなので，窓枠のうち視点方向へ向いている黒い面が，ホワイトボードの手前に描かれています．

このように，RGB 画像を貼り付けた 3 次元計測データを複数取得できれば，自由な視点からの画像をコンピュータ上に再現でき，さまざまな応用に使える可

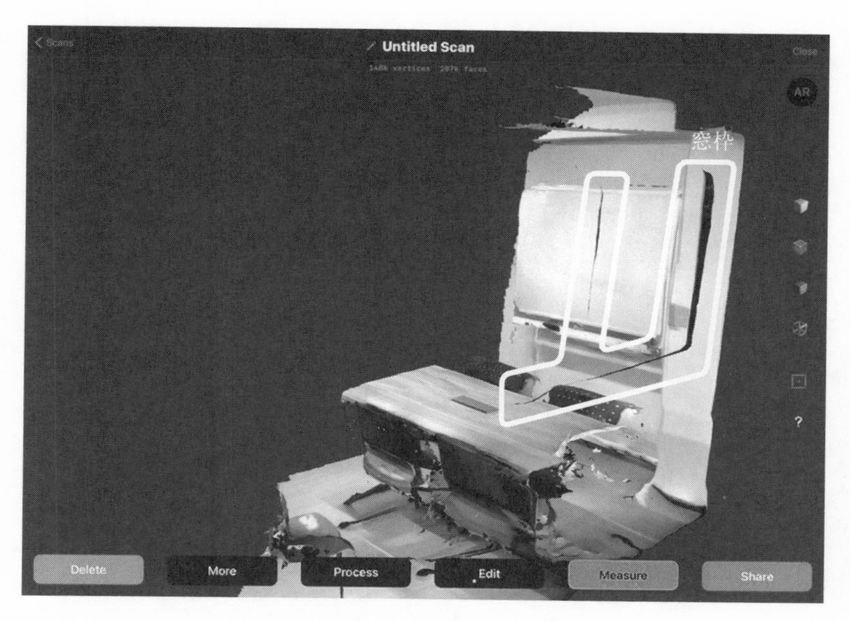

図 3.11　図 3.10 のデータを撮影した位置とは異なる方向から見たときの画面
（図 3.10 中の黒い「窓枠」がホワイトボードの手前に映り込んでいる）

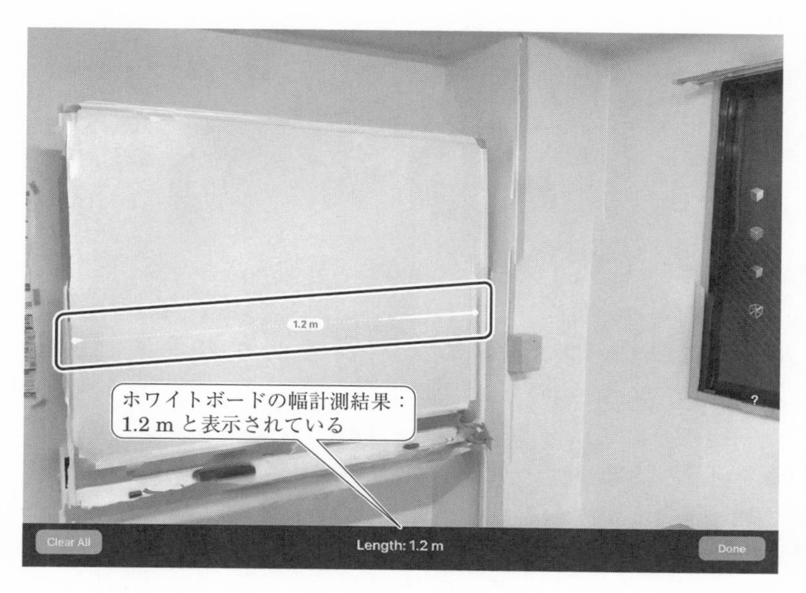

図 3.12　3 次元計測データを利用して，ホワイトボードの幅を計測中の画面
（四角い黒枠内に計測線が ⇔ で示されている）

（a）3次元計測中の画面

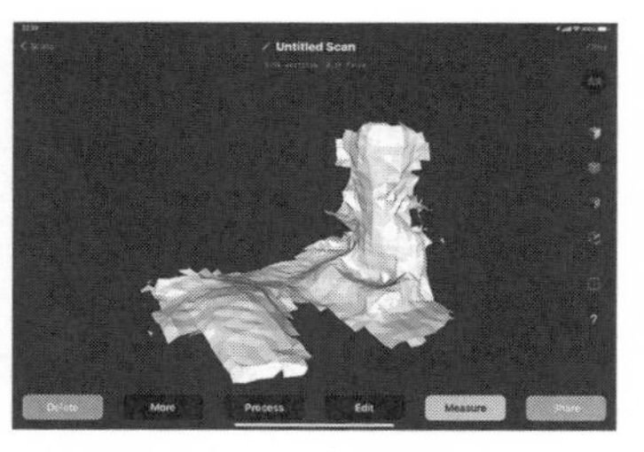

（b）3次元計測後の計測データのみを表示する画面

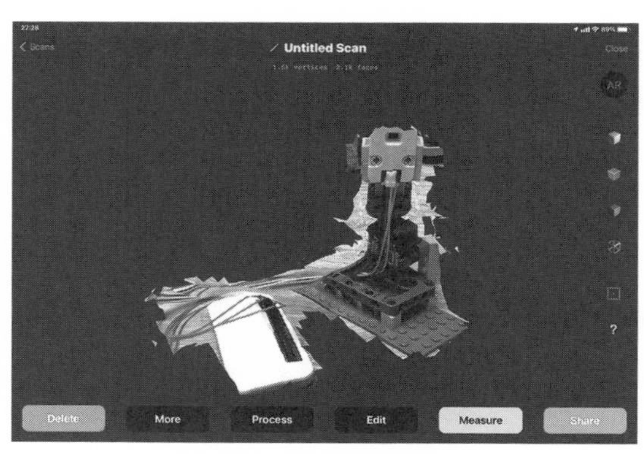

（c）（b）の表面に RGB 画像を貼り付けた画面

図 3.13　3.3 節で試作する LiDAR を，iPad Pro 上で 3d scanner App を "HIGH RES"（高解像度）モードとして 3 次元計測した結果
（設定は次のとおり．"Max Depth"（最大奥行距離）：0.3 m，"Resolution"（解像度）：最も詳細な 5 mm，"Confidence"（信頼度）：High（高），"Masking"（3 次元計測範囲のマスキング）：Object（物体））

能性があります．

3 次元計測データが得られましたので，画面上で寸法を測ってみます．3d scanner App には簡単な測定機能が実装されています．アプリ画面上の "Measure" をタップした後，長さを測りたい両端の 2 点をタップして指定することで，ホワイトボードの幅を**図 3.12** のように 1.2 m と測ることができました．「計測」アプリと同様に，大まかな寸法を求める分には支障がなさそうです．

当然ではありますが，通常のカメラで撮影された画像には 3 次元計測データは含まれていませんから，そこから寸法を計算することは困難です．このような機能を使うことで，例えばドローンに LiDAR のような 3D スキャナを実装することで，人が現地に行かなくても，遠隔地から 3 次元測量が可能になります．また，自動車に搭載して街を走り回れば，道路周辺の建物を含んだ3Dマップも取得できます．

図3.13に，3.3節で試作するLiDARをiPad Proで計測した結果を示します．図のキャプションで示したパラメータで3d scanner Appを動かすことで，(a)のように試作LiDAR付近だけをマスキング（対象部分のみ抽出）して取得できています．しかし，最も高い解像度で取得したのにもかかわらず，(b)のように粘土をこねたような形でしか取得できていません．(c)は，(b)の表面にRGB画像を貼り付けた画面です．依然として試作LiDARの装置の形状は取得できていませんが，画像を貼り付けただけでもっともらしくみえます．実は，RGB画像が得られていれば3次元計測データの正確さや詳細さは，例えばVR（Virtual Reality，仮想現実）やARへの応用などではそれほど大きな問題にならない場合もあります．単に3次元計測データがとれればよいということではなく，用途に応じてどのような仕様のデータが必要かを考えることが大切です．

コラム　スマートフォン／タブレットにおけるLiDARアプリの現状

2022年5月時点では，ハイエンドのスマートフォンやタブレットにLiDARが実装されているものがあります．具体的にどの機種に実装されているかは，メーカのカタログやWebサイトなどを参考にして最新情報を入手してください．

一方，iPadやiPhoneでは，Androidと比較してLiDARが実装されている機種が多いこともあってか，LiDARを利用する魅力的なアプリがいろいろリリースされているようです．例えば，有料アプリですが，"Polycam – LiDAR 3D Scanner"は評判がよいようです．ほかにも新しいアプリが続々と出てきていますので，App Storeなどから最新情報を入手してください．

また，Androidのスマートフォンでは，LiDARを実装した機種では専用のアプリがインストールされているようです．例えば，"SONY Xperia 1 III"という機種には"3Dクリエーター"というアプリがインストールされていて，立体的なアバターの作成などが簡単に行えるようになっています．

3.2 市販の3次元計測装置の活用

Point

❶ LiDARであるIntel RealSense L515を用いて，3次元計測データを取得することができます．

❷ ステレオ法にもとづくIntel RealSense D455を用いて3次元計測することもできます．

本節では，Intelが市販しているRealSenseを用いて，PCで簡単な3次元計測を行う例を紹介します．ここで，RealSenseを接続するPCには，USB 3インタフェースがサポートされているものを選んでください．RealSenseとPCの接続にUSB 3を用いないと，高解像度の3次元計測データが取得できないなどの問題が発生するかもしれないからです．また，使用するRealSenseの仕様を，あらかじめよく確認してください．

筆者が使ったRealSenseの外観を，**図3.14**に示します．まずTOFにより3次元計測データを取得するため，同図左のL515を用います．このL515の概要については，第1章のコラム（45ページ）で紹介していますが，残念ながら本書

図3.14　用いたRealSenseとPC．左はL515，右はD455．

執筆中に製造中止になっています．そこで，LiDARではありませんが，代替として図3.14右のD455も使用します．D455はステレオ法によって3次元計測するデバイスです．

図3.14後方に，筆者が使ったPCを示します．このPCには，あらかじめUbuntu 20.04LTSをインストールしてあります．

1 RealSense L515の主な仕様

RealSense L515の主な仕様を**表3.1**に示します．計測原理はTOFとあるだけですが，第1章のコラムで解説したようにMEMSミラーでレーザを反射させながらスキャンする方式です．そのため，3次元計測データを1枚の画像のように表示したとき，画面左側と右側では3次元計測するタイミングが異なります．したがって，L515をすばやく動かすと左側を3次元計測したときのL515の位置・向きと，右側を3次元計測したときの位置・向きが異なってしまうために，計測対象の物体がゆがんで計測されてしまいます．L515を動かすときは，ゆっくり行うよう気をつけてください．また，使用環境は室内とされています．しかし，投射するレーザ光が物体で反射してもどってくる光量と，環境光による光量との比が大きいほど計測しやすくなりますので，屋外であっても夜間など環境光が室内と同レベル程度であれば，3次元計測はできるものと思われます．

表3.1 Intel RealSense L515の3次元計測にかかわる主な仕様※6
（3次元測定範囲は，対象物体の反射率に依存する．反射率が低いほど3次元計測範囲の遠端が小さくなっていく）

方式	LiDAR
3次元取得方法／タイミング	レーザスキャン
使用環境	室内
3次元計測範囲（奥行き方向）	0.25 m から 9 m
視野角	70° × 55°
3次元センサの解像度	最大1024 × 768画素
3次元センサのFPS（フレームレート）	30 FPS
3次元計測精度（奥行き方向）	9 m まで 5 mm から 14 mm

※6 https://www.intelrealsense.com/lidar-camera-l515/ より引用（用語等を本書での説明に合わせて変更）．
より詳細な仕様は次のURLで確認できます．
https://www.intelrealsense.com/download/7691/（ともに2022年5月確認）

3次元計測精度（奥行き方向）は，5 mm から 14 mm と記載されていますが，この数字には注意が必要です．3次元計測精度については，Azure Kinect DK の説明の中でより詳細に解説します（3.4 節参照）が，ここでは，この3次元計測精度（奥行き方向）とは，「L515 と計測対象物体を固定して，長時間，3次元計測を続けて取得した3次元計測データ（奥行き方向）の平均値を計算したとき，真の奥行きとの差が5 mm から 14 mm である」と理解してください．1回ごとに3次元計測データ（奥行き方向）はランダムにばらつきますが，平均をとると，この程度の差に収まっているという意味です．

2 RealSense L515 による3次元計測

L515 を USB で PC に接続しましょう．接続後にコマンド入力が可能なターミナルを立ち上げ，**リスト 3.1**（本ページ下）のコマンドを打ち込み，RealSense ビューワを起動します．すると，**図 3.15** の画面が表示されます．左上に接続中の RealSense が表示されており，L515 が USB 3.2 で接続されていることが表

■ リスト 3.1　RealSense ビューワを起動するコマンド

```
1  $ realsense-viewer
```

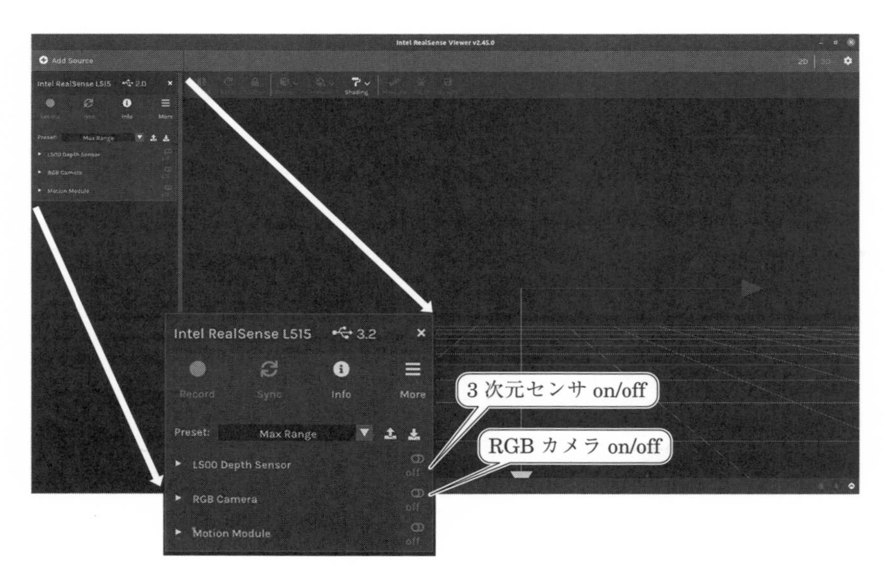

図 3.15　L515 を接続した RealSense ビューワの画面
（左上に，RealSense L515 と表示されている）

示されます．

右上の 2D/3D 表示モード切替えで，「3D」をマウスでクリックすると 3 次元表示モードになります．L515 の 3 次元センサを「on」にすると，**図 3.16** (a) のようにその場で取得した 3 次元計測データの表示が始まります．ここで，さらに RGB カメラを「on」にすると，取得した 3 次元計測データに RGB 画像を貼り付けて表示することができます（図 3.16 (b)）．

ここで，3 次元表示画面上で左クリックしたまま，上下左右にマウスなどを動かすとものをみる視点が回転します．また，マウスホイールを回すことで，遠近の調整もできます．さらに，Ctrl キーを押しながら左クリックしたまま，上下左右に動かすと，今度は視点が平行移動します．

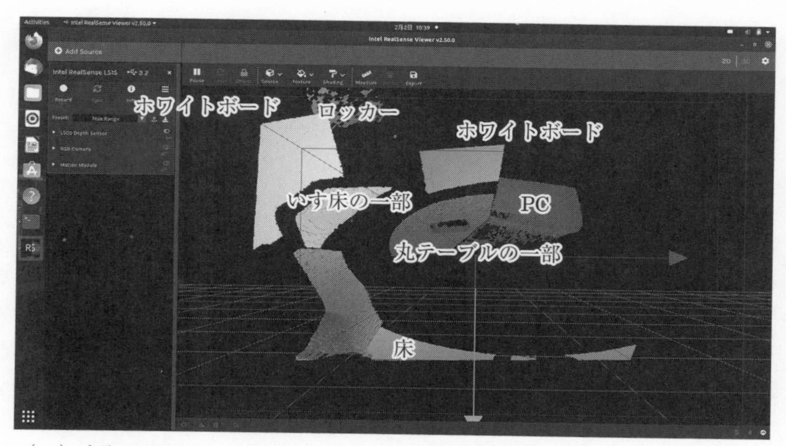

（a）実際の画面は，距離が近いものは青，遠いものは赤で疑似的なカラー表示になっている

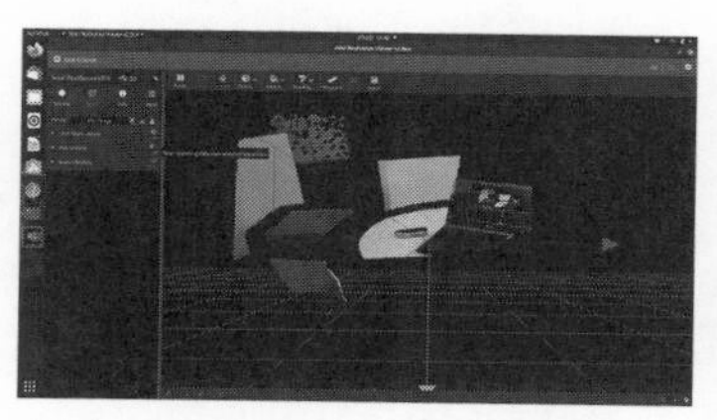

（b）RGB カメラで取得した画像を取得した 3 次元計測データに貼り付けている

（c）Raw Point-Cloud 表示にしたところ（紙面ではわかりづらいが，画面上では 3 次元計測データを取得するたびに表示がゆらいでいるのが見える）

図 3.16　筆者のオフィスを L515 で 3 次元計測した例

次に，RealSense ビューワの画面上側にあるアイコンの“Shading”（陰影）をクリックします．すると，メニューが下に並びますので，“Raw Point-Cloud”（生の3次元点群）と書かれた項目を選ぶと3次元計測データが点群表示されます（図3.16 (c)）．紙面ではわかりづらいですが，表示を続けていると画面で3次元計測したデータ点がゆらいでいるのがわかります．このゆらぎの大きさ分だけ，仕様上の3次元計測誤差（奥行き方向）とは別に，計測のたびに数値がずれることになります．

3 RealSense D455 の主な仕様

図3.17は RealSense D455 の外観です．その主な仕様を**表3.2**にまとめます．

D455 は TOF ではなく，ステレオ法によって計測します．その原理は1.1節で説明したとおりです．D455 ではランダムパターンを対象に投影することで，3次元計測がしやすくなるよう工夫されています．図3.17に示したように，左右にステレオ計測用のカメラが2台配されており，中央右がランダムパターン投影用のデバイスになっています．この2台のカメラのシャッターは同期しており，1枚の画像上の全画素を2台のカメラで，同じタイミングで撮影します（**グローバルシャッター**（global shutter））．なお，廉価なカメラでは画像の左上から右下へ向けて順番にシャッターが切られていく**ローリングシャッター**（rolling shutter）が使われていることが多いため，これを組み合わせたステレオカメラでは，カメラの動きが大きいときには画像上の物体がねじれたように映ってしまい3次元計測上，問題となることもあります．自分でカメラから選定して3次元計測装置を構成しようとするときは，ローリングシャッターではないカメラを選ぶよう気をつけてください．

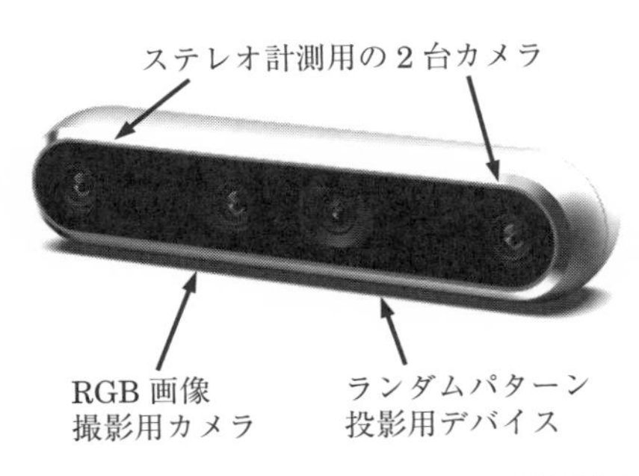

図3.17　Intel RealSense D455 の外観※7

3次元計測の範囲（奥行き方向）は，0.6 m から 6 m です．視野角は左右方向が 87° とかなり広いことがわかります．つまり，L515 よりも3次元計測対象に近づけませんから，小さな計測対象はさらに小さいものとして取得さ

※7　次の URL より引用（カメラ等の位置を追記している）．
https://www.intelrealsense.com/depth-camera-d455/（2022年5月確認）

表 3.2　Intel RealSense D455 の 3 次元計測にかかわる主な仕様※8

方式	ステレオ
シャッター	グローバルシャッター
3 次元計測範囲（奥行き）	0.6 m から 6 m
視野角	86° × 57°
奥行きセンサの解像度	最大 1280 × 720 画素
奥行きセンサの FPS（フレームレート）	最大 90 FPS
奥行き精度	4 m で 2%未満

れてしまい，詳細な 3 次元計測には向かないともいえます．奥行き精度は 4 m 先で 2 %未満とあります．これは 4 m 先の対象を計測し続けたときに，その平均値が 2 %，つまり 8 cm ずれる程度となり L515 よりもずれが大きいことがわかります．一方，撮影環境には屋外も含まれています．ランダムパターン投影の光量が環境光の光量よりも小さい場合であっても，単純なステレオ法にもとづく計測は行えますから，LiDAR よりも適用範囲が広くなっているのでしょう．

4 RealSense D455 による 3 次元計測

L515 と同じく，D455 を USB で PC に接続してリスト 3.1（144 ページ）の RealSense ビューワを起動すると，**図 3.18** が画面に現れます．このように，Intel の RealSense 製品群はどの機種であっても，同一の RealSense ビューワで扱えるようになっています．

図 3.19 に，図 3.16 (a) とほぼ同じ対象を 3 次元計測した画面を示します．もやもやとした凹凸が見える板状の物体はホワイトボードであり，実際には平坦度が高い平面です．D455 による 3 次元計測中，ゆらゆらとこの凹凸がずっとゆらいでおり，仕様上の 3 次元計測精度（奥行き方向）に加えて，3 次元計測を行うたびにこの程度の大きさの誤差が重畳することがわかります．

※8　次の URL より引用（用語等を本書での説明に合わせて変更している）．
https://www.intelrealsense.com/depth-camera-d455/
より詳細な仕様は次の URL にあります．
https://www.intelrealsense.com/wp-content/uploads/2020/06/Intel-RealSense-D400-Series-Datasheet-June-2020.pdf
（ともに 2022 年 5 月確認）

このほか，RealSense については，次ページのコラムで説明しているように Intel よりサンプルプログラムが提供されていますので，さらなる活用にあたって参照してみてください．

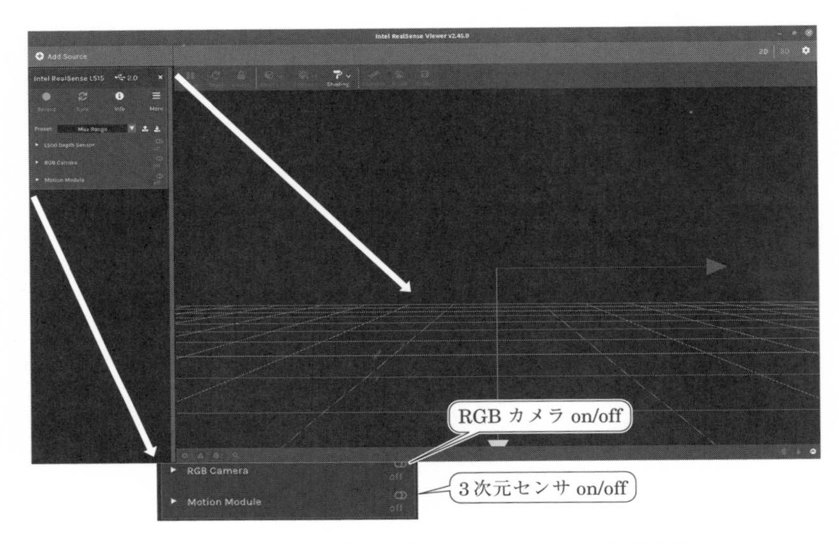

図 3.18　D455 を接続した RealSense ビューワの画面
（左上に RealSense D455 と表示されている）

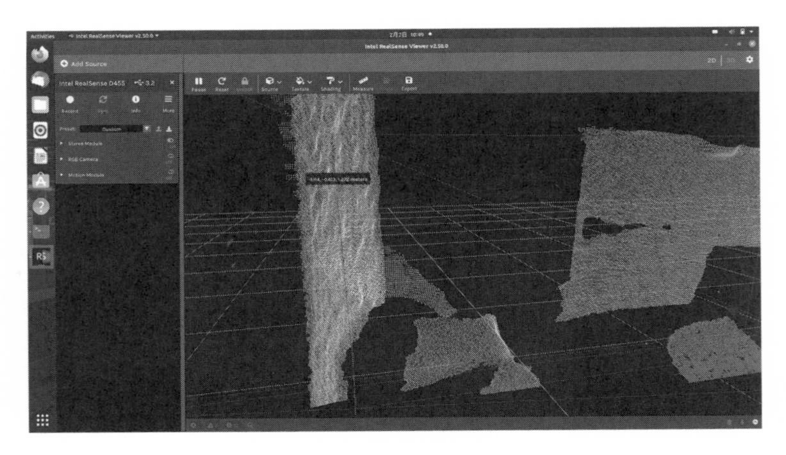

図 3.19　筆者のオフィスを D455 で 3 次元計測した例
（Raw Point Cloud 表示にしたところ．画面上では 3 次元計測データを取得するたびに表示がゆらいでいるのが見える．図 3.16（c）と比較すると，D455 のほうが，L515 よりゆらぎが大きいことがわかる）

コラム　RealSense をもっと活用する

RealSense は，コンパクトなボディで手軽に３次元計測を行うことが可能，かつ，使い勝手もよいデバイスです．さらに，RealSense では SDK（Software Development Kit，ソフトウェア開発キット）が配布されているなど，ソフトウェアの面でもサポートが充実しています．2022 年５月時点で最新の SDK2.0 は，次の URL で公開されています．

https://www.intelrealsense.com/sdk-2/　（2022 年５月確認）

これによると，使用できるプログラミング言語は，C/C++，C#/.NET，Matlab，Node.js，Python の５系統，フレームワーク（システム開発をする際の土台）などは，OpenCV に加えて，この章の後半で用いている Open3D，さらにロボットなどでよく利用されている ROS/ROS2 といったものが並んでいます．対応する OS は，Windows 7/10，Linux，Android，macOS とあります．このように広範な言語，プラットフォーム，OS で稼働させることができることが，RealSense の強みです．

また，各種のサンプルプログラムも公開されています．C++ のサンプルプログラムを１つ紹介しましょう．次の URL で，`rs-dnn` というプログラムが公開されています．

https://dev.intelrealsense.com/docs/rs-dnn　（2022 年５月確認）

`rs-dnn` は，RealSense を用いて RGB 画像と３次元計測データの両方を得た後，RGB 画像から物体を検出して，さらに検出した物体までの距離を３次元計測データから計算して表示します．**図 3.20** は，`rs-dnn` の実行例です．

ここでイヌの検出には，OpenCV の中にある，ディープラーニングのモデルを利用しています．

このほか，いろいろなサンプルプログラムが公開されていますので，ぜひ一度それらを試しに実行してみることをおすすめします．さまざまなケースで応用がきく知識やスキルが身につくと思います．

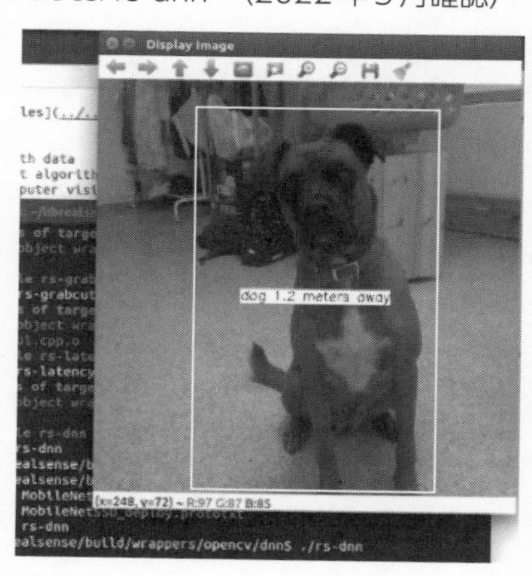

図 3.20　サンプルプログラム `rs-dnn` の実行例※9
（RealSense で取得した RGB 画像からイヌを検出し，３次元計測データを用いて検出したイヌまでの距離を計算している）

※9　次の URL より引用（イヌの検出枠を白に変更している）．
https://dev.intelrealsense.com/docs/rs-dnn　（2022 年５月確認）

3.3 レーダ型 LiDAR を試作する

❶ TOF センサの中には比較的手軽に入手可能なものがあります.
❷ モータと組み合わせて TOF センサの向きを制御し，周囲との距離を計測するレーダを製作することができます.

第2章で説明したステレオ法のように，組み立てながら LiDAR のしくみを理解したいと思っても，iPad Pro や RealSense と同じものはなかなかつくれません．一方，廉価な TOF センサが開発されており，このようなセンサを組み込んだ3次元計測のためのモジュールが入手できるようになってきました．本節では TOF センサにモータを取り付け，周囲との距離をレーダのように取得する簡単な LiDAR を試作して，そのしくみを理解していきます．

図 3.21（a）に，ST マイクロエレクトロニクスが販売する TOF センサ "VL53L0X" の外観を示します．このセンサは 4.4 × 2.4 × 1.0 mm の大きさで，最大 2 m までの距離を正確かつ高速に計測できるとされています．一方，iPad Pro や RealSense が2次元的な3次元計測データを出力するのに対し，この TOF センサは正対している対象との間の距離値を1つだけ出力します．

VL53L0X の Web ページ※10 から，英語ではありますが，仕様書をダウンロードすることができます．仕様書によると視野角は 25° とありますから，1つの距離値といっても計測対象物体のある地点をピンポイントで計測しているわけではなく，ある程度広い範囲の面（視野）との距離を計測しているといえます（図 3.21(b)）．視野の形状については明記がありませんが，仮に円形であるとすると，100 cm 離れた位置の視野は直径が $100\ \mathrm{cm} \times 2\tan\frac{25^\circ}{2} \approx 44\ \mathrm{cm}$ である円形のエリアとなります．同様に 50 cm 離れた位置だと約 22 cm，25 cm だと約 11 cm です．よって，この後，レーダ型 LiDAR の試作を行いますが，この程度の大きさの分だけ，計測結果はあいまいになることをあらかじめ理解しておく必要があります．

※10 https://www.st.com/ja/imaging-and-photonics-solutions/vl53l0x.html（2022 年 5 月確認）

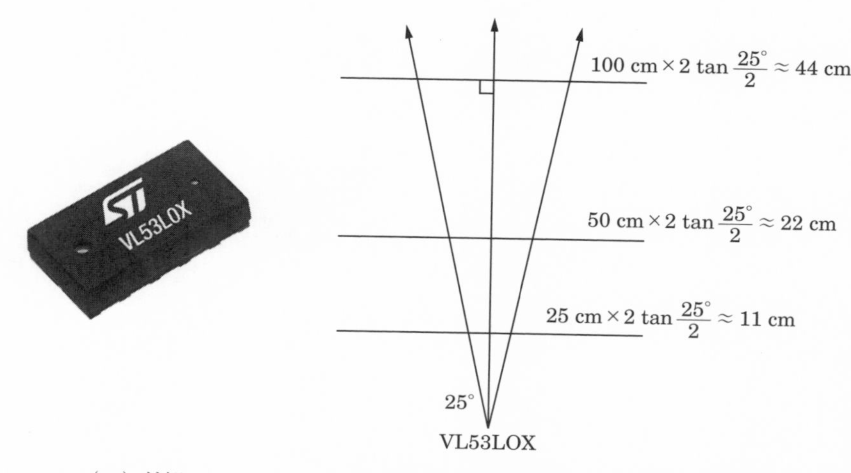

（a）外観　　（b）視野角(25°)と計測距離-計測領域の大きさの関係

図 3.21　ST マイクロシステムズの TOF センサ “VL53L0X”※12

また，室内よりも屋外のほうが環境光の光量が大きくなりますので計測範囲が狭くなっています（仕様書によると，白色物体を計測するとき，室内では 200 cm +，屋外では 80 cm※11）．なお，RealSense における 3 次元計測精度（奥行き方向）は，仕様書では “Ranging Offset Error”（距離のオフセット誤差）として記載がありました．また，室内環境で白色物体を 120 cm の距離に置いて計測したときに 3 % 未満，つまり 3.6 cm 未満ではあるもののずれが発生する可能性があるとの記載がありました．

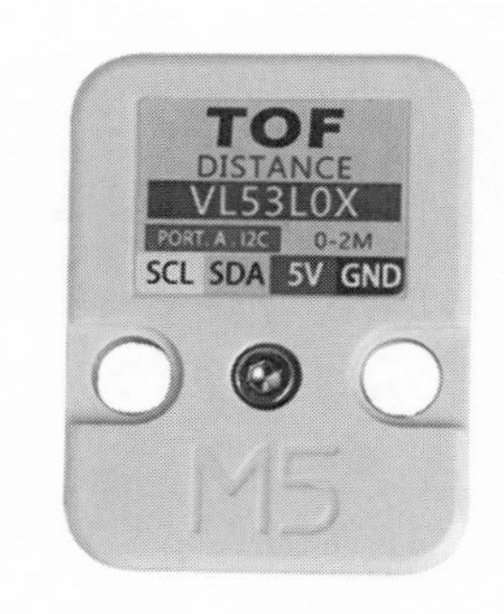

図 3.22　TOF センサ “VL53L0X” を組み込んだモジュール例※13

同様に，反射率が低い物体では反射光が小さくなりますので，計測範囲が狭まります．こちらは後ほど例を示します．

この TOF センサを組み込んだモジュール例を**図 3.22** に示します．このモジュールを中心にして，レーダ型 LiDAR を組み立てていきます．

※11　VL53L0X を長距離モード（LONG_RANGE）で使用したときの計測範囲であり，ほかの動作モードではもっと短くなります．

※12　https://www.st.com/ja/imaging-and-photonics-solutions/time-of-flight-sensors.html の「製品セレクタ」から，VL53L0X を選択．(a) は選択先ページから引用．

※13　https://www.switch-science.com/catalog/5219/ から引用　(2022 年 5 月確認)．

1 レーダ型 LiDAR 用の部品と組上げ

LEGO には，センサやモータを組み込んだロボットなどが簡単につくれる MINDSTORM と呼ばれるパッケージ製品があり，これを使うと LEGO のブロックをそのまま使って，さまざまな形状をもつロボットが簡単かつ自由につくれます．これをターゲットとして，他社からも LEGO 互換製品がたくさん販売されており，さらに自由度が高まっています．こうした LEGO 互換製品から，試作するレーダ型 LiDAR の部品を選択していきます．

筆者が選択した部品を，**図 3.23** と**表 3.3** に示します．また，接続図を**図 3.24** に示します．サーボモータと TOF センサモジュールの制御には，Raspberry Pi 財団が開発した小型コンピュータのうち，2022 年 5 月時点で最も小さい Raspberry Pi Zero WH を用います．Raspberry Pi Zero WH には，汎用インタフェース“**GPIO**”（General Purpose Input/Output）のピンが付いており，はんだ付けすることなく，ほかの装置と接続させることができます．

このほかに，Ubuntu 20.04LTS をインストールした PC を用意し，Raspberry Pi Zero WH と USB ケーブルで接続させています．接続モードは USB Gadget モードにします．以下では，3 次元計測は Raspberry Pi Zero WH で，3 次元計測データのグラフ表示は PC で，それぞれ行っています．PC と Raspberry Pi との接続方法やプログラムの開発方法などについては，他書や関連の Web ページを参照してください．

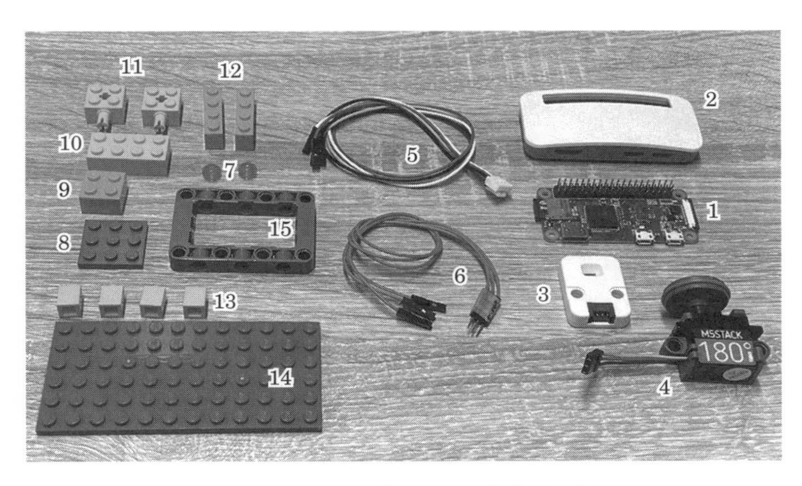

図 3.23　レーダ型 LiDAR の部品の写真
（図中の番号は表 3.3 と対応している）

表 3.3　レーダ型 LiDAR の部品一覧表※14

図 3.22 の付番	部品名称		個数	備　考
1	Raspberry Pi Zero WH		1	Raspberry Pi Zero W モデルにピンが実装されており，センサやモータとの接続に，はんだ付けがいらず，簡単．
2	Raspberry Pi Zero 用ケース		1	Raspberry Pi Zero WH のピンへケーブルが接続しやすいものが適している．
3	TOF センサモジュール		1	VL53L0X 内蔵のモジュール
4	サーボモータ M5Stack Servo Kit 180°		1	
5	Grove ケーブル		1	両端は Grove- 4 ピンのメス．TOF センサモジュールと Raspberry Pi Zero WH とを接続する．
6	ジャンプワイヤケーブル		3	両端はオス−メス．サーボモータと Raspberry Pi Zero WH とを接続する．
7	LEGO ブロック	1 × 1 プレート	2	これら以外の部品を自由に組み合わせても作成可能．
8		3 × 3 プレート	1	
9		2 × 2 ブロック	1	
10		2 × 4 ブロック	1	
11		ピン付き 2 × 2 ブロック	2	
12		1 × 4 ブロック	2	
13		1 × 1 ブロック	4	
14		6 × 12 プレート	1	
15		5 × 7 フレーム	1	サーボモータ付属品

図 3.25 に，サーボモータへ付属ブランケット，車輪，LEGO 1 × 1 プレートを取り付けた画像を示します．これで，サーボモータ自身を LEGO ブロックに取り付け，さらに車輪の上にも LEGO ブロックを付けて回すことができるようになります．**図 3.26** に，上下にそれぞれ LEGO ブロックを追加したサーボモータを示します．

※14　本書のサポートページ（「まえがき」参照）の “RadarLiDAR.txt” ファイルに，購入できる Web ショップの URL などの詳細情報を掲載しています．

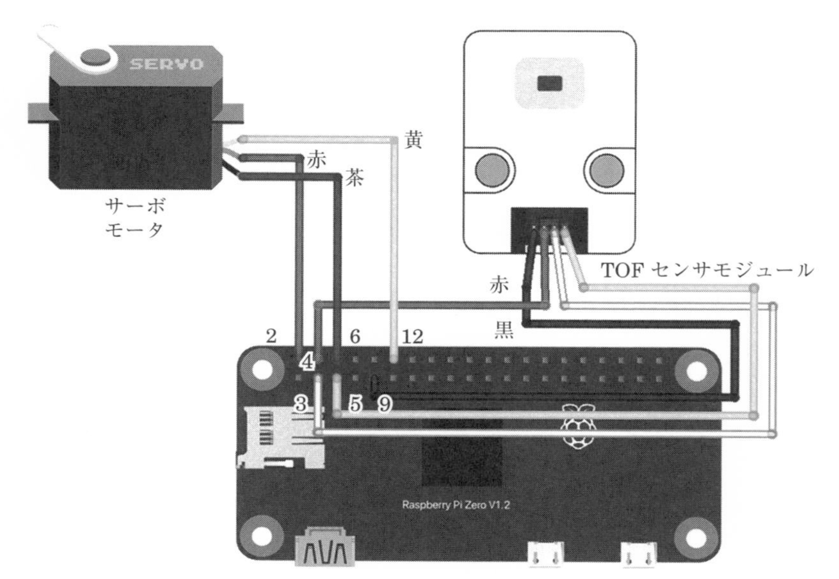

図 3.24　Raspberry Pi Zero WH，サーボモータ，TOF センサモジュールの接続図（サーボモータと Raspberry Pi Zero WH 間はジャンプワイヤケーブル，TOF センサモジュールと Raspberry Pi Zero WH 間は Grove ケーブルでそれぞれ接続する）

図 3.25　サーボモータに付属ブランケット，車輪を取り付けた後，車輪に LEGO 1 × 1 プレートを対角線上に取り付ける

（a）サーボモータ車輪の上に，LEGO 3×3 プレートを取り付けた後，その上に 2×2 ブロック，2×4 ブロック，ピン付き 2×2 ブロック 2 つと積み重ねる．後でピンに TOF センサモジュールをはめ込む

（b）サーボモータのブランケットに，1×4 ブロックを 2 つ取り付けた後，サーボモータ付属の LEGO 用フレームを取り付ける

図 3.26　上下にそれぞれ LEGO ブロックを追加したサーボモータ

底部に 1 × 2 ブロック 4 つと 7 × 5 プレートを取り付けて安定して置けるようにした後，TOF センサモジュールを取り付け，サーボモータとともに Raspberry Pi Zero WH に接続します（**図 3.27**）．

サーボモータは**表 3.4** のとおり，TOF センサモジュールは**表 3.5** のとおりに，Raspberry Pi Zero WH に取り付けます．これで組立ては終了です．

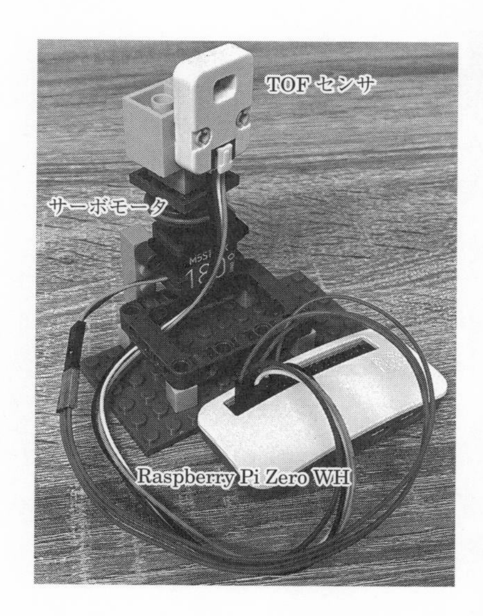

図 3.27　レーダ型 LiDAR 試作器の外観
（手前の白いケース内に Raspberry Pi Zero WH が入っている．図 3.23 と表 3.4，表 3.5 を参考に，サーボモータ，TOF センサモジュールと Raspberry Pi Zero WH 間を接続する）

表 3.4　サーボモータと Raspberry Pi Zero WH との接続

サーボモータのケーブル色	Raspberry Pi Zero WH の GPIO ピン番号
茶	6
赤	2
黄	12

表 3.5　TOF センサモジュールと Raspberry Pi Zero WH との接続

TOF センサモジュールのケーブル色	Raspberry Pi Zero WH の GPIO ピン番号
黒	9
赤	4
白	3
黄	5

2 Raspberry Pi Zero WH の準備

Raspberry Pi Zero WH の基本的なセットアップを行います．このとき，ssh が動くように設定しておくことで，USB 接続した PC でターミナルを開き，Raspberry Pi Zero WH を ssh でつなげてコマンドを入力できるようになります．Raspberry Pi のセットアップ方法については，他書や関連の Web ページを参照してください．

(1) I²C の設定

PC 上のターミナルから ssh で Raspberry Pi Zero WH に接続した後，次に，**リスト 3.2** に示すコマンドで，TOF センサモジュールとサーボモータとの通信を行うための I²C（Inter-Integrated Circuit）を設定します．

I²C は，通信速度よりも，シンプルかつ製造コストを抑えることが重要な機器を接続するときによく使われます．シンプルなしくみが，コンパクトで消費電力を抑えた実装につながっています．

■ リスト 3.2　I²C の設定をするコマンド

```
1   $ sudo raspi-config nonint do_i2c 0
2   $ sudo raspi-config nonint do_rgpio 0
```

■ リスト 3.3　pigpio ライブラリのインストールとデーモン設定
（バックグラウンドで動作させる設定）のコマンド

```
1   $ sudo apt install pigpio
2   $ sudo systemctl enable pigpiod
3   $ sudo systemctl start pigpiod
```

■ リスト 3.4　VL53L0X ライブラリのインストールのコマンド

```
1   $ pip install git+https://github.com/pimoroni/VL53L0X-python.git
```


(2) Python パッケージ，pigpio と VL53L0X のインストール

続けて I²C にもとづく通信を汎用インタフェース経由で制御するために，Python 用の pigpio と VL53L0X を，**リスト 3.3** と**リスト 3.4** に示すコマンドでインストールします．

(3) レーダ型 LiDAR プログラムの実行

以上で，3 次元計測プログラムを動かす準備ができました．次に，**リスト 3.5** に示した Python プログラムを動かします．実行するには，**リスト 3.6** のコマンドを用いてください．

■ リスト 3.5　レーダ型 LiDAR の Python プログラム
（GitHub 上のファイル名：LiDAR.py）

```
 1   #!/usr/bin/env python
 2   # -*- coding: utf-8 -*-
 3   import pigpio
 4   import VL53L0X
 5   import socket
 6   import time
 7
 8   class M5Servo180:
 9       def __init__(self, pin=None):
10           self.range_of_motion = 180
11           self.min_pulse_width = 500
12           self.max_pulse_width = 2500
13           self.pig = pigpio.pi()
14           self.pin = pin
15
16       def move(self, theta):
```

```
17            spw = (theta/self.range_of_motion) * (self.max_pulse_width-
              self.min_pulse_width) + self.min_pulse_width
18            self.pig.set_servo_pulsewidth(self.pin, spw)
19
20        def stop(self):
21            self.pig.set_servo_pulsewidth(self.pin, 0)
22
23    Addr = ("127.0.0.1", 9999)
24    s = socket.socket(socket.AF_INET, socket.SOCK_DGRAM)
25    s.setblocking(False)
26
27    tof = VL53L0X.VL53L0X(i2c_bus=1,i2c_address=0x29)
28    tof.open()
29    tof.start_ranging(VL53L0X.Vl53l0xAccuracyMode.HIGH_SPEED)
30
31    servo = M5Servo180(18)
32    servo.move(0.0)
33    time.sleep(1.0)
34
35    cnt = 0
36    a = 0.0
37    try:
38        while True:
39            distance = tof.get_distance()
40            data = "%d, %d" % (a, distance)
41            print(data)
42            s.sendto(data.encode(), addr)
43            cnt = cnt + 1
44            a = (float(cnt) * 2.0) % 360
45            a = 360 - a if a >= 180 else a
46            servo.move(a)
47            time.sleep(0.020)
48
49    except KeyboardInterrupt:
50        tof.stop_ranging()
51        tof.close()
52        servo.stop()
53
54    s.close()
```

■ リスト 3.6　リスト 3.5 の Python プログラムを実行するコマンド

```
1    $ python LiDAR.py
```

(4) レーダ型 LiDAR の Python プログラムの内容

リスト 3.5 の処理の概略を説明します．

8～21 行目で，pigpio パッケージを利用してサーボモータを駆動させるためのクラス M5Servo180 を定義しています．

続く23～25行目では，後で説明するレーダ型表示プログラムとの通信のために，ポート番号 9999 を初期化しています．なお，レーダ型表示プログラムが起動していなくてもこのプログラムは単独で実行できますので，当面気にしないでください．23行目では通信相手として 127.0.0.1 を指定していますが，後ほどレーダ型表示プログラムを動かすことになるPCのIPアドレスへと変更します．いまはそのままで大丈夫です．

27行目ではVL53L0Xオブジェクト tof を生成します．このオブジェクトは，あとのプログラムでVL53L0Xと通信するために用います．初期化にあたって，I²Cバス番号とI²Cスレーブアドレスを指定していますが，用いるTOFセンサモジュールと結線に応じて適宜，修正する必要があります．ここではそれぞれ，バス番号を 1，スレーブアドレスを 0x29 としています．

28行目で，生成したVL53L0X用オブジェクトを起動するために open() メソッドを呼び出し，29行目でVL53L0Xを，3次元計測の可能距離と計測精度を犠牲にした3次元計測時間が短い高速モード（HIGH_SPEED）に設定して，計測を開始しています．VL53L0Xにはほかに3次元計測時間がやや長めですが3次元計測の可能距離を長くした長距離モード（LONG_RANGE）と，3次元計測時間をさらに長くし計測精度を高めた高精度モード（HIGH_ACCURACY）がありますので，目的等に応じて切り替えてください．

次に，31行目で，サーボモータを駆動させるためのオブジェクトを生成します．利用するGPIOのピン番号は，結線に合わせて 18 としています．その後，32行目でサーボモータの位置を0°に移動させ，33行目では移動完了するのに十分な時間待ちをしています．ここでは，使用するサーボモータの動作を確認し，一番遠い180°からの移動でも十分である1sとしています．

38～47行目がメインとなる処理です．レーダ型表示プログラムからの接続要求があればそれを処理しながら，サーボモータを2°ごとに0°～180°～0°～と繰り返し動かし，3次元計測します．46行目でサーボモータを動かし，3次元計測する角度を変更，47行目でサーボモータの移動が完了するまでの十分な時間待ちをしています．安定した3次元計測が可能な数値を実験的に求め，筆者は 0.020（＝20ms）と設定しました．サーボモータを変更するときは，この待ち時間も変更する必要があります．

39行目で3次元計測データを取得して41行目で出力しています．43～45行目では，サーボモータの移動先の角度を計算しています．42行目で，レーダ型表示プログラムに，現在のサーボモータの角度と物体までの距離を送信します．

■ リスト 3.7　リスト 3.5 のプログラムの実行結果

```
  1  VL53L0X Start Ranging Address 0x29
  2
  3  VL53L0X_GetDeviceInfo:
  4  Device Name : VL53L0X ES1 or later
  5  Device Type : VL53L0X
  6  Device ID : VL53L0CBV0DH/1$1
  7  ProductRevisionMajor : 1
  8  ProductRevisionMinor : 1
  9  API Status: 0 : No Error
 10  VL53L0X_HIGH_SPEED_MODE
 11  API Status: 0 : No Error
 12  0, 1120
 13  2, 1107
 14  4, 879
 15  6, 801
 16  8, 699
 17  10, 703
 18  12, 685
 19  14, 633
 20  16, 591
 21  18, 547
     （中略）
100  174, 268
101  176, 257
102  178, 263
103  180, 256
104  178, 263
105  176, 257
106  174, 268
     （以下略）
```

プログラムを終了するためには，キーボードから Ctrl キーと「c」を同時入力してください．

(5) レーダ型 LiDAR プログラムの実行結果

リスト 3.5 のプログラムをリスト 3.6 のコマンドで実行すると，ターミナルに**リスト 3.7** のような実行結果が出力されます．

12 行目からが 3 次元計測データの出力で，カンマ区切りで 1 列目がサーボモータの角度〔°〕，2 列目がその角度における正対する物体までの距離〔mm〕となります．

(6) 3 次元計測データの表示プログラム

次に 3 次元計測したデータをファイルにいったん保存し，グラフに表示してみましょう．リスト 3.7 のうち 12 ～ 103 行目，つまり 0 ～ 180° の 3 次元計測データを “scan.csv” というファイル名で保存し，Raspberry Pi Zero WH から PC へ

■ リスト3.8　scan.csvに保存された3次元計測データをもとに極座標グラフを描画するPythonプログラム
（GitHub上のファイル名：polar.py）

```
1   #!/usr/bin/env python
2   # -*- coding: utf-8 -*-
3   import numpy as np
4   import matplotlib.pyplot as plt
5   import pandas as pd
6
7   df = pd.read_csv("./scan.csv", names=['theta', 'dist'])
8   df["theta"] = np.deg2rad(df["theta"])
9
10  fig = plt.figure(figsize=(8,6))
11  ax = fig.add_subplot(111, projection='polar')
12  ax.plot(df["theta"], df["dist"], color='black', linewidth=0.5)
13  ax.scatter(df["theta"], df["dist"], s=10, color='gray')
14  ax.set_ylim([0.0, 600.0])
15  ax.set_xlim([0.0, np.pi])
16  ax.set_xticks(np.arange(0.0, np.pi+0.1, np.pi/12))
17  fig.tight_layout()
18  plt.show()
```

■ リスト3.9　リスト3.8のPythonプログラムを実行するコマンド

```
1   $ python polar.py
```

コピーしておきます．プログラムを**リスト3.8**，そのプログラムを実行するコマンドを**リスト3.9**にそれぞれに示します．

なお，このプログラムではグラフ表示によく利用されるmatplotlibを使用しています．

7行目で3次元計測データを現在のディレクトリに置かれている`./scan.csv`から読み込み，角度を`theta`，3次元計測データ（奥行き距離）を`dist`に格納しています．角度の単位は8行目で度〔°〕からラジアン〔rad〕に変換します．11行目で極座標系のグラフを追加し，12，13行目で3次元計測データをプロットします．

さっそく計測してみましょう．**図3.28**に，試作したレーダ型LiDARの3次元計測環境を示します．パネル（距離約250 mm）・壁（距離約300 mm）・缶ジュース（距離約200 mm）がそれぞれレーダ型LiDARのまわりに置かれています．リスト3.5のプログラムを，リスト3.6のコマンドで実行した結果であるリスト3.7で示した3次元計測データを，**図3.29**に示します．図3.29では，パネル・壁・缶ジュースを，だいたいの位置で描画しています．視野角が25°と広いために，パネルと壁の境界や，壁と缶ジュースの境界がなまっていますが，大まかな3次元形状が取得できていることがわかります．

ただし，面積の大きなパネルや壁は，ほぼ配置どおりの距離として計測できている一方で，缶ジュースが実際より約100 mmほど遠い位置になってしまっています．これは，3次元計測の視野角が25°と広いために，視野内に缶ジュースだけではなく，壁部分も含まれてしまっていることが原因ではないかと推察されます．実計測に応用していくときには，想定外の事態をなるべく避けるため，テスト段階で応用する実際の場面に近い状況を想定して評価するこ

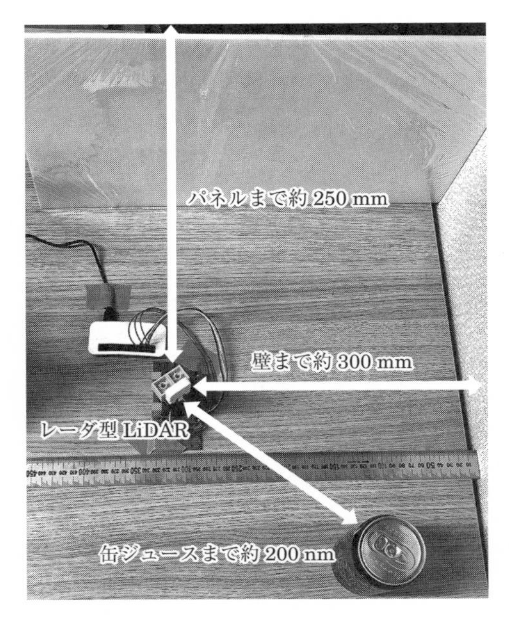

図3.28　試作したレーダ型LiDARの3次元計測環境（上から見た写真）

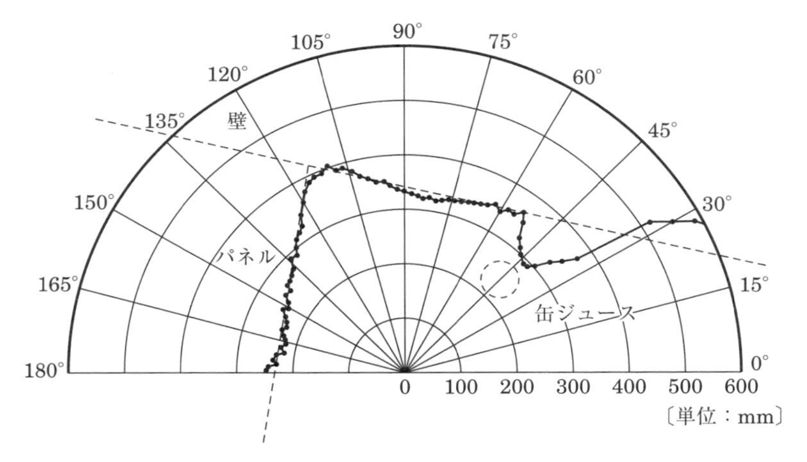

図3.29　図3.28での3次元計測結果（極座標表示）
（matplotlibを使用して作成したグラフにパネル・壁・缶ジュースのだいたいの位置を追記．パネル（距離約250 mm）・壁（距離約300 mm）は，ほぼ配置どおりに計測できているものの，缶ジュース（距離約200 mm）は100 mm程度遠い位置として得られている）

とが重要です．

図 3.30 に，パネルの背後に置いてあった黒い筐体の PC が露出するよう，パネルをずらした環境を示します．**図 3.31** が，この 3 次元計測結果です．黒い筐体は反射率が低いため，十分な光がもどってこず，計測できていないことがわかります．このように，3 次元計測結果は反射率に依存します．VL53L0X の仕様にも，反射率によって 3 次元計測が可能な範囲が異なることが明記されており，

図 3.30　レーダ型 LiDAR の 3 次元計測環境（全体を写した写真）
（パネルをずらし，後ろに置いてある黒い筐体の PC が見えるようにしている）

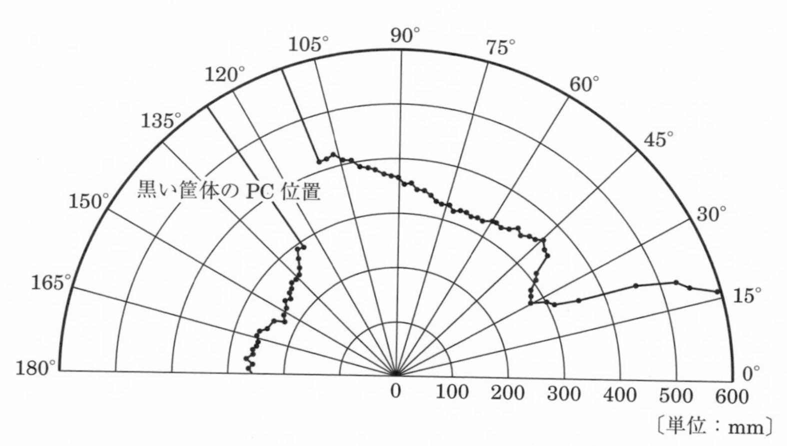

図 3.31　図 3.30 での 3 次元計測結果（極座標表示）
（黒い筐体の PC 部分では，3 次元計測に失敗している）

室内環境で白色（反射率 88％）の物体の最大計測可能距離が 200 cm に対し，灰色（反射率 17％）の物体では 80 cm と狭まっています※15.

(7) レーダ型表示プログラム

続いて，リスト 3.5（157 ページ）の Python プログラムと通信しながら，3 次元計測データをレーダのようにリアルタイムで表示し続けることで，周囲の 3 次元計測結果を動的に表示できるようにします．Python プログラムを**リスト 3.10** に，このプログラムを実行するコマンドを**リスト 3.11** に示します．このプログラムは PC 上で動かしますが，その前に Raspberry Pi Zero WH 上で動かすレーダ型 LiDAR の Python プログラム（リスト 3.5）を修正します．

このために，**リスト 3.12** の Linux コマンドを PC 上で動かして，PC の IP アドレスを取得します．取得した IP アドレスで，リスト 3.5 の 23 行目の太字部分である `127.0.0.1` を置き換えてください．その後，Raspberry Pi Zero WH 上でリスト 3.5 のプログラムを，リスト 3.6 のコマンドで再実行してください．

これで準備が完了しましたので，リスト 3.11 でレーダ型 LiDAR の 3 次元計測結果をリアルタイムで動的に表示するプログラムを実行しましょう．

■ リスト 3.10　レーダ型 LiDAR の 3 次元計測結果を表示する Python プログラム（GitHub 上のファイル名：radar.py）

```
1   #!/usr/bin/env python
2   # -*- coding: utf-8 -*-
3   from kivy.app import App
4   from kivy.uix.boxlayout import BoxLayout
5   from kivy.clock import Clock
6   from kivy.lang import Builder
7   from kivy.garden.matplotlib.backend_kivyagg import FigureCanvasKivyAgg
8   import numpy as np
9   import matplotlib.pyplot as plt
10  import socket
11
12  kv_def = '''
13  <RootWidget>:
14      orientation: 'vertical'
15      Label:
16          text: 'simple radar'
17          size_hint_y: 0.1
18      GraphView:
19  <GraphView>:
```

※15　ただし，これらの数値は長距離モード（LONG_RANGE）の場合であり，高速モードではもっと短くなると思われます．しかし，仕様書には，高速モード時の灰色の物体に関する計測範囲の記載はありませんでした．

```
20  '''
21
22  class GraphView(BoxLayout):
23      def __init__(self, *args, **kwargs):
24          super().__init__(*args, **kwargs)
25          self.theta = [ int(x) for x in np.linspace(0,179,180)]
26          self.dist = [ 0 for x in self.theta]
27
28          self.fig, self.ax = plt.subplots(subplot_kw={'projection':
            'polar'})
29          self.line, = self.ax.plot(self.theta, self.dist, color='green')
30          self.ax.set_ylim([0.0, 600.0])
31          self.ax.set_xlim([0.0, np.pi])
32          self.ax.set_xticks(np.arange(0.0, np.pi+0.1, np.pi/12))
33          self.fig.tight_layout()
34          widget = FigureCanvasKivyAgg(self.fig)
35          self.add_widget(widget)
36
37          Clock.schedule_interval(self.update_view, 0.01)
38
39      def update_view(self, *args, **kwargs):
40          try:
41              data = s.recvfrom(1024)
42              if len(data) > 0:
43                  sep = data.decode().split(",")
44                  self.dist[int(sep[0])] = int(sep[1])
45                  self.line.set_data(np.deg2rad(self.theta), self.dist)
46                  self.ax.relim()
47                  self.ax.autoscale_view()
48                  self.fig.canvas.draw()
49                  self.fig.canvas.flush_events()
50          except:
51              pass
52
53  class RootWidget(BoxLayout):
54      """Empty"""
55
56  class GraphApp(App):
57      def __init__(self, *args, **kwargs):
58          super().__init__(*args, **kwargs)
59          self.title = 'Simple Radar App'
60      def build(self):
61          return RootWidget()
62
63  Builder.load_string(kv_def)
64  s = socket.socket(socket.AF_INET, socket.SOCK_DGRAM)
65  s.bind(("0.0.0.0",9999))
66  s.setblocking(False)
67  app = GraphApp()
68  app.run()
```

■ リスト 3.11　リスト 3.10 の Python プログラムを実行するコマンド

```
1   $ python radar.py
```

■ リスト 3.12　PC の IP アドレスを取得する Linux コマンド

```
1   $ hostname -I | awk '{print $1}'
```

(8) レーダ型 LiDAR の 3 次元計測結果の表示プログラムの説明と実行結果

このプログラムでは，ユーザインタフェース（画面設計）として kivy を用いています．まず，12～20 行目で画面の構成を定義しています．ユーザインタフェース上の処理は，22～51 行目で定義します．28～35 行目は，matplotlib を用いて極座標表示させるための準備です．37 行目は，0.01 秒（10 ms）ごとに，39～51 行目のグラフ描画関数 update_view() を呼び出すように設定しています．

update_view() 中の 41 行目で，レーダ型 LiDAR プログラム（リスト 3.5）から送信される角度と距離のデータを受信し，データが受信できれば，43～49 行目でグラフを描画します．なお，リスト 3.8 に示したプログラムでは，0° から 180° までの 3 次元計測データを線で結んで描画しましたが，このプログラムは次々と送られてくるデータを見やすく更新表示するために，原点と 3 次元計測データ点を線分で結んでいます．64～66 行目ではレーダ型 LiDAR を実行するプログラムと通信するための設定を行っています．

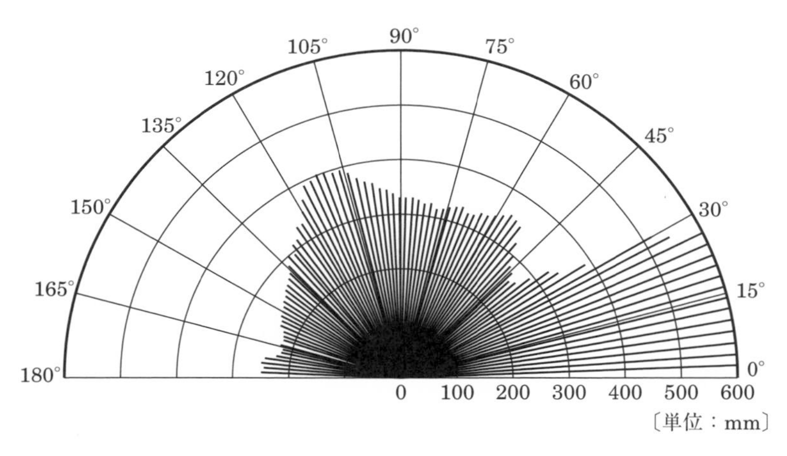

図 3.32　レーダ型 LiDAR の 3 次元計測結果の表示プログラムを図 3.28 の環境で実行したときの計測結果

このプログラムを終了するためには，グラフを表示しているウィンドウを閉じてください．**図3.32**に，図3.28の環境でレーダ型LiDARの3次元計測結果の表示プログラムを実行したときの計測結果を示します．レーダ型LiDARのまわりに，物体を置く／動かしてみるなどして，リアルタイムに3次元計測データの表示が変わっていくのをぜひ楽しんでみてください．

コラム　RealSenseをLEGOブロックに取り付ける

RealSenseには三脚に取り付けるためのϕ1/4インチのねじ穴と，ϕ3 mmのねじ穴があります．ロボットなどに取り付けるためには，ロボット側にこれらの径に対応するねじを準備することとなります．3.3節では，LEGO MINDSTORMというLEGOブロックをベースとした自由な組立てが可能なパッケージを利用しました．ここで，RealSenseのようなセンサも，ほかのLEGOブロックベースのセンサ類と同様に，気軽に取外しができるとより便利です．適当な大きさのLEGOブロックを改造し，例えばϕ1/4インチのねじを取り付ける方法もありますが，ここでは3Dプリンタを使って，LEGOブロックに直接はめ込むことができるRealSenseの台をつくります．

図3.33に，RealSense D415の前面と背面を示します．D415下部に三脚取付け用のϕ1/4インチのねじ穴が，背面にϕ 3 mmのねじ穴がそれぞれ設けられています．今回は，背面のϕ3 mmのねじ穴で固定する台を作成しました（**図3.34**）.

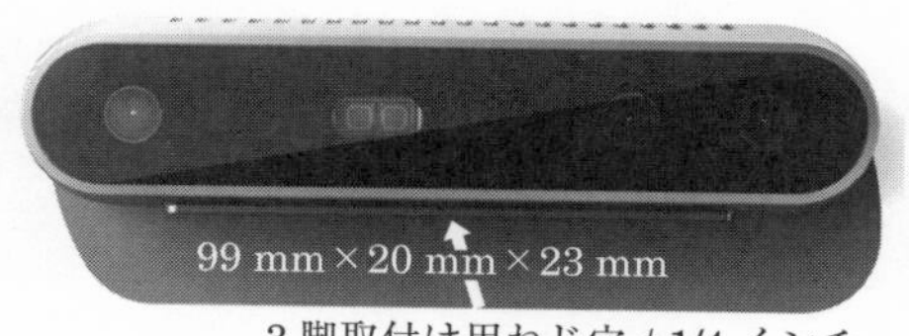

図3.33　RealSense D415の前面（上）と背面（下）※16

※16　https://www.intelrealsense.com/depth-camera-d415/ から引用　(2022年5月確認).

図 3.34　3D プリンタで設計した D415 専用の台
（D415 の背面にある φ3 mm のねじ穴で固定する（図 3.35 参照））

（a）サーボモータを取り付けた様子

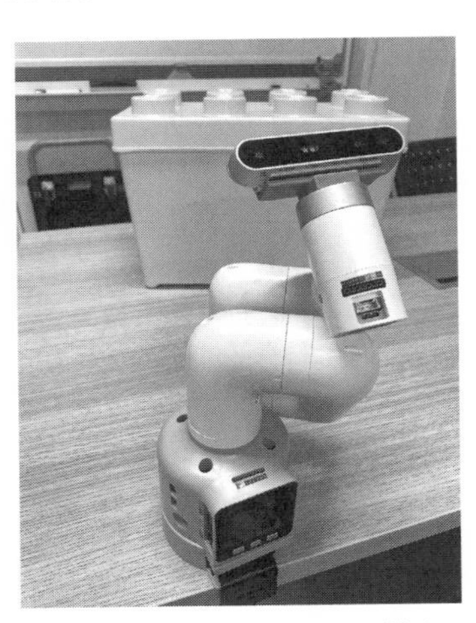

（b）ロボットに取り付けた様子

図 3.35　D415 専用の台の利用例

この台を使えば，**図 3.35** のように，LEGO ベースのマウントをもつサーボモータやロボットに簡単に取り付けることができるようになります．この D415 専用の台の設計図は，STL データ形式で本書のサポートページ（「まえがき」参照）上に公開しています．ただし，3D プリンタによっては LEGO ブロックとの取付け部の精度が十分でなく，はまりづらかったり，ゆるめで固定しづらかったりするかもしれません．3D プリンタはプリントしたそのままではなく，加工が必要となることが多いことを踏まえて，試してみてください．

Memo

3.4 3次元計測装置を動かしながらRGB-Dデータを取得

❶ 3次元計測デバイスによって，3次元計測データとともに，カラー画像を同時に取得することができます．
❷ 時系列RGB-Dデータは，市販の3次元計測デバイスでも取得できます．
❸ 時系列RGB-Dデータを統合させやすくするために，3次元計測デバイスはなるべくゆっくり動かします．
❹ 時系列RGB-Dデータのデータサイズは一般に大きいので，計測時間はなるべく短くします．

3次元計測データとカラー画像を2つ合わせて**RGB-D**（RGB-Depth）データといいます．また，ある現象の時間的な変化を観察して得た値の系列を**時系列**（time sequence）といいます．以下では，3次元計測データを時系列で取得して，コンピュータ上に再現することを目指します．

まず，3次元計測装置を動かしながら，時系列RGB-Dデータを取得していきましょう．取得した時系列RGB-Dデータを統合し，1つの3次元計測データとして，各時刻における3次元計測装置の位置を推定する技術が**SLAM**（Simultaneous Localization And Mapping，**自己位置推定と環境地図作成**）です．なお，時系列RGB-Dデータのうちカラー画像のほうは，統合の際の手がかりの1つとして利用します．なお，SLAMはまだ盛んに研究開発される対象であることもあり，何も配慮せず取得した時系列RGB-Dデータではよい結果が得られないこともままあります．RGB-Dデータ取得にあたって，注意すべき点もまとめながら説明していきます．

1 Open3DとAzure Kinect DKについて

本章では主に，**オープンソースソフトウェア**（**OSS**；Open Source Software）の1つである**Open3D**を使います．**オープンソース**とは，誰もが利用，修正，および頒布できることを指しており，商用／非商用あるいは個人／組織によらない概念です．オープンソースソフトウェアは，このオープンソースの定義に準拠するライセンスをもつソフトウェアを指します．なお，個々のライセンスには条件にばらつきもありますので，利用等にあたってはライセンスの確認が必要です．

Open3D は，MIT ライセンスと呼ばれるオープンソースライセンスにしたがうオープンソースソフトウェアであり※17，RGB-D データを含む 3 次元データを取り扱うさまざまな処理が実装されていて，手軽に利用可能なサンプルプログラムも充実しています．以下では Microsoft の Azure Kinect DK と Open3D のサンプルプログラムを利用して，時系列の RGB-D データを取得する方法を解説しています．なお，用いるサンプルプログラムなどは異なりますが，RealSense でも同様のことが可能です．RealSense で行う場合の詳細については，Open3D 公式のチュートリアル※18 に説明がありますので，必要に応じて参照してください．

また，これまで Kinect として，いくつかの原理にもとづく製品が出荷されてきましたが，Azure Kinect DK は，1.3 節で説明した LiDAR を原理としています．この Azure Kinect DK に実装されている LiDAR の TOF の原理にもとづく IC チップは，半導体集積回路の最先端技術が集まる世界最大規模の国際学会である ISSCC（International Solid-State Circuit Conference）で，2018 年に発表されました※19．続いて 2018 年には開発者向けのカンファレンスで Project Kinect for Azure として発表され，2019 年に米国で発売が開始されました．LiDAR の開発競争は熾烈をきわめており，このような国際学会で毎年新しい技術が発表され，続けて製品化も積極的に行われていますので，雑誌や Web メディアなどで，最新の技術や製品の動向を把握していくことが重要です．

2 Azure Kinect DK の仕様

次に，Azure Kinect DK のハードウェア仕様を具体的に確認します※20．奥行きを検知できるセンサには，**表 3.6** に示す動作モードがあると記載されています．

※17 ライセンスは変更されることもありますので，利用にあたっては各々で内容を確認するようにしてください．

※18 本書で利用する Open3D 0.13 については，次の URL に RealSense を利用するためのチュートリアルがあります．
http://www.open3d.org/docs/0.13.0/tutorial/sensor/realsense.html
（2022 年 5 月確認）

※19 C. Bamji *et al,*: 1Mpixel 65nm BSI 320MHz Demodulated TOF Image Sensor with 3.5nm Global Shutter Pixels and Analog Binning, *ISSCC Deg. Tech. Papers*, pp.94-95, Feb. 2018 IEEE Explore Link: https://ieeexplore.ieee.org/document/8310200
（2022 年 5 月確認）

※20 Azure Kinect DK のハードウェアの仕様は，次の URL にあります．
https://docs.microsoft.com/ja-jp/azure/Kinect-dk/hardware-specification
（2022 年 5 月確認）

表 3.6　Azure Kinect DK がサポートする動作モード（奥行き）※21

モード	解像度	視野角	フレームレート（FPS）	計測範囲（奥行き）	露出時間
NFOV unbinned	640 × 576	75° × 65°	0, 5, 15,30	0.5 ～ 3.86 m	12.8 ms
NFOV 2x2 binned	320 × 288	75° × 65°	0, 5, 15, 30	0.5 ～ 5.46 m	12.8 ms
WFOV unbinned	1024 × 1024	120° × 120°	0, 5, 15	0.25 ～ 2.21 m	20.3 ms
WFOV 2x2 binned	512 × 512	120° × 120°	0, 5,15, 30	0.25 ～ 2.88 m	12.8 ms

NFOV，WFOV は FOV（Field of View，視野角）に “Narrow（狭い）” “Wide（広い）” という形容詞を付けた短縮形です．実際それぞれの視野角を見ると，狭い視野角，広い視野角であることがわかるでしょう．また，NFOV のほうが WFOV よりも奥行き方向の計測範囲が，より奥に広がっていることもわかります．

“unbinned” と “2x2 binned” は，2 × 2 の近傍計 4 画素を対象に処理を行うかどうか，を意味しています．“2x2 binned” とすると，4 画素をまとめる処理を行うので，unbinned に比較して解像度は半分になりますが，動作範囲がより遠いところまで延びていることがわかります．これは，遠い位置に置かれた物体から反射してくる光は弱くなりますので，複数画素からの信号をまとめることでセンサ感度を上げ，動作範囲を広げていると解釈できます．実際の計測にあたっては，どのモードを用いるのが目的に合致しているかを考えて，モードの選択をしていきましょう．

次に，3 次元計測誤差を調べてみます．ランダムな誤差（random error/statistical error）の標準偏差は 17 mm 以下，標準的な系統的誤差（systematic error）は 11 mm に，距離の 0.1 % を足した値よりも小さい，という記述があります※22．

ここでランダムな誤差と系統的誤差について説明します．**図 3.36** の横軸は計測対象との距離を計測した値です．一方，一般に計測値は計測のたびに，ランダムに少しずつずれた値となります．したがって，このグラフの縦軸は，計測値が

※21　次の URL より，翻訳して引用（ただし，3 次元計測と関係ない受動 IR モードは省略した）．https://docs.microsoft.com/en-us/azure/kinect-dk/hardware-specification（2022 年 5 月確認）

※22　※21 の URL より，翻訳して引用（実際の記述はもう少し詳細であり，計測対象の反射率が，3 次元計測用として投射する近赤外光の波長である 850 nm に対して 15% から 95% の範囲との条件がある．また，系統的な誤差に付与する「距離の 0.1%」については，「マルチパス干渉を（すなわち，複数回反射して LiDAR にもどる干渉を）起こしていない距離の 0.1%」が，正確な翻訳となる）．

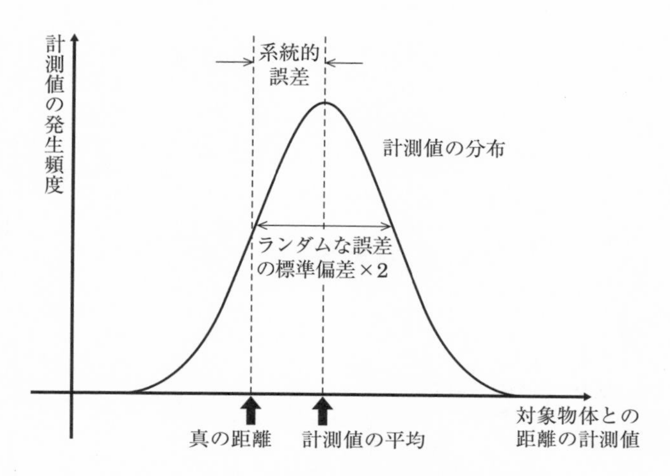

図 3.36　ランダムな誤差と系統的誤差の説明図

発生する頻度（あるいは確率）になります．典型的には，3 次元計測値は図のように釣り鐘型の分布（正規分布）になっており，この分布の幅（平均値からのずれ幅）である標準偏差が，**ランダムな誤差**（random error）の目安として用いられます．標準偏差が小さければ小さいほど，安定した精度の高い計測ができる装置であると評価できます．

しかし，計測値の平均値は，真の距離とは系統的にずれることがあります．これが**系統的誤差**（systematic error）であり，小さければ小さいほど計測した距離をそのままで補正などせずに解釈することが可能となります．

Azure Kinect DK 用の IC チップに関して，国際学会 ISSCC 2018 で発表された内容の抜粋が，白書として公開されています※23．白書の中からランダムな誤差の標準偏差と，系統的誤差のグラフがありましたので，**図 3.37** に引用します．

図 3.37 (a) のグラフは系統的誤差を示しており，横軸で示した対象物体との距離が大きくなるにつれて系統的誤差も大きくなってくること，また環境の明るさによって系統的誤差が異なることがわかります．ただし，その大きさはおおむね 3 mm 未満に収まっていることもわかります．公式発表によると，Azure Kinect DK としては 11 mm に，対象物体との距離の 0.1 %（1 m だと 1 mm，4 m だと 4 mm）を足した値よりも系統的誤差は小さい，ということですので，数値に若

※23　次の URL に白書が置かれている．
https://docs.microsoft.com/ja-jp/windows/mixed-reality/out-of-scope/isscc-2018
（2022 年 5 月確認）

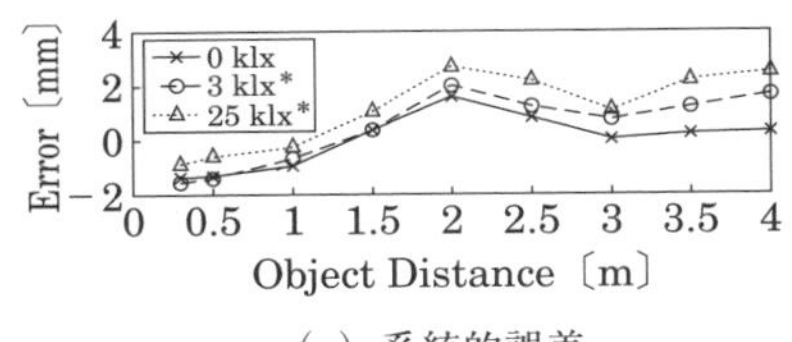

(a) 系統的誤差

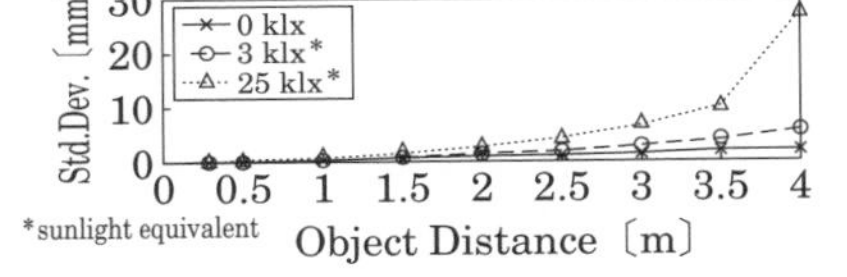

(b) 統計的誤差

図 3.37　Azure Kinect DK 用の，TOF 原理にもとづく IC チップの３次元計測における誤差（横軸は対象との距離（Object Distance）を〔m〕単位で表している．縦軸は，(a) が対象との距離と計測した距離との差を〔mm〕単位で表している．(b) は計測のたびにランダムにゆれ動く誤差の標準偏差を〔mm〕単位で表している．環境の光の強さは，暗室のような明るさ０（0 klx）と，屋外を想定した２種類の明るさ〔太陽光と同等レベルとして３klx と 25 klx〕の計３種類で評価している）

干の乖離はありますが，測定距離に応じて誤差が大きくなっていく傾向はこのグラフでも読み取ることができます．

図 3.37 (b) は，ランダムな誤差（統計的誤差）の標準偏差のグラフです．環境光の強さが 25 klx のとき，4 m 離れた位置でのランダム誤差の標準偏差が大きく劣化しているのがわかります．公式発表によると，Azure Kinect DK としては，ランダム誤差の標準偏差が 17 mm 以下，ということですが，グラフ上では 4 m 位置でオーバしています．計測範囲（奥行き）が 4 m よりも少し手前の 3.84 m（NFOV）となっているのは，急激に劣化する手前までを動作保証範囲にしているからかもしれません．

なお，3.2 節の RealSense，3.3 節の VL53L0X の説明では，ともに系統的誤差を取り扱いましたが，実は両方とも，それぞれの仕様書にはランダム誤差も示されています．それぞれの誤差の意味は上記で説明したとおりですので，もう一度もどって，仕様書を確認していただければと思います．

また，Azure Kinect DK の３次元計測原理は，白書には振幅を変調する AM-CW 法と書かれています．第１章のコラム（42 ページ）で FM-CW 法の説明をしたとおり，FM-CW 法では，光の周波数を変調しますが，**AM-CW 法**（AM-CW method）では光の周波数自体は変えず，光の振幅をある周波数で変調します．このとき，投射した光と，対象物体で反射してもどってきた光との間に，距離に応じて変調周波数成分の位相差が発生することにもとづいて，３次元計測します．

3　３次元計測の準備

図 3.38 に，本章の説明において，筆者が使用した機材を示します．PC は第２章で用いたものと同じで，OS は Ubuntu 20.04 LTS に入れかえています．また，

図 3.38　筆者が実験に用いた PC と 3D スキャナ

図 3.39　筆者が実験に用いた PC，3D スキャナ，計測対象
（3 次元計測にあたって，3D スキャナと計測対象の距離を約 1 m 程度とした）

PC には 2 本の USB ケーブルが接続されています．2 本のうち 1 本は Azure Kinect DK の USB C コネクタに，RGB-D データの転送などを行うために接続されています．もう 1 本の先は DC コネクタになっており，Azure Kinect DK の，電源を担う DC ジャックに接続されています．この 2 種類の USB ケーブルは Azure Kinect DK に付属しています．一方，PC によっては，Azure Kinect DK を駆動するのに十分な電力供給ができない場合があるかもしれません．このときは，PC とはデータ用の USB ケーブルのみを接続し，電源供給用のケーブルについては付属品として添付されている AC アダプタに接続してください．

本章で用いる計測対象は，筆者が大きめの紙を折り曲げて作成したものであり，紙面で形状がわかりやすいように表面にマジックインクで落書きのような模様を入れています（**図 3.39**）．

4　時系列 RGB-D データの取得

次に，時系列 RGB-D データを取得する準備をします．お手もちの PC に Open3D をダウンロード・展開すると，デフォルトのままだと**リスト 3.13** の場所（ディレクトリ）に本節で用いるサンプルプログラムができます．

以下では，Open3D の中にあるサンプルプログラムを利用します．サンプルプログラムは，デフォルトの Open3D を展開したディレクトリ上で動かしてもよいのですけれど，操作ミスでファイルを消してしまう，別のファイルで上書きしてしまうことで，サンプルプログラムが途中で動かなくなってしまうことも起こりえます．よって，再度Open3Dを展開し直さなくてもよいよう，サンプルプログラムを動かすために必要なファイル群は，別の場所（作業用ディレクトリ）へコピーして，コピー先で作業するようにしましょう．**リスト3.14**に，Pythonで書かれたサンプルプログラムをまとめてコピーする，コピーコマンドを示します．リスト3.14では，Open3Dを展開したルートのディレクトリを`$(OPEN3D)`としていますが，適切なディレクトリ名に入れかえてください．これにより，現在のディレクトリの下に`python`という名前のディレクトリが作成され，さらにその下にリスト3.13を含むいくつかのサブディレクトリが作成されて，複数のサンプルプログラムがそれぞれのサブディレクトリ配下にコピーされます．

次に，時系列RGB-Dデータを**リスト3.15**によって取得します．1行目のコマンドで，時系列RGB-Dコマンドを記録するサンプルプログラムが置いてあるディレクトリ（リスト3.13）に移動して，2行目のコマンドで取得していきます．

ここで例として，丸いテーブルの上に計測対象を置いてそのまわりを，3次元計測装置をもって1周しながら3次元計測を行ってみます．リスト3.15をPCのターミナルから実行すると，2行目のコマンドで**図3.40**に示すような画面がPCに表示されます．(a)は撮影画像，(b)は奥行き画像で，この2つが合わさってRGB-Dデータです．`--config`に続けて指定されているファイル`default_config.json`の例を，**リスト3.16**に示します．リスト中の太字部分がフレームレートとAzure Kinect DKの動作モードです．ここでは1秒あたり30枚のRGB-D画像を，WFOV 2x2 binnedのモードで取得しています．リスト3.16で定義可能な動作モードとフレームレートを，**表3.7**に示します．対象に応じて，適宜変更して試してください．

■ リスト3.13　本章で用いるOpen3Dサンプルプログラムが入るディレクトリ

```
$(OPEN3D)/examples/python/reconstruction_system
```

■ リスト3.14　サンプルプログラムを作業用ディレクトリにコピーするコピーコマンド（この後の作業はコピーされたディレクトリ配下で行う）

```
1   % cp -pr $(OPEN3D)/examples/python .
```

■ リスト3.15　時系列RGB-Dデータを取得するコマンド

```
1   % cd python/reconstruction_system
2   % python3 sensor/azure_kinect_recorder.py --config sensor/default_
    config.json
```

（a）撮影画像（実際はカラー画像）

（b）奥行き画像

図 3.40　リスト 3.15 の実行画面の例
（中央のテーブル上に計測対象がある．また，(a)，(b) ともに計測対象以外の背景にはモザイク処理を施してある）

■ リスト 3.16　ファイル default_config.json の例

```
1    {
2    "camera_fps" : "K4A_FRAMES_PER_SECOND_30",
3    "color_format" : "K4A_IMAGE_FORMAT_COLOR_MJPG",
4    "color_resolution" : "K4A_COLOR_RESOLUTION_720P",
5    "depth_delay_off_color_usec" : "0",
6    "depth_mode" : "K4A_DEPTH_MODE_WFOV_2X2BINNED",
7    "disable_streaming_indicator" : "false",
8    "subordinate_delay_off_master_usec" : "0",
9    "synchronized_images_only" : "false",
10   "wired_sync_mode" : "K4A_WIRED_SYNC_MODE_STANDALONE"
11   }
```

表 3.7　リスト 3.16 で定義可能な動作モードとフレームレート
（Azure Kinect DK の仕様に依存し，変更される可能性がある）

モード	フレームレート
K4A_DEPTH_MODE_NFOV_UNBINNED	K4A_FRAMES_PER_SECOND_5
	K4A_FRAMES_PER_SECOND_15
	K4A_FRAMES_PER_SECOND_30
K4A_DEPTH_MODE_NFOV_2X2BINNED	K4A_FRAMES_PER_SECOND_5
	K4A_FRAMES_PER_SECOND_15
	K4A_FRAMES_PER_SECOND_30
K4A_DEPTH_MODE_WFOV_UNBINNED	K4A_FRAMES_PER_SECOND_5
	K4A_FRAMES_PER_SECOND_15
K4A_DEPTH_MODE_WFOV_2X2BINNED	K4A_FRAMES_PER_SECOND_5
	K4A_FRAMES_PER_SECOND_15
	K4A_FRAMES_PER_SECOND_30

このサンプルプログラムはスペースキーでRGB-Dデータの記録を開始し，Escキーで記録を停止して終了となります．時系列RGB-Dデータはコマンドを実行したディレクトリに記録され，「西暦–月–日–時–分–秒.mkv」という形のファイル名で保存されます．例えば，2021年11月22日の18時55分30秒から記録を開始した場合，ファイル名は2021-11-22-18-55-30.mkvとなります．拡張子である“**mkv**”は，**Matroska Video形式**と呼ばれる映像などマルチメディアデータを記録するためのデータ形式です．Matroskaは，ロシアの人形であるマトリョーシカのことであり，人形の中に人形が入れ子になっているように，このMatroska Video形式のデータの中に，マルチメディアデータが入れ子になって格納されている，**コンテナデータ**（container data）とも呼ばれるデータ構造をもっています．

続いて，記録されたMatroska Video形式の時系列RGB-Dデータを，カラー（RGB）画像と奥行き画像に分離します．**リスト3.17**のコマンドでは，`--input`で指定したファイル（拡張子が.mkv）を読み取ります．また，`--output`で指定したディレクトリと，その下に`color`と`depth`という2つのサブディレクトリを自動で作成し，それぞれの下にカラー画像，奥行き画像を保存します．`--input`と`--output`に続く引数で指定するファイル名やディレクトリ名は，状況に応じて変更できます．リスト3.17を実行すると，PCのターミナルに**リスト3.18**に示したようなメッセージが表示されます．ここで，`--output`で指定したディレクトリ下に，カラー画像・奥行き画像用のサブディレクトリとは別に，config.jsonとintrinsic.jsonという2つのファイルがきちんと生成されているか，確認してください．

■ リスト3.17　時系列RGB-Dデータをカラー画像と奥行き画像に分離するコマンド

```
1   % python3 sensor/azure_kinect_mkv_reader.py --input 2021-11-22-18-55-
    30.mkv --output frames.2021-11-22
```

■ リスト3.18　リスト3.17のコマンドの実行結果

```
1   MKV reader initialized. Press [SPACE] to pause/start, [ESC] to exit.
2   Writing to frames.2021-11-22/color/00000.jpg
3   Writing to frames.2021-11-22/depth/00000.png
4   Writing to frames.2021-11-22/color/00001.jpg
5   Writing to frames.2021-11-22/depth/00001.png
6   Writing to frames.2021-11-22/color/00002.jpg
    (中略)
最終行 [Open3D INFO] EOF reached
```

5 SLAMを適用する時系列RGB-D画像取得の注意事項

時系列RGB-Dデータを取得するにあたって，SLAM適用でよい結果を得るための，一般的な注意事項をまとめておきます．

(1) 3次元計測装置をなるべくゆっくりと動かす

複数のRGB-Dデータの集合である時系列RGB-Dデータは，それぞれのRGB-Dデータ間の差が大きければ大きいほど互いの位置合せは難しく，つまり統合しづらくなります．さらに，1.3節で説明したようなミラーを駆動して1枚のRGB-Dデータを取得するタイプの3次元計測装置では，ミラーの動きに合わせて3次元計測していくことになるので，各画素位置により3次元計測データの取得タイミングがずれることがあります※24．このため，時系列RGB-Dデータ取得時には，3次元計測装置をなるべくゆっくりと動かすことが大切です※25．

(2) 雑多な場所を撮影場所に選ぶ

時系列RGB-Dデータの位置合せにあたっては，用いるSLAMの手法にもよりますが，最初にRGB画像上で濃淡の変化が大きな地点などを手がかりにすることが多いです．つまり，撮影場所としては色とりどりで，かつ，各色の明るさの変化が大きい，いわば雑多なものがRGB-Dデータ上に映り込むような場所が適します．Azure Kinect DKは視野角が広いことから，図3.40のように結果的にいろいろなものが映り込むので，位置合せがしやすくなっています．

(3) 撮影対象以外の撮影範囲にある物体をなるべく静止させておく

撮影範囲にある物体は，背景を含めて，RGB-Dデータを取得している間，できるだけ静止させておくことが望ましいでしょう．この理由は，取得データを統合するという目的から明らかだと思います．

また，時系列RGB-Dデータのデータサイズは，一般に大きくなりがちです．しかも，統合の処理に要する時間は，データサイズに応じて長くなっていきます．最初から欲張らずに，なるべく短時間の計測データの取得から始めるほうが望ましいといえるでしょう．

※24 Azure Kinect DKは，3次元計測のタイミングは全画素同時（**グローバルシャッター**）ですが，RGB画像撮影用のセンサは**ローリングシャッター**（画素位置によってシャッタータイミングが異なる方法）を採っています．
なお，3次元計測のタイミングとRGB画像撮影のタイミングは一般的に異なりますが，Azure Kinect DKではリスト3.16の`depth_delay_off_color_usec`で制御できます．リスト3.16では`0`に設定していますので，同じタイミングで取得しています．

※25 このほか，RGB-Dデータ取得のフレームレートが高い3次元計測装置を利用することも有効です．

3.5 時系列 RGB-D データの統合

❶ 時系列 RGB-D データの統合は，4 つのステップで順に行っていきます．
❷ グラフィカルユーザインタフェース（グラフィックベースの利用者との入出力）が備えられたサンプルプログラムでは，時間の経過とともにデータが統合されていく様子を実際に見ることができます．
❸ どういった時系列 RGB-D データでも統合がうまくいくわけではないので，時系列 RGB-D を繰り返し取得，試行錯誤することが大切です．

❶ 時系列 RGB-D データの統合：再構成システム

Open3D に含まれるサンプルプログラムをもとにして，時系列 RGB-D データを統合していきます[※26]．作業用ディレクトリは 3.4 節と引き続き同じです．

さて，時系列 RGB-D データの統合は，大きく次の 4 つのステップで進めていきます．

(1) 断片の作成：時系列 RGB-D データを，時間で区切って短時間に分割するとともに，断片にします．

(2) 断片の位置合せ：複数の断片データを 1 つの座標空間上で大まかに位置合せします．これにより，3 次元計測装置の移動経路が大まかにわかるので，以前 3 次元計測した場所の近傍を再度通過したのか（閉ループがあるのか）の推定が可能になります．これを**閉ループ検出処理**（loop closure detection）といいます．閉ループを検出したら，2 つの 3 次元計測データがほぼ重なるように，断片データ全体の位置を再調整します．

(3) 位置合せの改善：大まかに合わせた位置をもとに，精細な位置合せを行います．

(4) 全体の統合：最終的にすべての RGB-D データを統合します．

※26 この節の説明は，次の URL の内容にもとづいています．
http://www.open3d.org/docs/latest/tutorial/ReconstructionSystem/index.html
(2022 年 5 月参照)

■ リスト 3.19　時系列 RGB-D データを統合する一連の処理を行うコマンド

```
1  % python3 run_system.py --make frames.2021-11-22/config.json
2  % python3 run_system.py --register frames.2021-11-22/config.json
3  % python3 run_system.py --refine frames.2021-11-22/config.json
4  % python3 run_system.py --integrate frames.2021-11-22/config.json
```

この一連の処理を行うコマンドを**リスト 3.19** に示します．ここで，各コマンドの最後の引数には，リスト 3.17 で生成した config.json ファイルを指定します．また，引数の `--make`，`--register`，`--refine`，`--integrate` により，各処理の実行を指示しています．なお，上記ステップの 4 つすべてを 1 つのコマンドで実行するよう，すべての引数を一度に指定することもできます．

まず，1 行目で時系列 RGB-D データを短時間の断片データに分割します．筆者が実行したバージョンでは，100 回分の連続して取得した RGB-D データ（RGB 画像と奥行き画像）を 1 つの断片として，断片内で位置合せを行っていました．このとき，3000 フレームで構成される時系列 RGB-D データ（1 秒あたり 30 フレームを取得する 3 次元計測装置だと 100 秒分）からは，30 の断片がつくられます．

ここで行われている処理の一部をもう少し詳しく説明します．1.1 節では，ステレオ法の 1 つとして，2 枚の画像から角のような特徴的な画素を抽出して，画像間で対応付けする方法を紹介しました．ステレオ法では，2 台のカメラはあらかじめ決まった相対距離と向きで固定されているので，三角測量の原理にもとづいて対応する画素位置の差分（視差）から，その 3 次元座標位置が得られるのでした．この逆を考えてみましょう．すなわち，対応する画素のペアが 1 つだけでは無理ですが，複数のペアが見つけられたとしましょう．このとき，ステレオ法により，それらのペアがそれぞれ特有の視差で観察されることから，2 台のカメラの相対距離と向きを決めることができます．

なぜ，このようなことを考えるのかというと，3 次元計測装置を動かしながら 3 次元計測データを取得するとき，各時刻における 3 次元計測装置の位置（あるいは相対距離）と向きはわからないからです．そこで，まず特徴的な画素のペアを，2 枚の RGB 画像から複数抽出して上記の方法で位置と向きを求めます．**図 3.41** に，RGB 画像のうち 901 番目と 1000 番目に取得した 2 枚を，特徴的な画素位置が重なるようにして示します．これら対応する画素のペアがそれぞれの画素で見つけられるような，3 次元計測装置の位置と向きを求めます．**図 3.42** では，簡略化した説明のため，2 次元平面上で計測装置の位置と向きが決まるしく

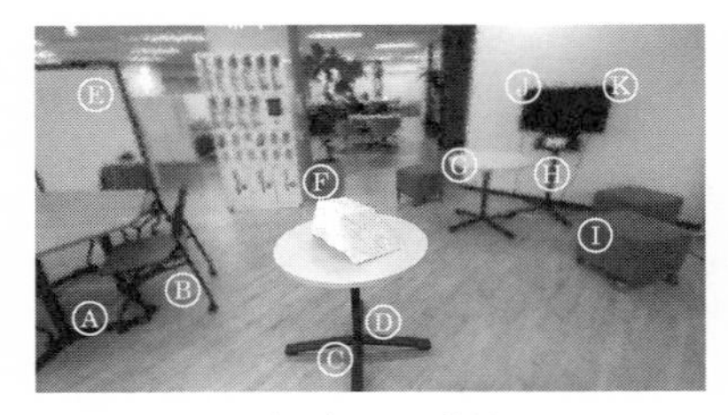

（a）901 番目

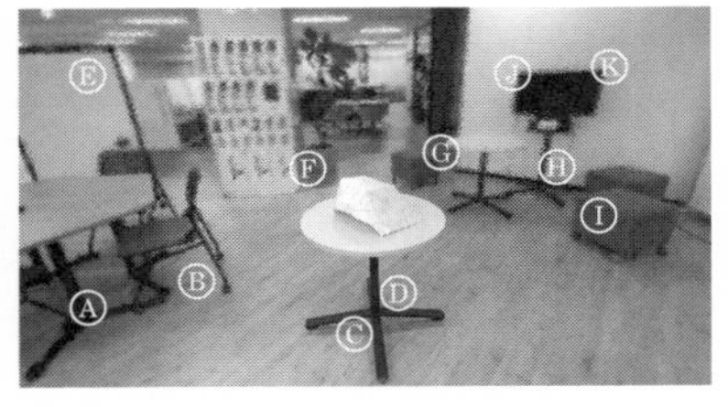

（b）1000 番目に取得

図 3.41　2 枚の RGB 画像における特徴的な画素位置の対応
(特徴的な画素位置は例であり，本文中で用いたサンプルプログラムで実際に取得したものではない)

みを模式的に示しています．用いたサンプルプログラムでは，5 つのペアを用いて 3 次元計測装置の位置と向きを求めています．

このような処理を行う必要があるので，撮影対象を含む撮影場所には，特徴的な画素が多くなるよう雑多なものが含まれるほうがよいこと，対応関係をより確実に求められるよう 3 次元計測装置はゆっくり動かすこと[※27]，撮影中には撮影場所にあるものはなるべく静止させておくほうがよいこと，といった前節で述べた注意事項があるのです．

断片ごとに分割したデータを**図 3.43** に示します．

次に，2 行目で，複数の断片データを 1 つの座標空間上で大まかに位置合せします．例えば，3 次元計測装置をもって計測対象のまわりを 1 周したとします（**図 3.44**（a））．しかし，断片データを最初からつなぎ合わせていったとき，だんだんつなぎ合わせ誤差が蓄積していきますので，単純につなぐだけでは必ずしももとの場所へもどってこられません（図 3.44（b））．そこで，断片データを一度並べてみて，閉ループが検出されればループとなるように全体的に断片データの位置を調整します（図 3.44（c））．

なお，各断片には非常に多くの RGB-D データ（このサンプルプログラムでは 100 枚の RGB-D データ）が含まれています．すべてのデータを対象にして上記の処理を行うのでは，長い処理時間を費やしてしまいます．したがって断片データごとに，断片のキーとなるフレームを（筆者が実行したバージョンでは 5 つ）選択することで，計算量の削減を図ります．

※27　ここで述べた処理のほかに，取得時間がごく近い RGB 画像間の対応付けを，3 次元計測装置がほとんど動いていないことを前提として探索する処理も行われています．

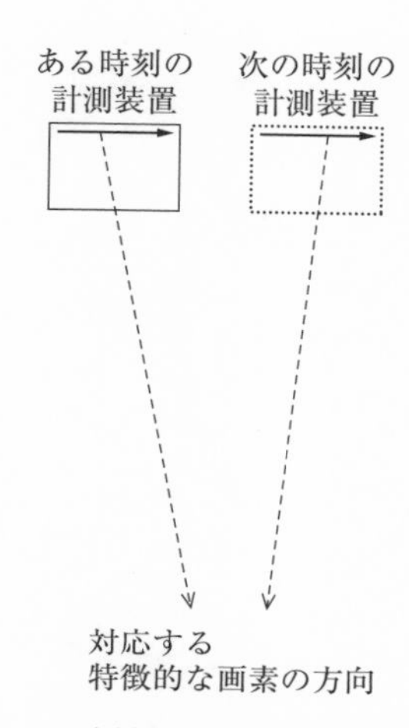

（a）2つの時刻で，それぞれの計測装置で見つけた特徴的な画素の方向

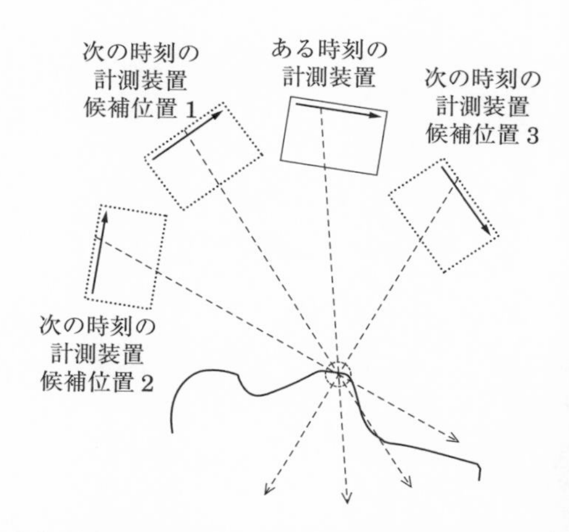

（b）特徴的な画素が1ペアだけの場合，計測装置の相対的な位置・向きは決まらない

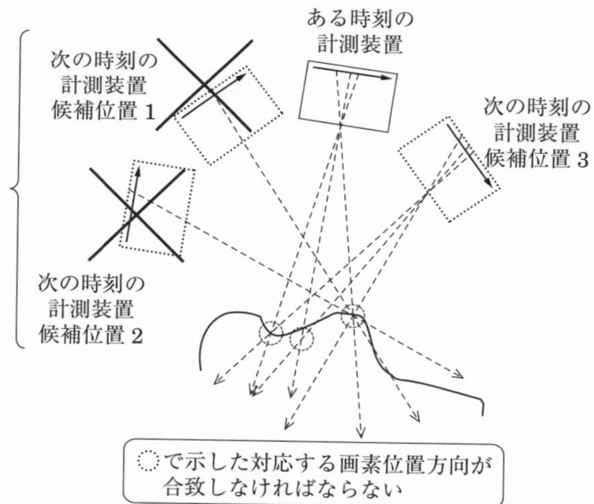

（c）2次元平面上なら3ペアあれば，計測装置の相対的な位置・向きが定まる

図 3.42　特徴的な画素位置のペアにもとづく，計測装置間の相対位置と向きの推定
（2次元平面上での簡略化した説明）

（a） 1 ～ 100 番目

（b） 101 ～ 200 番目

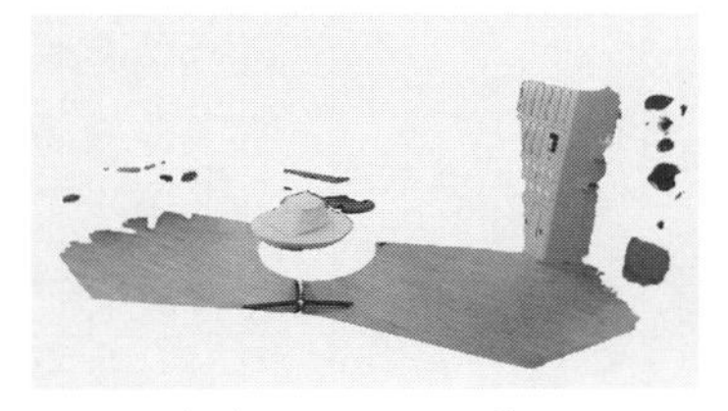

（c） 201 ～ 300 番目

（d） 301 ～ 400 番目

（e） 401 ～ 500 番目

（f） 501 ～ 600 番目

図 3.43　断片データの例
（(a)～(f) に取得した RGB-D 画像で合成された断片データ）

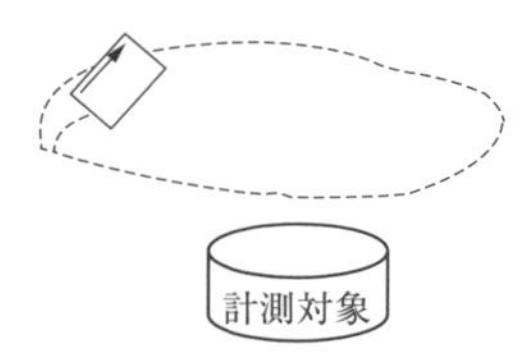

（a） 3 次元計測装置の移動経路

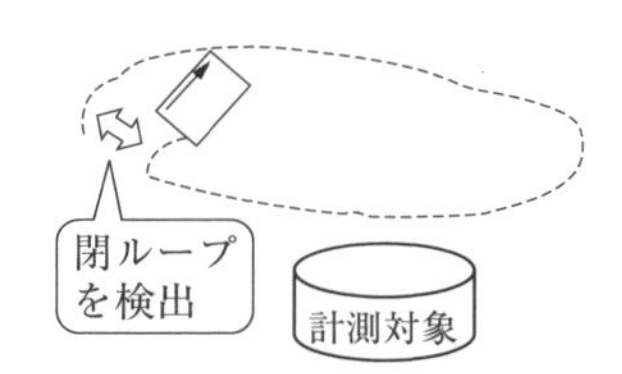

（b） 推定した移動経路，推定結果がずれてしまっていることを検知

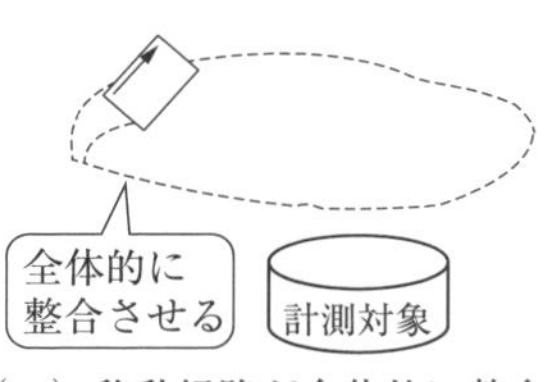

（c） 移動経路が全体的に整合するよう調整

図 3.44　閉ループ検出処理の説明図

リスト 3.19 の 3 行目では，大まかに合わせた位置をもとに，より精細に位置合せを行い，4 行目ですべての RGB-D データを統合します．断片ごとに合成された RGB-D データ，統合後の RGB-D データ，および，3 次元計測装置の軌跡のファイル名をそれぞれ**リスト 3.20** に示します．

■ リスト 3.20　断片ごとに合成された RGB-D データファイル名（1 行目），統合後の RGB-D データファイル名（2 行目），3 次元計測装置の軌跡のファイル名（3 行目）
（断片ごとの RGB-D データファイル名中の "xxx" には，時間順に 000 から始まる数字が順番に割り当てられる）

```
1    frames.2021-11-22/fragments/fragment_xxx.ply
2    frames.2021-11-22/scene/integrated.ply
3    frames.2021-11-22/scene/trajectory.log
```

2 統合 RGB-D データと 3 次元計測装置の軌跡の表示

図 3.45 に，リスト 3.20 の 2 行目にある統合後の integrated.ply ファイルを 3 次元データ編集・変換ソフトの MeshLab で表示したものを示します．**MeshLab** とは，Windows や macOS，Linux 上で動くオープンソースの 1 つであり，複数の 3 次元データ形式の読書きとともに，読み込んだ 3 次元データの編集加工が可能です．この MeshLab を起動して，その画面中に integrated.ply ファイルをドラッグアンドドロップすれば自動的に読み込まれます．図 3.45 には，図 3.40 (a)（177 ページ）に示した撮影画像をもとにして，計測対象を載せた丸テーブルの 3 次元計測データが合成されています．

また，3 次元計測装置の軌跡は trajectory.log ファイルに記録されます．このファイルの例を**リスト 3.21** に示します．ここで，時系列 RGB-D データは 1 から順に付番されており，それぞれについて 4 × 4 の行列で記録されることに注意してください．すなわち，4 × 4 の行列を $\boldsymbol{T}$，3 次元計測装置を基準とした

図 3.45　integrated.ply ファイルを MeshLab で表示した例
（図 3.40 で撮影した画像をもとにしている）

3次元座標系を$\boldsymbol{P}$，グローバルな3次元座標系（空間全体を表す座標系）を$\boldsymbol{P}_{\mathrm{G}}$として，以下のように定義するとします．

$$\boldsymbol{T} = \begin{pmatrix} t_{11} & t_{12} & t_{13} & t_{14} \\ t_{21} & t_{22} & t_{23} & t_{24} \\ t_{31} & t_{32} & t_{33} & t_{34} \\ 0 & 0 & 0 & 1 \end{pmatrix}$$

$$\boldsymbol{P} = \begin{pmatrix} x \\ y \\ z \\ 1 \end{pmatrix}, \qquad \boldsymbol{P}_{\mathrm{G}} = \begin{pmatrix} X \\ Y \\ Z \\ 1 \end{pmatrix} \tag{3.1}$$

このとき，次の式(3.2) が成り立ちます．

$$\boldsymbol{P}_{\mathrm{G}} = \boldsymbol{TP} \tag{3.2}$$

したがって，3次元測定装置の原点のグローバルな3次元座標値は，$\boldsymbol{T}$の要素を用いて，式(3.3) となります．

$$\boldsymbol{P}_{\mathrm{G}} = \boldsymbol{T} \begin{pmatrix} 0 \\ 0 \\ 0 \\ 1 \end{pmatrix} = \begin{pmatrix} t_{14} \\ t_{24} \\ t_{34} \\ 1 \end{pmatrix} \tag{3.3}$$

これをもとに，3次元測定装置の軌跡を原点の軌跡として出力する Python プログラムを**リスト 3.22** に示します．また，このプログラムを実行するコマンドを，**リスト 3.23** に示します．

■ リスト3.21　3次元計測装置の軌跡が記録される trajectory.log ファイルの例

```
1   0 0 1
2   1.00000000 0.00000000 -0.00000000 0.00000000
3   0.00000000 1.00000000 -0.00000000 0.00000000
4   0.00000000 0.00000000 1.00000000 -0.00000000
5   0.00000000 0.00000000 0.00000000 1.00000000
6   1 1 2
7   0.99999339 0.00140789 -0.00335361 0.00489316
8   -0.00140176 0.99999734 0.00182919 -0.00714567
9   0.00335618 -0.00182448 0.99999270 -0.01232438
10  0.00000000 0.00000000 0.00000000 1.00000000
11  2 2 3
12  0.99999997 -0.00004303 0.00025626 -0.00006594
13  0.00004285 0.99999977 0.00067823 -0.00093874
14  -0.00025629 -0.00067822 0.99999974 0.00002715
15  0.00000000 0.00000000 0.00000000 1.00000000
    (以下略)
```

■ リスト 3.22　3 次元計測装置の軌跡を原点の軌跡として出力する Python プログラム（GitHub 上のファイル名：extract_trajectory.py）

```
    （ここまで略）
18  import sys
19  import os
20  import numpy as np
21
22  class CameraPose:
23      def __init__(self, meta, mat):
24          self.metadata = meta
25          self.pose = mat
26      def __str__(self):
27          return 'Metadata : ' + ' '.join(map(str, self.metadata))
              + '\n' + \
28              "Pose : " + "\n" + np.array_str(self.pose)
29
30  def read_trajectory(filename):
31      traj = []
32      with open(filename, 'r') as f:
33          metastr = f.readline()
34          while metastr:
35              metadata = map(int, metastr.split())
36              mat = np.zeros(shape = (4, 4))
37              for i in range(4):
38                  matstr = f.readline()
39                  mat[i,:] = np.fromstring(matstr, dtype = float, sep = '
\t')
40              traj.append(CameraPose(metadata, mat))
41              metastr = f.readline()
42      return traj
43
44
45  if __name__ == '__main__':
46      if len(sys.argv) != 2:
47          print("trajectory.log file is required.")
48      elif not os.path.exists(sys.argv[1]):
49          print(sys.argv[1], "doesn't exist.")
50      else:
51          traj = read_trajectory(sys.argv[1])
52          for x in traj:
53              p = x.pose.tolist()
54              print(p[0][3], ",", p[1][3], ",", p[2][3], ",255,255,255")
```

■ リスト 3.23　リスト 3.22 のプログラムを実行するコマンド

```
1   % python3 extract_trajectory.py frames.2021-11-22/scene/trajectory.log
    > trajectory.asc
```

リスト 3.23 で引数として指定する `trajectory.log` ファイルの名称や，同じくリスト 3.23 で指定する，標準出力で描かれる軌跡を保存する先のファイル名は，必要に応じて変更してください．

抽出した 3 次元計測装置の軌跡 `trajectory.asc` は，`integrated.ply` ファイルと同じく，MeshLab により表示するのが便利でしょう．読込みにあたっては，メニューより「File」→「Import Mesh」を選択し，抽出した軌跡のファイルを開きます．**図 3.46** には計測対象のまわりを 1 周して計測したときの軌跡が再現されています．

なお，リスト 3.21 から，最初の 4×4 行列のうち，左上にある 3×3 の部分行列（回転行列に相当します）が単位行列であること，また右上の 3×1 の部分ベクトル（移動ベクトルに相当します）が $\mathbf{0}$ であることがわかります．つまり，リスト 3.19 の最後のコマンドで抽出した軌跡は，最初に RGB-D データを取得した向きを正面にして，位置を原点とした相対的なものになるということです．これは，統合した RGB-D データの 3 次元座標系と異なっています（向きと位置がずれている）ので，座標値の取扱い時に注意が必要です．

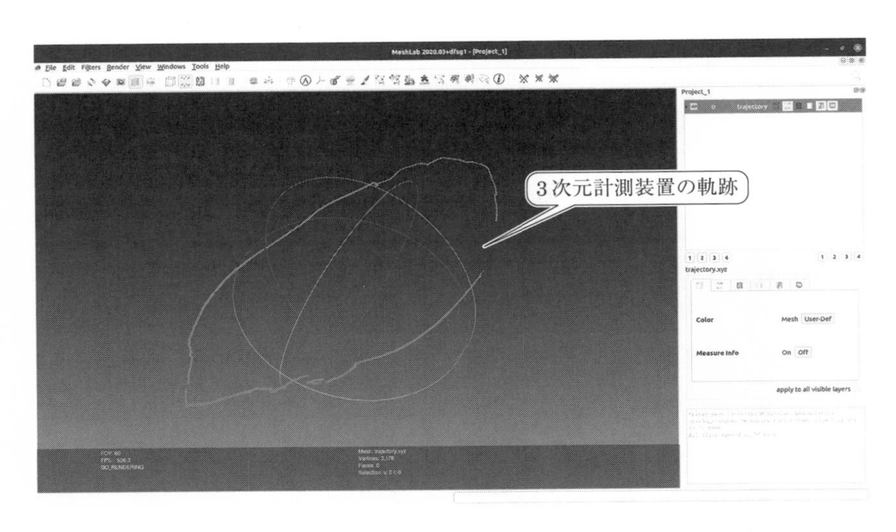

図 3.46 `trajectory.log` ファイルを MeshLab で表示した例

3 グラフィカルユーザインタフェースが備えられたサンプルプログラム

上記のサンプルプログラムの実行には，比較的多くの時間を要します．筆者の環境では，3200 枚足らずの時系列 RGB-D データ（約 110 秒分）の処理に，およそ 40 分弱かかりました．これでは自走ロボットに搭載して，長時間の時系列 RGB-D データを処理して自己位置推定を行わせるといった応用は非現実的です．自己位置推定する前に，目の前の障害物にぶつかってしまうか，それを避けるためにロボットを非常にのろのろと動かすしかないからです．

一方，Open3D にはもう 1 つのサンプルプログラム“DenseSLAMGUI”が用意されています．DenseSLAMGUI にはグラフィカルユーザインタフェース（グラフィックベースの利用者との入出力）が備えられているうえ，こちらのほうがより高速に処理を行うことができますので，同じデータを用いて比べてみましょう．

まず，DenseSLAMGUI を**リスト 3.24** によって作業用ディレクトリにコピーします．コピー後，**リスト 3.25** のコマンドで実行してみましょう．引数として，時系列 RGB-D データが格納されているディレクトリを指定してください．

図 3.47 に，DenseSLAMGUI の実行画面の例を示します．同図の左端に矢印（→）で示した“Resume/Pause”ボタンを右にスライドさせると，左下のウィンドウで時系列 RGB-D データの再生が始まります．また，右の大きなウィンドウでは，時間とともに RGB-D データが統合され，統合データが成長していく様子が見てとれます．さらに，同じウィンドウ内に，3 次元計測装置の軌跡も表示されます．筆者が試した PC には GPU（Graphics Processing Unit，グラフィックプロセッシングユニット）が付いており，Open3D は GPU を活用するオプションを付けてビルドしたこともあり，1 秒あたり 30 枚の RGB-D データを処理することができました．

一方，長時間の時系列 RGB-D データを DenseSLAMGUI で動かすと，時系列データが最後まで行き着かずに終了してしまうことがあります．そのような場合は，図 3.47 中のブレス } で示した 2 つのスライドバーを右に動かして，パラメータを大きくするとうまくいくことがあります．

■ リスト 3.24　DenseSLAMGUI を作業用ディレクトリにコピーするコマンド
（現在のディレクトリのほうを作業用ディレクトリとしている）

```
% cp -pr $(OPEN3D)/build/bin/examples/DenseSLAMGUI .
```

■ リスト 3.25 DenseSLAMGUI を実行するコマンド

```
1   % ./DenseSLAMGUI frames.2021-11-22
```

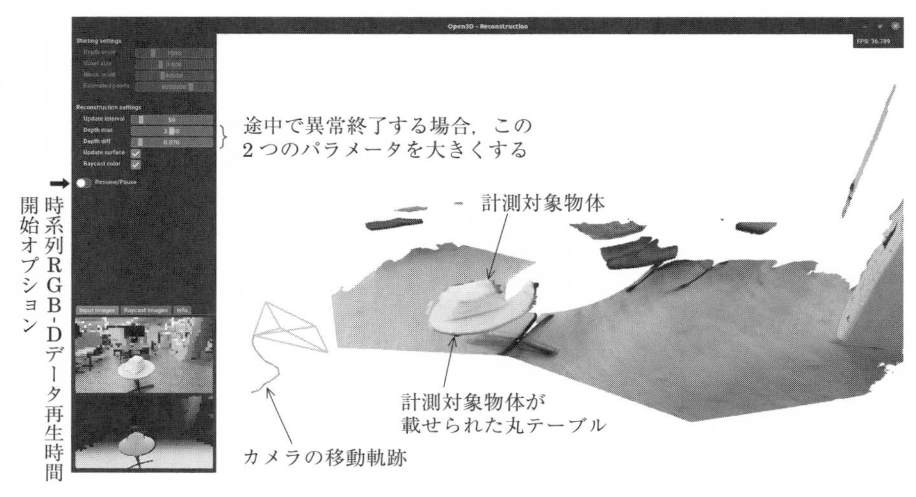

図 3.47 Open3D サンプルプログラム "DenseSLAMGUI" の動作画面の例

ただし，このプログラムは，先に動かしたリスト 3.19（181 ページ）とはアルゴリズムが異なりますので，同じ結果にはならないことに注意が必要です．

具体的にいうと，DenseSLAMGUI のほうが，統合データがくずれる傾向があります．これは，計算量（計算時間）と結果の頑健性がトレードオフの関係にあるからです．また，DenseSLAMGUI には閉ループ検出が実装されていませんので，3 次元計測装置をもって行きつもどりつ，同じ場所の計測を複数回行ったとしても，同じ場所として統合されないままになってしまうことに注意が必要です．

参考文献

3.3 節で必要になる，Raspberry Pi を中心とした組込み系に関する知見の詳細については，次の URL や文献などが参考になります．一方，この分野は，常に新しい部品や機材が登場しますので，以下にこだわらず最新の情報にあたりましょう．

・「Japanse Raspbrry Pi User Group, Raspberry Pi Zero を USB ケーブル 1 本で遊ぶ」
https://www.raspi.jp/2016/07/pizero-usb-otg/（2022 年 5 月確認）
"Adafruit, Turning your Raspberry Pi Zero into a USB Gadget"
https://learn.adafruit.com/turning-your-raspberry-pi-zero-into-a-usb-gadget/ethernet-gadget（2022 年 5 月確認）
Raspberry Pi Zero WH と PC を USB ケーブルで接続し，設定する方法について参考となります．
・漆谷正義，辰岡鉄郎：第 2 部 組み込みで使える Python ライブラリ，*Interface*, **47**（6），pp.148-168（2021）．
・Simon Monk 著，水原 文 訳：Raspberry Pi クックブック 第 3 版，オライリー・ジャパン（2021）
・小林博和：アイデア実現のための Raspberry Pi デザインパターン－電子回路から Mathematica による Arduino コラボまで，オーム社（2019）
・Device Plus：
ラズパイその他工作
https://deviceplus.jp/category/raspberrypi（2022 年 5 月確認）
https://deviceplus.jp/raspberrypi/raspberrypi-gpio/（2022 年 5 月確認）
Raspberry Pi で汎用インタフェース（GPIO）等とデバイスを接続して，活用するうえで参考となります．

・S. Choi, Q. -Y. Zhou, and V. Koltun: Robust Reconstruction of Indoor Scenes, *CVPR*（2015）
・J. Park, Q. -Y. Zhou, and V. Koltun: Colored Point Cloud Registration Revisited, *ICCV*（2017）
本章で説明した Open3D の再構成システムのサンプルプログラムの内容について，さらに深く知りたい場合は，もととなった上記 2 つの論文を参照してください．

・ROS – Robot Operating System
https://www.ros.org/ （2022年5月確認）
・RTAB-Map, Real-Time appearance-based mapping
http://introlab.github.io/rtabmap/ （2022年5月確認）
SLAMに関しては，数多くの論文がありますが，いずれも難易度は少し高めです．「まずは試してみたい」という方は上記の2つを参考にしてください．インストールするのに少し手間が必要かもしれませんが，ROSとROS上で動くRTAB-Mapです．
執筆時点では，本章で用いたAzure Kinect DKのほかに，RealSenseでも手軽にSLAMを試すことが可能です．

・友納正裕：SLAM入門－ロボットの自己位置推定と地図構築の技術－，オーム社(2018)
2次元SLAMについては，上記書籍がプログラムコードも含めて丁寧に解説してあり，参考となるでしょう．

第4章

3次元計測装置の設計と開発

ここまで，本書では手ごろに入手可能なカメラやプロジェクタ，さらにiPad ProやRealSenseを使ったり，TOFセンサとサーボモータを組み合わせたりなどの，3次元計測装置の試作を通して，実践的に3次元計測のしくみや原理を理解してきました．一方，実際に3次元計測を応用する場面では，3次元計測したい対象ごとに計測条件が存在しますので，これに合わせてうまく計測できるように，手法や機材を選択する必要に迫られることがしばしばあります．

つまり，装置の設計や開発にあたっては，手法そのものだけではなく，用いる手法や機材それぞれの特性をより深く理解することも不可欠です．

最後となる本章では，実際の3次元計測装置の設計と開発にあたってのポイントを説明します．読者の皆さんが現場での応用力を身につけるためのガイドとしています．

4.1
3次元計測装置の要件を洗い出す

Point
❶ すべての計測対象でうまくいく万能の3次元計測技術というものは存在しません．まず計測する対象と測定の目的をよく理解することが大切です．
❷ 3次元計測の精度，計測可能な範囲と計測時間は，それぞれ相反する関係にあります．計測の目的をよく理解して，満たすべき条件と，満たさなくてもよい要件を整理し，明らかにする必要があります．

最後となる本章では，3次元計測装置の設計と開発にあたってのポイントを説明します．ただし，すべてを網羅的に説明することは困難であり，また新たな技術が日進月歩で現れてくることもありますので，大まかなポイントとして説明していきます．

これまで本書で述べてきた3次元計測技術のいずれも長所がある一方，短所もあります．すなわち，理論面や技術面においてまったく制約がない3次元計測技術，いわばすべての計測対象でうまくいく万能の3次元計測技術は存在しません．したがって，3次元計測する対象と測定の目的に合わせて，利用する3次元計測技術を選択する必要があるのです．以下にそのポイントを述べます．

❶ 計測対象の反射特性を押さえる

第1章で詳述したように，パッシブ型三角測量にもとづく方法では積極的に光パターンを投射しませんが，まわりからの光（環境の光）が測定対象のものに当たっていて，カメラで撮影できることを前提にしています．また，アクティブ型三角測量，あるいはTOFにもとづく方法では，光パターンを何らかの形で測定対象のものに投射し，その反射結果を分析することを基礎としています．

したがって，3次元計測装置を設計し，開発するときにまず考えなければならないのは，3次元計測対象となるものの反射特性です．反射率が低い測定対象のときには，(1) 光パターンの投射強度を上げる（パッシブ型三角測量の場合は，環境光が強く明るい場所を選ぶ），(2) センサ感度を上げる（利得を上げる）／高感度カメラやセンサに変更する，(3) レンズがある場合，その絞りを開く，あるいは明るいレンズに変更する，(4) カメラやセンサの露光時間を長くするなどの

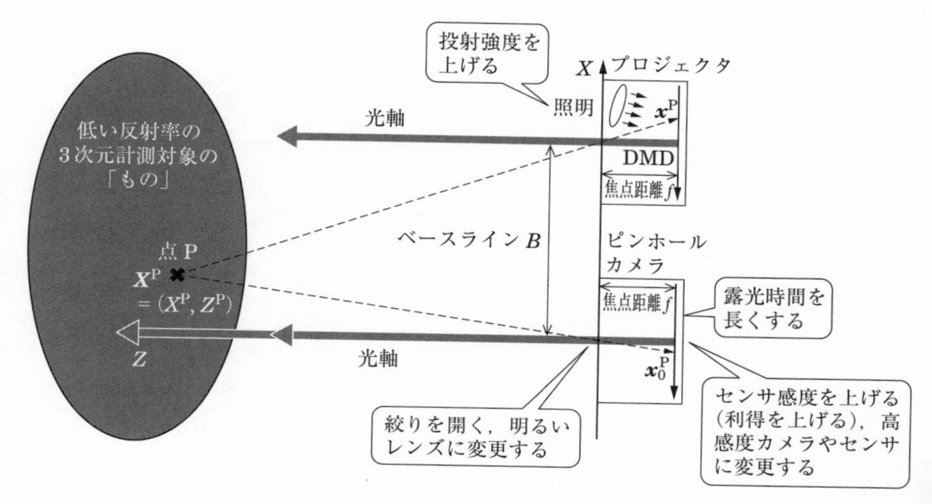

図 4.1　アクティブ型三角測量で，反射率が低いものを 3 次元計測するときの対処方法

対処が必要となります．**図 4.1** に，アクティブ型三角測量を例に，対処方法をまとめて示します．

また，第3章では，TOF センサ／LiDAR について，簡単に仕様の読解きをしました．こちらでも反射率が低い場合の技術的な対処方法はアクティブ型三角測量と同じですが，TOF センサ／LiDAR の場合，細かな調整が難しいかもしれません．一方で，仕様書に計測距離や計測精度に関する数値が明記されていることがあります．さらに，その距離や精度を達成するときの，対象物体の反射率が書かれているものもありますので，参考にしましょう．

さらに，TOF センサ／LiDAR によっては，細かな調整はできなくても，複数の計測モードが設定できることがあります．露光時間を長くして小さな反射光も検出を可能にするようなモードがあるかもしれませんので，仕様書はしっかり読みこなして活用できるようになりましょう．

一方，測定対象において，その場所ごとに反射率のばらつきが大きいときには，測定対象全体の 3 次元計測を一度に行えないことがあります．こういったケースでは，目的によって，低い（あるいは高い）反射率の場所のどちらかの 3 次元計測をしなくてもかまわなければ，割り切って全体の計測をあきらめるのも 1 つの判断となります．どうしても両方必要なときには，反射率の高低それぞれに合わせた設定で，3 次元計測を 2 回に分けて行うという手段もありえます．

図 4.2 に，アクティブ型三角測量による反射率のばらつきが大きなものの対処

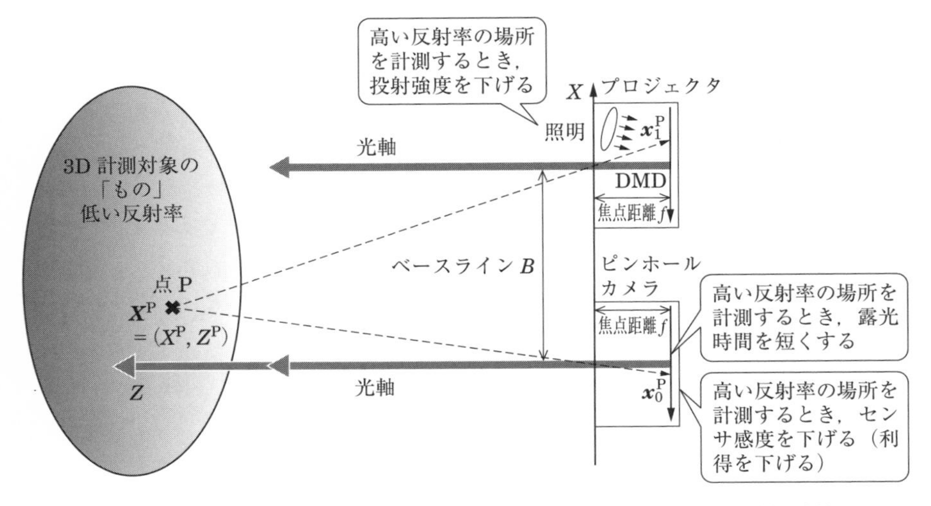

図 4.2　アクティブ型三角測量による反射率のばらつきが大きなものの対処方法
（図 4.1 に示した低い反射率に合わせた方法を基本とし，本図の方法で高い反射率の箇所を３次元計測する）

方法をまとめて示します．まず，図 4.1 に示した方法で反射率が低い場所を計測した後，すばやく設定を切り替えることが可能な方法で反射率が高い場所を計測します．(1) 光パターンの投射強度を下げる，(2) センサ感度を下げる（利得を下げる），(3) カメラやセンサの露光時間を短くする，といった対処をします．しかし，第 2 章で用いた機材では，カメラの利得と露光時間の設定を PC から変更することが可能ですが，プロジェクタの光強度は変えられません※1．このように，用いる機材によって対処方法が制限を受けることがありますから，機材の選定にあたっては何が PC から制御できるのかをよく確認しましょう．

TOF センサ／LiDAR でも，複数の計測モードが選べる場合には同様の対処方法が採れる場合があります．ただし，アクティブ型三角測量ではプロジェクタやカメラを設定する自由度が高いのに比較し，TOF センサ／LiDAR では柔軟な対応が難しいかもしれません．

また，測定対象に塗料を塗るなどの加工をするといった対処方法もあります．例えば，ガラスのような素材でできた測定対象では，そのままだと投射した光パターンの大半が透過してしまいますから，第 1 章で紹介した方法では 3 次元計測

※1　投射用光パターン画像の明るさを下げることは可能であるが，あまり下げ過ぎると光パターン（正弦波）の再現精度が劣化します．

ができません．こういったとき，計測対象や計測条件によっては，素材を傷めずに後から除去が容易なもので表面をおおってしまうことで，3次元計測をすることが可能です．例えば，測定対象の表面に霧吹きで細かな水滴を付けた後，白い粉をふりかけて表面に付着させた状態で3次元計測する方法なら，計測後は簡単に洗い流すことで原状復帰が可能です．

前述の反射率のばらつきが大きな測定対象を3次元計測するときでも，同様な方法で一様な反射率にしてしまえば，1回の3次元計測で済ませられる可能性があります．

2 精度・範囲と時間のトレードオフ

3次元計測の精度・範囲と時間には，相反する関係があります（**図4.3**）．したがって，これらをすべて理想的に満たすことは通常は困難です．つまり，高精度の3次元計測結果を得たいときには，計測範囲を絞り込むとともに時間をかけて撮影するのが現実的です．また，3次元計測時間を短くしたいときには，3次元計測範囲を絞り込むか，精度が低くなることのどちらか片方，あるいは両方を受け容れる必要があります．

実際，3次元計測結果を，VRやMR（Mixed Reality，複合現実）などへと応用するときには，必ずしも3次元計測精度は高くなくてもよいかもしれません．それよりも3次元計測データへ貼り付けるRGB画像の品質を高めるほうが効果的でしょう．一方，工場のラインなどで，製品の3次元形状を計測して品質を確保したい場合，それ相応の3次元計測精度が必要です．つまり，目的を明確にして優先順位を明らかにしておかなければ，これらのバランスを決めることができません．

また，3次元計測範囲を広くするとともに3次元計測精度を高くする方法とし

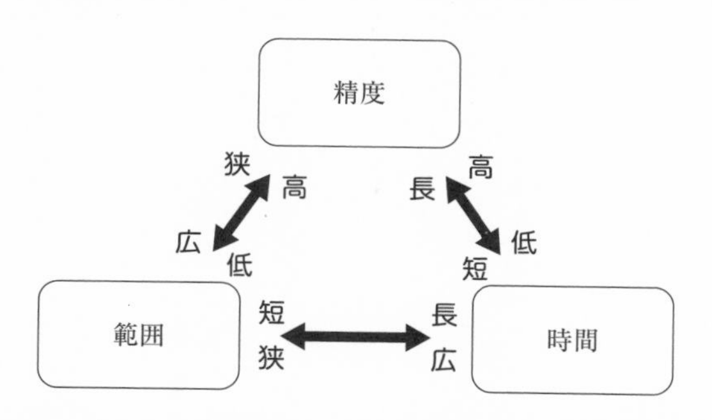

図4.3　3次元計測する精度・範囲と時間には相反する関係がある

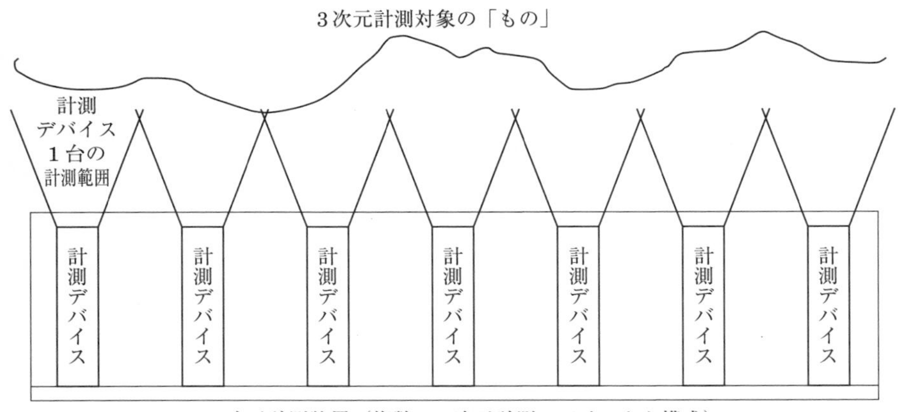

図 4.4　横長の計測対象を複数の３次元計測デバイスで計測する模式図

て，３次元計測装置を，複数の３次元計測デバイスで構成することにより，それらに計測範囲を分担させる方法もあります．**図 4.4** では，横長の計測対象を複数の３次元計測デバイスで計測する模式図を示しています．しかし，このとき３次元計測の方法がアクティブ型三角測量や TOF センサ／LiDAR である場合，各デバイスから投射される光が近傍の別のデバイスへ悪影響をおよぼし，うまく計測できなくなることがあります．これを避けるには，各デバイスの計測するタイミングが重ならないよう制御する必要があり，結果的に，やはりトータルの計測時間は長くなってしまいます．

また，各デバイスで計測した３次元計測データを合成するのはそれほど容易ではありません．各デバイスの位置や向きを校正しておき，全体が整合するよう合成したとしても，通常多少のずれ（段差）が発生します．ずれを目立たなくし，なめらかにデータをつなげるような加工処理を合成時に行うこともできますが，そのような加工したデータをどの程度信頼できる３次元計測データとして扱うべきかというジレンマが発生します．最終的には，計測結果を（計測値としての信頼性はある程度犠牲にしても）見た目重視で用いるのか，それともあくまでも信頼できる３次元計測データとして用いるのかという目的によって判断することとなります．

繰り返しますが，実際の応用では精度，範囲，時間のそれぞれについて，最低限達成すべき条件をしっかりと考えなければなりません．条件を整理し，明らかにしていくことで，どのパラメータをどこまで達成するべきかがわかります．すなわち，これから行う3次元計測の目的をよく理解して，からみ合った要件をうまく解きほぐして，3次元計測装置が満たすべき仕様へと落とし込むことが大切です．

コラム　新しいTOFセンサ

3.3節では，STマイクロエレクトロニクスが開発したTOFセンサを用いて，レーダ型LiDARを試作しましたが，同様の小型のTOFセンサは，他社からも発売されています．例えば，Infineon Technologiesが開発したIRS2381Cは，超小型でありながら，224×172画素の3次元計測が可能です（**図4.5**）．

また，このTOFセンサを組み込んだ小型の評価用モジュール（68 mm×17 mm×7.35 mm）がpmdtechnologiesから発売されています（**図4.6**）．

先進的なデバイスがどんどん開発されていますので，常に最新の状況に目を光らせるとよいでしょう．

図4.5　Infineon TechnologiesのIRS2381C TOFセンサの外観※2

図4.6　IRS2381Cを組み込んだTOFセンサモジュールのpmdtechnologies flexx※3

※2　以下のURLにある製品ブリーフより引用．
https://www.infineon.com/cms/jp/product/sensor/tof-3d-image-sensors/
(2022年5月確認)

※3　https://pmdtec.com/picofamily/ より引用（2022年5月確認）．

4.2 アクティブ型三角測量の設計と開発

Point

❶ アクティブ型三角測量では，3次元計測に求められる精度と範囲，および，現実的な計測時間を考慮して，目的に合致させられる機材を選択し，配置を決めます．

❷ 特に，計測時間の短縮を図りたいときには，光パターンの投射と画像撮影のタイミングを調整します．

1.2 節で説明したとおり，アクティブ型三角測量は，光パターンを投影する機材（プロジェクタなど）と，計測対象となる「もの」で反射した光パターンを受光する機材（カメラなど）で構成されます．

TOF センサ／LiDAR に比較すると，3次元計測範囲が狭いというデメリットがありますが，計測精度を高めやすいというメリットがあります．このようなアクティブ型三角測量の3次元計測装置の設計・開発にあたっては，前節で説明したように，要件を整理していくことが大切ですが，その目処を確信に変えていくためには多少なりとも試行錯誤が必要となります．

以下では，試行錯誤にあたってのコツをいくつか紹介します．

1 3次元計測範囲全体に光パターンが投射できるか

市販されている大半のプロジェクタでは，レンズの取換えができません．したがって，想定する3次元計測範囲全体に光パターンが投射できるかは，プロジェクタの仕様に依存することになります．

なお，市販のプロジェクタではカタログ上で基本的に，投射距離とそのときのスクリーンサイズ（投射範囲）が記載されています．例えば，第2章で利用したプロジェクタの場合，仕様上の投射距離は 0.8～2.7 m でした．この**投射距離**（projection distance）とは，スクリーンへプロジェクタから光パターンを投射したときにスクリーン上にピント（フォーカス）が合って投射したい光パターンを再現できる距離の範囲と考えられます．ただ，実際にプロジェクタを動かしてみると仕様の範囲外の投射距離でも，ピントが合うことがあります．ピントさえ合えば3次元計測用に設計した光パターンが投射できますので，3次元計測が可能です※4．実際，第2章では，カタログ上の投射距離より近い距離であってもピントを合わせることができたので，プロジェクタと3次元計測範囲との距離を30 cm 強でセットアップしています．

次に，投射範囲について検討します．第2章で筆者が用いたプロジェクタでは，投影画面サイズは「投射距離が 1.07 m で 40 インチ（横幅約 88 cm・高さ約 50 cm）」と記載されていました．原理上，投射距離と投射範囲の間にはリニアな関係が成り立ちますので，例えば投射距離が 0.5 m 位置での投射範囲は，約 19 インチ（横幅約 42 cm・高さ約 24 cm）となります．この投射範囲が，目的とする3次元計測範囲を十分カバーするかを確認すればよいということになります．

2 プロジェクタの投射光量は十分か

プロジェクタ関連で，もう1つ確認が必要なのが，**投射光量**（projection brightness）です．29 ページで説明したように，環境光の光量に比較して投射する光パターンを十分強くできるかどうかで，3次元計測精度に大きく影響がおよびます．さらに，カメラの露出時間が短くても十分な光量が得られることになり，撮影時間も短縮できます

一方で，投射光量が大きいプロジェクタには，全体のサイズが大きく使い勝手が悪い，なおかつ，消費電力が大きく高価であるなどの短所があります．

プロジェクタの光量は，ルーメン（lumen，単位表記は lm）で表示されます．これと照度を表す単位であるルクス（lux，単位表記は lx）との間には，光を投射する範囲の面積 S（単位を〔m²〕とします）を介して式(4.1) の関係があります．

$$\mathrm{lux} = \frac{\mathrm{lumen}}{S} \tag{4.1}$$

例えば，第2章で筆者が用いたプロジェクタは，カタログ上最大 300 lm が出せます．したがって，投射距離 1.07 m で 40 インチ，すなわち，$0.88 \times 0.50 = 0.44$〔m²〕の面積へ投射したとき，スクリーン上では約 680 lx の明るさ（照度）となります．

また，3次元計測を行う場所のもともとの照度は，カメラ店などで販売されている照度計で測ることができます．その測った照度よりも，十分明るい照度にすることが可能な投射光量をもつプロジェクタを選択するようにしましょう．

※4 ただし，極端に近い距離で投射すると，プロジェクタが発する熱などが問題になることがあります．プロジェクタと測定対象の距離が短い場合には，安全上，十分な注意が必要です．

3 産業用カメラを利用する

実際の応用にあたっては，産業用カメラを使用することをおすすめします．特に，マシンビジョン用として販売されているカメラを選定候補とするのがよいでしょう．

これらは，欠陥検査や異物検査などの製造ラインで使用されることが想定されており，3次元計測にも向いています．70ページの脚注，および110〜112ページで説明した計測時間を短縮できない要因となる自動露出についても，産業用カメラであれば多くの場合，問題なくオフにできます．さらに，産業用カメラはWebカメラと異なり，一般に取り付けるレンズを選択できます．したがって，計測範囲，計測対象との距離の設定の自由度も上がり，それらが調整しやすくなります．

4 カメラの撮像素子とレンズを選択する

カメラの撮像素子（センサ）には，さまざまなサイズがあります．一般的に，撮像素子のサイズが大きいほど高感度になり，また高い解像度が得られます．

また，この撮像素子のサイズは，1.1節で説明したピンホールカメラのモデルのとおり，レンズの焦点距離に応じた撮影領域を計算するもとになります．**図4.7**に，撮像素子と焦点距離，撮影距離，撮影領域の関係を示します．

ここで，撮像素子のサイズをs（図4.7では右の長方形における対角線の長さ），撮影領域のサイズをS（図4.7では左の長方形における対角線の長さ）として，レンズの焦点距離をf，撮影距離をdとします．これらの間には，式(4.2)が成り立ちます．

$$s : f = S : d$$

$$S = \frac{d}{fs} \tag{4.2}$$

ここでsとSは通常，〔インチ〕単位で表され，一方，fとdは通常，〔mm〕単位で表されますので，1インチは約2.54 cmであることから，〔cm〕単位での撮影領域のサイズSは，式(4.3)で求めることができます．

$$S \approx \frac{2.54d}{f} s \tag{4.3}$$

以上によって，例えばカメラがHD形式であれば縦横比は16対9，VGA形式であれば4対3などとなります．一方，カメラによっては特殊な縦横比をもつも

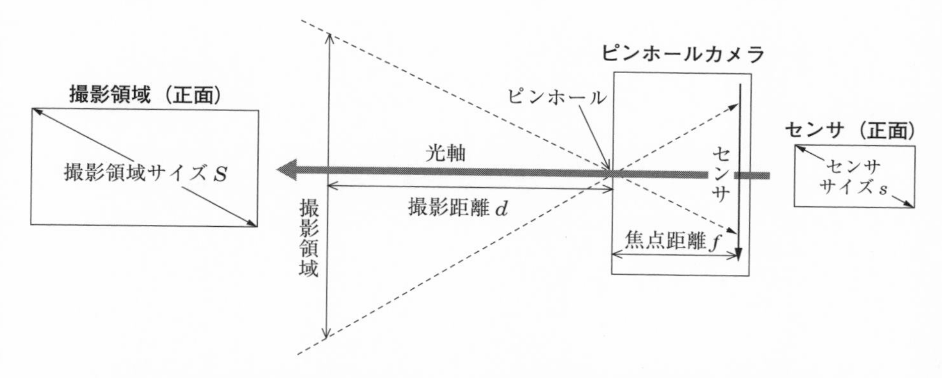

図 4.7　カメラの撮像素子（センサ）と焦点距離，撮影距離，撮影領域の関係

のもありますので，式(4.3) をもとに，選択したカメラとレンズに応じて撮影範囲を求めてください．

なお，カメラの撮像素子の代表的な大きさは，1 インチ，$\frac{2}{3}$ インチ，$\frac{1}{1.8}$ インチ，$\frac{1}{2}$ インチ，$\frac{1}{3}$ インチ，$\frac{1}{4}$ インチです．また，レンズはそれぞれ撮像素子の大きさに合わせて設計されています．レンズが対応する撮像素子の大きさよりも大きい場合，撮影画像の端が暗くなってしまうことがありますので，レンズの交換や選択時に注意してください．なお，レンズの焦点距離のバリエーションは近年少なくなる傾向にありますから，3 次元計測範囲にぴったり合う，撮像素子の大きさとレンズの焦点距離の組合せが決められることはまずないでしょう．3 次元計測範囲をカバーすればよいとして，選択しましょう．

5 トリガー信号の制御機能を利用する

最後に，やや高度なプロジェクタとカメラの使い方について触れておきます．第 2 章では，プロジェクタによる光パターンの投射とカメラによる撮影をすべて，PC 上のプログラムで制御していました．ここで，プロジェクタとカメラの駆動タイミングを，**図 4.8** に簡略化して模式的に示します．図からわかるとおり，すべてソフトウェアによる制御であるがゆえに，光パターン投射とその撮影の間や，撮影後，投射を切り替える間などにタイミングの遅れが生じます．その結果，プロジェクタとカメラに備わった光パターン投射切替え速度や，カメラの連射可能速度が十分に活かせません．

一方，組込み用，特に 3 次元計測の用途に合わせたプロジェクタでは，光パターン投射を開始したタイミングですぐに信号を出力できるものがあります．また，産業用のカメラでは外部から入力された信号のタイミングですぐに画像撮影を開始できるものがあります．こういったデバイスを用いれば，プロジェクタの出力信号をカメラの入力信号に使うことで，プロジェクタからカメラの撮影タイミングの引き金（トリガー）を引くことができます．

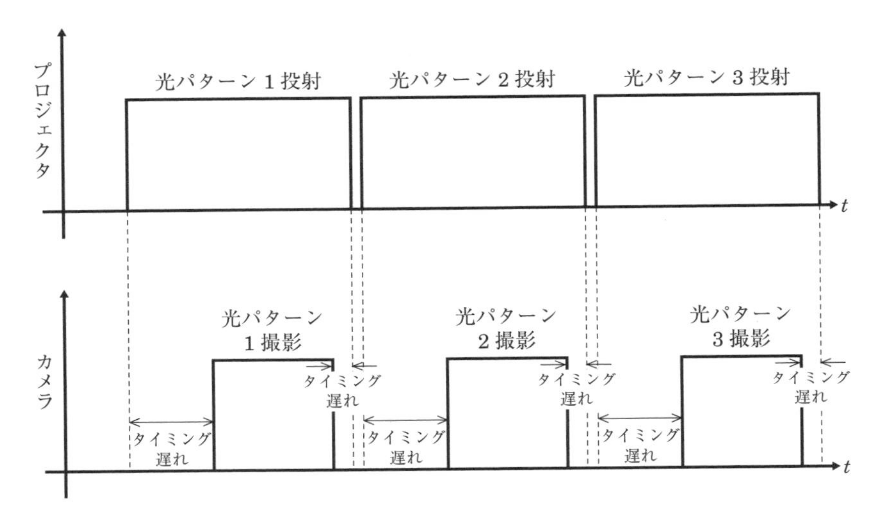

図 4.8　第２章での３次元計測プログラムにおける，プロジェクタとカメラの駆動タイミングの模式図

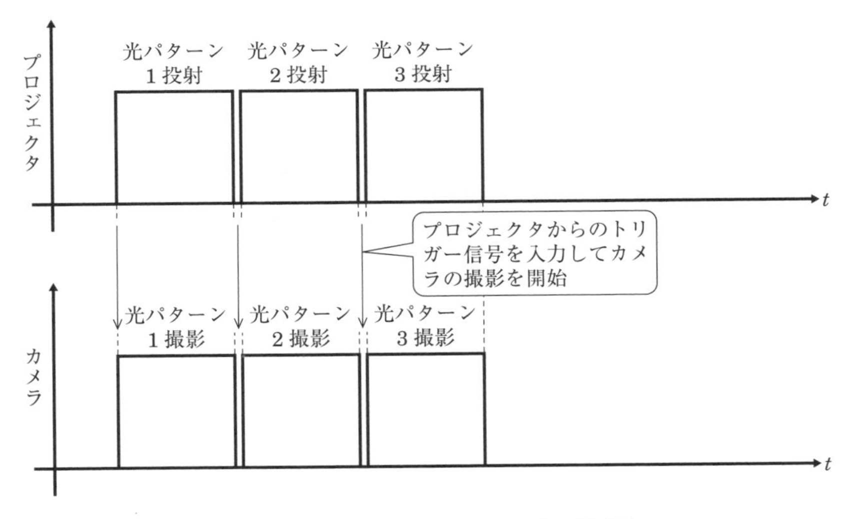

図 4.9　トリガー信号を使った場合の模式図

このような信号を**トリガー信号**（trigger signal）といいます．トリガー信号により，**図4.9**に模式的に示すように，ソフトウェアで制御しているがゆえに生じたタイミングの遅れをなくすことが可能となり，3次元計測の時間を短縮できます．

ほかにもプロジェクタによっては，あらかじめ定めた複数の光パターンを順に決まったタイミングで投射できるものがあります．

このように，プロジェクタやカメラの仕様をよく確認し，応用方法を考えることで，より進んだアクティブ型三角測量による3次元計測装置の設計と開発が可能になるでしょう．

コラム　より進んだDLPプロジェクタの光パターン投射と制御

本文では，トリガー信号の制御機能について，図4.7で模式的に示しました．しかし，この図はあくまでもソフトウェアの面での制御機能の説明になっています．ハードウェアとしてのプロジェクタは，入力された画像を例えば60 Hzや120 Hzなどのサイクルで次々と投射していく動作を行うだけです．したがって，もしソフトウェアによる投射切替えが遅いと，同じ光パターン画像が何回も繰り返し投射されることになります．逆に，投射する光パターン画像の切替えを高速に行い，それにプロジェクタの画像投射のタイミングを合わせることができれば，高速な3次元計測装置が開発できます．

一方，高速な3次元計測装置の開発には，もう1つ課題があります．それは，19ページに示したように，DLP（Digital Light Processing）プロジェクタでは，マイクロミラーの向きによって投射する光を制御しているということです．光を投射するかしないか，つまり，オンかオフの状態しかとれないため，中間的な輝度はPWM（パルス幅変調）によって表現していることは説明したとおりです．PWMによって，1つの光パターン画像を投影している間，ある画素位置の光投射強度は変調されています．この光パターンをカメラで撮影するには，光パターンを投射している時間，ずっとシャッターが開いているように設定しなければなりません．シャッタースピードがこれより早く光パターンを投射している途中でシャッターを閉じてしまうと変調された光パターンを部分的にしか撮影できないこととなり，中間的な輝度値が正確に得られなくなります．この結果，3次元計測データの誤差が大きくなります．しかし，シャッターを光パターン投射時間よりも長くしすぎると，周辺光を多く取り込みすぎてしまい，振幅を小さくする（精度が低下する）ことにつながります．したがって，プロジェクタからの光パターン投射とカメラのシャッタータイミングは合致するようにしましょう．

4.3 TOF センサ／LiDAR の設計と開発

❶ TOF センサ／LiDAR の開発競争は，世界的に熾烈になっています．技術動向や製品動向をウォッチングして，適切な選択ができる力を養いましょう．
❷ 高度な使い方として，複数の LiDAR を用いる方法があります．

TOF センサ／LiDAR は，アクティブ型三角測量にもとづく方法よりも 3 次元計測精度は劣るものの，3 次元計測範囲が比較的広い特長があります．**図 4.10** に示すように，三角測量ではプロジェクタとカメラ，それぞれの視線方向の間で角度差が大きくないと十分な 3 次元計測精度が得られませんので，どうしても遠方の物体の計測には限界があります．一方，レーザのように遠方まで届く光源を利用する LiDAR なら遠方まで計測可能ですが，計測精度が飛行時間を測る精度に依存（1.3 節参照）していて，三角測量による 3 次元計測データほどの精度は得られません．

よって TOF センサ／LiDAR はその特性を活かす方向で，遠方にいたるまで道路形状や障害物などを検知したい自動運転車などの目として利用されているほか，ドローンを活用した 3 次元計測や AI と連携した防犯装置など，多種多様な分野で応用が進んでいます．TOF センサ／LiDAR の開発競争は世界的に熾烈になっていることから，最新の技術動向や製品動向をウォッチして，適切な TOF センサ／LiDAR を選択し，活用するのがよいでしょう．

❶ 仕様書を読み解く

このときに重要となるのが，仕様書の読解きです．仕様書のそれぞれの項目がどういう意味をもつのか，ほかと比較するとどうなのか，記載があいまいなときにどういう評価を行えばよいのかなどが考えられるようになることが望ましいでしょう．確かにベンダによって仕様書の書き方は異なりますが，原理がわかっていればだんだんと統一的な理解ができるようになってきます．

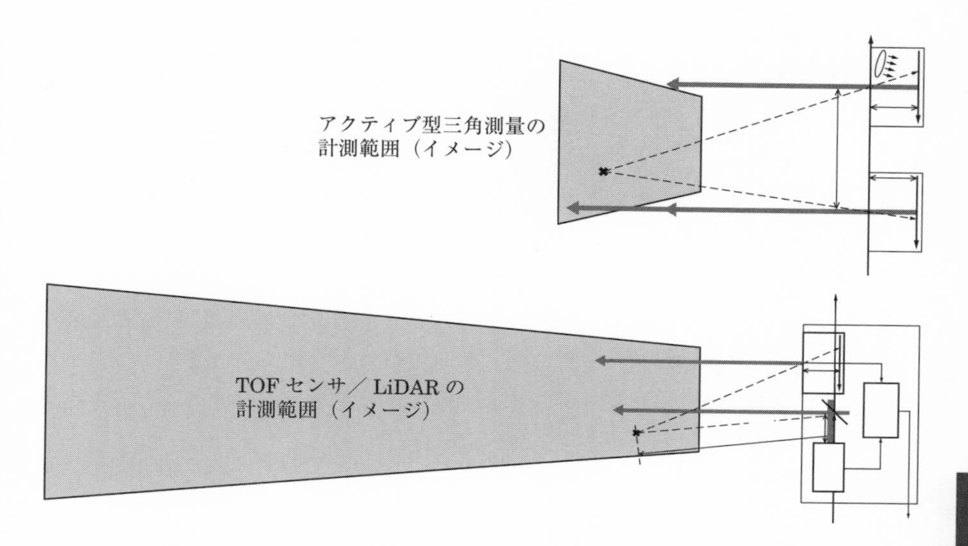

図 4.10　三角測量と LiDAR の計測範囲の例
（三角測量の原理にもとづく３次元計測装置（図 1.22）の計測範囲は，プロジェクタとカメラの視線方向に角度差が十分である範囲に限られる一方，３次元計測精度は良好である．対して，TOF の原理にもとづく３次元計測装置（図 1.41）の計測範囲は，投射するレーザの横の広がりが小さいこともあり，遠くまで届く一方，３次元計測精度は，飛行時間を測る精度に依存していて，やや劣る）

2 応用の観点から考える

また，技術の観点からだけではなく，応用の観点からも考えることが重要です．例えば 3.3 節で取り上げた TOF センサ "VL53L0X" は，単一の方向だけで距離を計測するデバイスであり，iPad Pro，Real Sense や Azure Kinect DK が画像のような３次元計測データを取得できるのと比較すると大きく見劣りするように思われるかもしれません．しかし，小さな１チップのパッケージだけで３次元計測できますので，小型機器への搭載において優位性があります．例えばドローンに搭載し，ドローンを壁や床から一定の距離で飛ばすために制御するという用途に使用するには非常に適しているといえるでしょう．同じシリーズに計測距離を 4 m まで伸ばした VL53L1X，視野角内の複数物体（最大４つ）へのそれぞれの距離が出力できる VL53L3CX などがあり，それぞれ応用の観点からどう使えるかを考えることで，設計・開発への応用能力が養われます．

3 情報と実物を入手する

現在では，TOF センサ／LiDAR を含む各種 3 次元計測機能をもつさまざまなデバイスやモジュールの入手が容易になってきました．最新デバイスの情報もあふれています．これらの情報を読み解くとともに，さらにデバイスやモジュールを実際に入手して，手を動かして動作させることによって，具体的な利点や欠点を把握し，設計・開発する装置やシステムへどのように応用するのがよいかを考えることは設計・開発のスキルを磨くうえでとても大事です．特に，開発速度の向上や適用限界の調査など，試作段階においてたいへん役に立ちます．

以下に，最新の TOF センサ／LiDAR 等の情報を収集するのに役立つ Web ショップのリストを列挙します（2022 年 5 月確認）．

＜国内＞

スイッチサイエンス	https://www.switch-science.com/
秋月電子通商	https://akizukidenshi.com/
aitendo	https://www.aitendo.com/

＜海外＞

PIMORONI	https://shop.pimoroni.com/
sparkfun	https://www.sparkfun.com/
seeed	https://www.seeedstudio.com/
tindie	https://www.tindie.com/
adafruit	https://www.adafruit.com/

国内の Web ショップにも情報はたくさんありますが，海外のほうが製品の入手が早いことが多く，できるだけ広い範囲を見渡しておくのがよいでしょう．これらの Web ショップの製品ページには，仕様書だけではなくサンプルコード，さらに応用例なども紹介されていますので，そのような情報まで目を通すことでさらに個々のデバイスやモジュールの理解が深まります．

なお，新しいセンサ等は発売されても当日もしくは数日中に売り切れることが多いことから，最新の情報を収集しながら必要なセンサ等はすぐに入手しておかないと，利用したいときには入手困難ということも多いため注意が必要です．上記に列挙した以外にも，有名な Web ショップは国内外にたくさんありますので，ある程度慣れたらほかのサイトも探してみてください．

もう 1 つ，高度な応用を紹介しましょう．4.1 節では複数の 3 次元計測デバイ

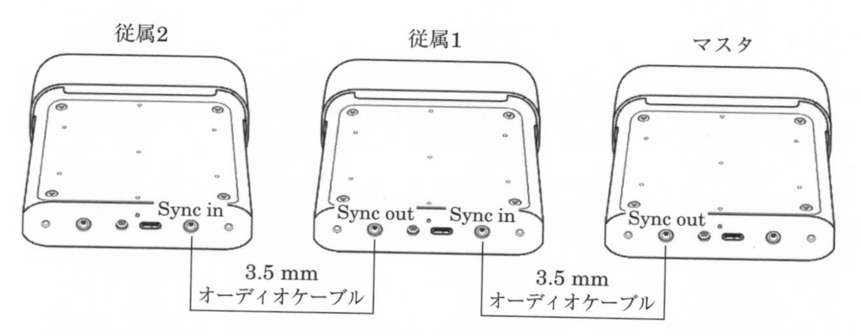

図 4.11　3 台の Azure Kinect DK を 3.5 mm オーディオケーブルで相互に接続し，同期させて 3 次元計測させるときの結線図※5

スに計測範囲を分担させて，広い範囲を 3 次元計測する方法について説明しました．市販の LiDAR の中には，このような応用に対応できるよう，互いに干渉させずに稼働させられるものがあります．

例えば，3.4 節，3.5 節で紹介した Azure Kinect DK では，最大 8 台をつなげて互いに同期させることができます．このとき，接続には 3.5 mm オーディオケーブルを用います（**図 4.11**）．さらに，干渉を回避するには，ケーブルで接続するだけでなく，Azure Kinect DK の詳細な撮影手順や 3 次元計測に必要な撮影時間，1 つの Azure Kinect DK で 3 次元計測した後，次の Azure Kinect DK で計測を開始するまでの待ち時間などをよく理解してソフトウェア側で設定する必要がありますが※6，これによって単独では 3 次元計測しきれない範囲を短時間で計測させることが可能となりますので，設計・開発の選択肢の 1 つとしてコツをマスターしておくとよいでしょう．

※5　https://docs.microsoft.com/ja-jp/azure/kinect-dk/multi-camera-sync より引用（一部日本語に置き換えている）．
（2022 年 5 月確認）

※6　※5 と同じ URL を参照．

4.4 将来の3次元計測技術

❶ 1台のカメラで撮影した1枚の画像から，3次元計測データを推定する技術開発が進んでいます．
❷ 安価なDIYキットが販売され始めており，3次元計測の敷居がどんどん下がっています．

本書の最後に，将来の3次元計測技術について簡単に触れようと思います．

読者の皆さんは，どこかでディープラーニング（deep learning，深層学習）という言葉を耳にされたことがあるでしょう．ディープラーニングは機械学習と呼ばれる技術の1つであり，特に画像認識の分野では必要不可欠なものとして定着しています．応用範囲はどんどん広がっていて，3次元計測の分野へも徐々に広がろうとしています．

特に，カメラを1台だけ使って撮影した単一の画像から，3次元情報を求めるという，従来，困難であると考えられてきた方法へのチャレンジが，ディープラーニングを用いて活発に行われています．どういうことかというと，人間は画像を見たとき，映っているものの意味なども理解しながら大まかな奥行きを認知できますが，これをコンピュータに実装することは，従来困難とされてきました．一方，ディープラーニングは非常に柔軟性の高い処理が可能なアルゴリズムであるといえ，入力された画像に対して正解となる3次元データを出力できるように深い階層をもつ神経回路網の学習を進めることによって，入力画像からその3次元データを出力させることができるようになってきました（**図4.12**）．

本書で説明してきたように，これまでの3次元計測装置は，ステレオカメラやパターン投影装置，LiDARなどに代表される，ある程度の大きさ，コストと消費電力を想定しないといけない装置でした．このような装置を小型のロボットや，積載量が限られるドローンへ搭載するのが難しいこともあります．もし，単一カメラだけから3次元データが推定できる技術ができれば，大きなブレークスルーとなりえます．

しかし，まだまだ研究課題は多く，これからの精度向上が期待されている段階

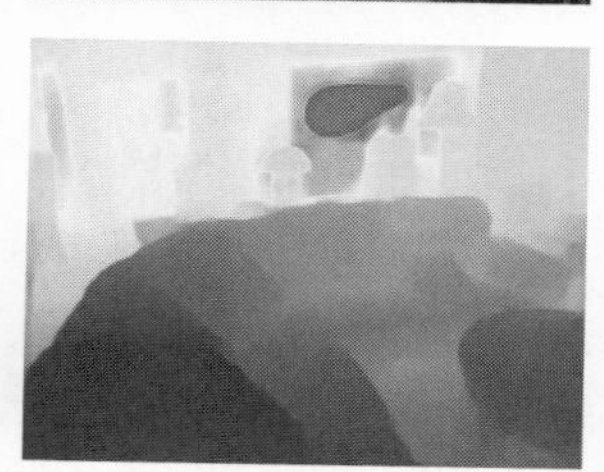

図 4.12　単一カメラの入力画像からディープラーニングを適用して 3 次元計測データを得た例※7

です．また，この手法では，学習データに対してうまく 3 次元計測データを推定できる 3 次元推定モデルを学習するというしくみをとっていますので，学習データとは異なる状況で，どのくらいよい 3 次元計測データが推定できるのかという基本的な問題があります．重くなりがちな処理をリアルタイムで実行するにはどうすればよいかなどについても，世界各国の研究者が取り組んでいる段階です．

さらには，これまで開発されてきた 3 次元計測技術などをベースとして，安価に 3 次元計測装置を実現する DIY キットや，オープンソースの 3D スキャナも出てきています．これらはまだ，多分に趣味的であり，3 次元計測精度もさほど高くないという課題はあるものの，安価かつ容易に 3 次元計測データが取得できるようになりつつあることには間違いありません．筆者としては，本書がそのような将来に貢献できることを期待しつつ，筆を擱きたいと思います．

※7　以下の論文より引用．
S. F. Bhat *et al*: AdaBins: Depth estimation using adaptive bins, *Proceedings of the IEEE/CVF Conference on Computer Vision and Pattern Recognition*（CVPR 2021），pp.4009-4018（2021）
https://arxiv.org/pdf/2011.14141v1.pdf （2022 年 5 月確認）

参考文献

・Learning-based Depth Estimation from Stereo and Monocular Images: Successes, Limitations and Future Challenges, *IEEE Computer Society Conference on Computer Vision and Pattern Recognition* (CVPR 2019), 2019.
https://sites.google.com/view/cvpr-2019-depth-from-image/home.
（2022年5月確認）

・M. Poggi, F. Tosi, K. Batsos, P. Mordohai, S. Mattoccia: On the Synergies between Machine Learning and Stereo: a Survey（2019）
https://arxiv.org/abs/2004.08566　（2022年5月確認）

・C. Zhao, Q. Sun, C. Zhang, Y. Tang, F. Qian: Monocular Depth Estimation Based on Deep Learning: An Overview（2020）
https://arxiv.org/abs/2003.06620　（2022年5月確認）

これらは，1台のカメラから3次元データを推定する研究をサーベイした論文です．

・9 Great DIY 3D Scanners You Can Build at Home in 2022, 3D Sourced（2020）
https://3dsourced.com/rankings/best-diy-3d-scanner/　（2022年5月確認）

・5 Best Open-Source 3D Scanner, All3DP（2022）
https://3dsourced.com/3d-printers/best-cheap-diy-3d-printer-kit/
（2022年5月確認）

3次元計測装置と3Dプリンタの DIY キットの紹介記事です．2022年5月現在まで，同じ URL で毎年リストが更新されてきています．

索　引

■ あ行

■ か行

■ さ行

■ た行

■ な行

■ は行

■ ま行

■ ら行

■ アルファベット

〈著者略歴〉
坂本静生（さかもと　しずお）
日本電気株式会社 社会基盤ビジネスユニット 主席サイエンティスト（DID／AI）
1989年，日本電気株式会社 入社．画像処理・画像計測・画像認識・パターン認識，特にバイオメトリクスや機械学習全般，セキュリティ技術の研究，および，プライバシーにかかわる法制度を含んだ社会受容性の研究，ならびに事業化活動に従事．
ISO/IEC JTC 1/SC 37（バイオメトリクス）委員長，同SC 42（人工知能）/WG 5主査
工学博士（早稲田大学）．

ゼロからわかる３次元計測
－3Dスキャナ，LiDARの原理と実践－

2022年 6月 10日　第1版第1刷発行
2023年 11月 10日　第1版第2刷発行

著　者　坂本静生
発行者　村上和夫
発行所　株式会社 オーム社
郵便番号　101-8460
東京都千代田区神田錦町 3-1
電話　03(3233)0641(代表)
URL　https://www.ohmsha.co.jp/

組版　新生社　　印刷　中央印刷　　製本　協栄製本
ISBN978-4-274-22882-7　Printed in Japan